本书由上海交通大学外国语学院学术著作出版基金资助出版

R在语言科学研究中的应用

Using R in Linguistic Research

吴诗玉◎著

科学出版社

北京

内 容 简 介

R 是天生的数据分析利器，因其在统计建模和数据可视化方面的优势，它被越来越多的语言学者熟知和使用，已经成为应用语言学、心理语言学、实验语音学等研究者青睐的重要研究工具。本书在语言学量化研究视域下主要介绍了四个方面内容：①“干净、整洁”的数据框的标准；②基于 ggplot2 的语言数据可视化；③*NHST* 的原理，即如何在语言研究中实现从样本到总体；④统计推断的多种应用。本书从训练数据框操作能力入手，在介绍这四个方面内容时，首先着力解决一些关键概念的理解问题，然后提供大量实例，把关键概念付诸具体应用。比如，在介绍数据框操作时，既有语言研究中常用的问卷数据处理，也有大量的反应时行为数据（E-prime）处理，这些数据都是基于笔者真实的语言研究项目。每项研究都会涉及上述四个方面内容，因此形成了一些可供后续使用的经验。

本书除了可作学术专著供语言学学者或研究生阅读、参考和研究以外，亦可用作教材，供本科生或研究生在课堂内外使用。

图书在版编目(CIP)数据

R 在语言科学研究中的应用/吴诗玉著. ——北京：科学出版社，2021.10

ISBN 978-7-03-069411-9

Ⅰ. ①R… Ⅱ. ①吴… Ⅲ. ①程序语言—研究 Ⅳ.①TP312

中国版本图书馆 CIP 数据核字(2021)第 148475 号

责任编辑：杨　英 /责任校对：贾伟娟

责任印制：赵　博 /封面设计：蓝正设计

科学出版社 出版

北京东黄城根北街 16 号

邮政编码：100717

http://www.sciencep.com

固安县铭成印刷有限公司印刷

科学出版社发行　各地新华书店经销

*

2021 年 10 月第　一　版　开本：720 × 1000　1/16

2024 年 7 月第三次印刷　印张：16 3/4

字数：345 000

定价：88.00 元

(如有印装质量问题，我社负责调换)

前　言

今天课后，坐在上海交通大学思源湖畔的凳子上小憩。此时，春风拂面，杨柳依依，向那开阔的湖面一眼望去，波光粼粼。真是“水光潋滟晴方好，山色空蒙雨亦奇。”美丽的思源湖！

不由想起，多年前，同样在思源湖畔，我跟雷蕾教授发生过的一次争执。那时，他还是我导师门下的一名博士生，我是他师兄。他跟我说，要转向语料库语言学研究，并打算系统学习和掌握 Python 和 R。对此，我颇为不屑，甚至不无讥讽地问他：“你知道这个世界上最大的英语语料库是哪一个？是 Google！最大的中文语料库是哪一个？是百度！说到语料库技术，我们这些人有谁玩得过他们？可能我们费尽力气，掌握的一点引以为豪的所谓技术，在他们那里不过是雕虫小技，不足为道……，没什么意思。”多年以后的今天，雷蕾教授在 Python 应用于语言研究上已经颇有造诣和积淀，在科学出版社出版了《基于 Python 的语料库数据处理》一书。更重要的是，他业已成为一名在国际学术界也颇有名气的语料库语言学学者，在国际应用语言学旗舰期刊——*Applied Linguistics* 上发表过多篇学术研究论文。

没错，google 或者百度确实在处理文本或语料数据上具有高超的能力和技术，并在拥有语料资源上具有无可比拟的优势，但是，我们也同样具有他们无可比拟的优势，那就是语言学的专业知识。或许，能够有效地取长补短，为我所用，才可能实现跨越式的发展，又何必妄自菲薄呢？正是这个原因，我本人在之后的几年里，大量阅读了 R. Harald Baayen，Andy Field，Stefan Th. Gries，Natalia Levshina 以及 Hadley Wickham 等的著作，为 R 在语言科学研究中的应用积累了理论和实践的经验。

很难想象，在今天这个时代，从事语言学研究可以不跟数据打交道，不管这种数据是数值型的数据，还是语料文本数据。难道仅仅靠苦思冥想，就能提出天才式的语言学理论？或者靠大量的学术史梳理，进行文献综述，就能获得原创性的成果？恐怕很难。Mizumoto 和 Plonsky2016 年曾在 *Applied Linguistics* 上发表文章，提出让 R 成为应用语言学研究者的学术通用语（Lingua Franca）。本人很赞同这个看法，故在推出《第二语言加工及 R 语言应用》（外研社，2019）一书之后，又写作了本书——《R 在语言科学研究中的应用》。

本书在一定程度上是为自己所写，因为每进行一次项目研究，都会涉及一些共同的内容，久而久之，就形成了一些可供后续使用的经验，有些经验会根深蒂固地保存在脑海里，而有些经验过一段时间则会被遗忘，待要再次使用时又要费时耗力搜查、折腾一番。因此，下定决心，将勤补拙，把一些东西总结后写了下来。不敢像希罗多德说的，“把这些成果发表出来，是为了保存人类的功业，使之不致由于年深日久而被人们遗忘……”最朴素的想法是，如果这些经验能被推广亦为他人所用，则实为一件快乐的事情，若实则微不足道，甚至谬误，能被指出、校正，也属幸事。

借此机会，要感谢那些帮助过我的人。首先，要感谢我的导师王同顺先生，还有马里兰大学的 Nan Jiang 教授，感谢他们的栽培和扶持。其次，要感谢我的学生们。他们中有的听过我的“第二语言处理及 R 语言应用”课程，有的通过我的网课与我相遇。教学相长，正是他们，让我对 R 有了更广泛而深入的理解和应用，让我有机会试错，不断进步。他们与我志同道合，并肩努力，一同通过 R 来探寻语言的奥秘。还要感谢科学出版社的杨英编辑，耐心、细致和专业。当然，也要感谢还没投入“师门”就要为我“打工”的博士生李赞。书山有路勤为径，学海无涯苦作舟。最后，感谢我的家人，我的太太和小孩，他们是我动力的源泉。

感谢美丽的思源湖。让我静下来，慢下来。

吴诗玉

2021年4月18日

上海交通大学思源湖畔

本书使用说明

本书的随书代码和相应的数据，请到以下网站下载：https://sla.sjtu.edu.cn/www/5/2021-10/711.html，下载后解压密码为：2021830Rling。每个章节的代码都需要事先加载相应的包才能运行，每个章节需要加载哪些包，请参考本书的随书代码。若发现代码无法运行，请检查是否加载了相应的包。

本书内容配有很多实际操作产生的图例，请用手机扫描下方的二维码来获取。

目　　录

第 1 章　R 数据科学：数据框的操作

从一名语言研究者的角度看，使用 R 最根本的目的应该是统计分析（即构建统计模型）和数据可视化（即作图）。不管是统计分析还是数据可视化，从根本上都要求对变量（variables）进行操控。本质上，统计建模就是对变量之间的关系进行量化处理，而可视化则是将变量之间的关系映射到图形上。这就意味着，在进行统计分析和数据可视化之前，研究者必须把实验所获得的原始数据进行清洁和整理，让它变成一张"干净、整洁"的数据表，表上能够显示独立的变量名，以便统计分析时直接引用。即使是最有经验的研究者都可能认为这个过程是一次完整的数据分析中"最麻烦、最艰难"的过程，总是耗时费力。通常情况是，统计建模或数据可视化只要几分钟就能搞定，而把数据整理成能够用于统计建模或可视化的"干净、整洁"数据表则可能需要花费几个小时，甚至几天的时间。在 R 语言中，有一个专门的术语来称呼这张"干净、整洁"、可用于统计建模和可视化的数据表，即数据框（data frame）。

在笔者看来，数据框的操作能力是掌握 R 语言需要具备的最基本、最不可或缺的能力。当一个人具备高超的数据框操作能力时，他往往也已经具备一定的实验能力，已经形成了很强的"变量"意识，能够从变量之间的关系去审视数据。同时，也只有通过反复的练习，一个人才能达到高超的数据框操作能力，才能对 R 的工作机制形成比较完整的理解，而这种理解会给统计建模和数据可视化带来极大的便利。

何谓高超的数据框操作能力呢？从 R 语言使用者的角度来看，就是能够自如地让数据框根据自己的意图任意转换，转换成自己想要的"样子"。比如，能够轻易把一张极其混乱、毫无章法的数据表变得"干净、整洁"，能够自如地对变量进行命名、变化、转换，能轻易地把不同的表格进行合并，等等。那么，如何才能达到高超的数据框操作能力呢？笔者认为主要有以下四点：

（1）深刻理解适用于 R 工作环境中"干净、整洁"的数据框的标准；

（2）非常熟练地使用一些数据框操作函数；

（3）具备一些基础的正则表达式的知识，能够对文本数据进行操作；

（4）能够熟练地对各种数据表格进行合并或拆分。

下面将分别就以上四点进行详细介绍。

1.1　“干净、整洁”的数据框的标准

上文说过，统计分析的两个关键过程——统计建模和数据可视化，都是通过操作数据框中的变量来实现的，可见变量是数据框的关键元素。相同的数据，可以有很多不同的表达方式，但是变量如何在数据框中呈现，是判断数据框是否“干净、整洁”的重要标准。Wickham 和 Grolemund（2017: 149）给适合于 R 语言的“干净、整洁”的数据框划定了三条标准，即：

（1）每一个变量（variable）必须有它自己的列（column）。

（2）每一个观测（observation）必须有它自己的行（row）。

（3）每一个值（value）必须有它自己的单元格（cell）。

正如上面提到的，数据整理是数据分析的前提，这三条标准可以成为完成研究实验后，整理原始数据的重要依据。如果读者已经具备一定的数据科学知识就会意识到，这三条标准其实是相互关联的，因为实际上数据整理不可能只满足上述两条标准而不满足第三条标准。

为了帮助读者理解这三条标准的内涵，不妨先参考和学习 Wickham 和 Grolemund（2017: 148-149）提供的内容相同但是呈现方式各异的 5 个表格。这 5 个表格呈现了世界卫生组织所记录的在 1999 年至 2000 年间发生在阿富汗（Afghanistan）、巴西（Brazil）等国的肺结核（TB）的病例数[①]。这 5 个表格的名字分别为 table1，table2，table3，table4a，table4b。

先加载 tidyverse 包，然后在 RStudio 的代码编辑区输入以上表格的名字，按下 Ctrl+Enter 即可查看到各个表格的内容，如下：

```
library(tidyverse)
table1
## # A tibble: 6 x 4
##   country      year  cases population
##   <chr>       <int>  <int>      <int>
## 1 Afghanistan  1999    745   19987071
## 2 Afghanistan  2000   2666   20595360
## 3 Brazil       1999  37737  172006362
## 4 Brazil       2000  80488  174504898
...
```

① 本数据为 tidyverse 包中自带的练习数据。

可以看到 table1 是一个 6 行 4 列 tibble 格式的数据表格，这个表格看起来非常“规整”，行和列之间排列紧凑，清楚地显示了哪一个国家，在哪一年爆发病例的数量以及这个国家这一年的总人口数。比如，Afghanistan 在 1999 年 TB 病例为 745 例，这一年这个国家的总人口数是 19,987,071。这个表格符合本书称之为“干净、整洁”的数据框的标准，因为它满足了三个相互关联的标准。

首先，每一个变量都必须有它自己的列或者反过来说，每一列都代表一个独特的变量。table1 一共有 4 列，每一列都代表一个变量：country，year，cases，population。第一个变量 country（国家），是字符型变量（<chr>），第二个变量 year（年），为整数型变量（<int>），第三个变量 cases（病例数），是整数型变量（<int>），最后一个变量是 population（人口），也是整数型变量（<int>）。这就是 tibble 格式的数据框与传统的数据框的不同之处，它会清楚地显示每一个变量的类型。关于 tibble 和传统数据框的区别大家可参照《第二语言加工及 R 语言应用》一书所给出的详细解释。

正如上文所说，“变量”意识对数据分析至关重要，从“变量”的角度去整理和“审视”自己通过实验所收集到的数据会让思路变得清晰和简单。有必要在这里简单解释一下“变量”这个重要概念。顾名思义，“变量”就是指会变化的度量，Gravetter 和 Wallnau（2017: 4）提供了一个更正式的专业化定义：

变量是一种特征（characteristic）或状况（condition），会发生改变或者每一个个体都有不同的值。

可见，“变”是变量最典型的特点。比如，table1 中 country 这个变量就有 3 种不同的变化或者说有 3 种不同的值，即执行代码后显示的 3 个国家。year 这个变量有 2 种不同的变化或者说 2 种不同的值，即 1999 和 2000。

变量按不同的标准，分成不同的类别。比如 table1 中的 4 个变量就有两种不同的种类，即字符型（<chr>）和整数型（<int>）。这种分类是 RStudio 对导入的数据所进行的分类，但是针对具体的数据通常人们从总体上把变量分成三大类：①名义型变量（nominal variables）。比如，词类可分为动词、名词、形容词等，性别可分作男和女，词类以及性别就属于名义型变量。②定序变量（ordinal variables）。比如，把学生的外语水平分成高、中、低，把高铁的座位分成一等、二等，那么可进行比较的语言水平以及高铁的座位就可称作定序变量。③定比变量（ratio variables），亦称数值型变量。比如，学生的成绩，测量被试行为反应的反应时等。定序变量与定比变量（或称数值型变量）的区别在于定序变量可按如高、中、低等排序，但是不能加减，而定比变量（或称数值型变量）却可以加减。

一般又把名义型变量和定序变量统称为分类变量（categorical variables）。这样一来，变量就被分成了两类，即分类变量和数值型变量（numerical variables）。table1 中的字符型（<chr>）和整数型（<int>）变量就分别属于分类变量和数值型变量。分类变量的每一个变化也称作水平（level）。比如，country 有 3 种不同的变化（值），即 3 个国家，因此 country 这一变量被认为有 3 个水平。而对于数值型变量，比如 table1 中的整数型变量，它的每一个变化一般称作值，比如变量 cases 就有 6 个不同的值。

当我们开展实验研究的时候，有两个通用的术语来称呼变量，即自变量（independent variables）和因变量（dependent variables）。自变量是在进行实验研究时会引起实验结果出现变化的因素，因此也是实验过程中需要操控（manipulate）的变量；而因变量则是指由于自变量的改变而受到影响的变量。比如，研究者想研究某种新的教学方法是否会显著提高中国学习者英语单词的学习效果时，教学方法就是自变量，是实验中需要进行操控的变量，比如让有的班级接受新的教学方法，有的班级接受传统的教学方法，并保持两个班级除教学方法之外的其他因素尽可能等同，等等。在这个例子中，因变量就是因使用了不同的教学方法而造成的英语单词的学习效果（可能是词汇测试成绩）。

要引用数据框中的变量，即列，方法有很多，最常用的方法是：数据框名+$+变量名，比如引用 country 这一变量。

```
table1$country
## [1] "Afghanistan" "Afghanistan" "Brazil"  "Brazil"  …
```

或者数据框名+[ ]，如：

```
table1[, 1]
## # A tibble: 6 x 1
##   country
##   <chr>
## 1 Afghanistan
## 2 Afghanistan
## 3 Brazil
## 4 Brazil
…
```

中括号[ ]里放入数字，但此时要特别注意中括号里逗号的位置，逗号前面的数字表示的是行，若用空白则代表所有行，逗号后面的数字表示列，即变量，也可用空白，代表所有列。当然，也可以使用 *attach( )*函数先加载数据框，然后直接使用变量名引用这个变量：

```
attach(table1)
country
## [1] "Afghanistan" "Afghanistan" "Brazil" "Brazil" …
```

不过，如果一旦通过 *attach( )*加载数据框后，如果后面不再使用这个数据框，建议养成一个良好的习惯，使用 *detach( )*函数把数据框从当前的工作环境卸载。

```
detach(table1)
```

接前面再回到 table1 这个数据框。

其次，“干净、整洁”的数据框的三个相互关联的标准中的第二个标准是：**每一个观测（observation）都有它的行（row），或者反过来说，每一行都是一个观测**。在 table1 中，第一、第二行就是对 Afghanistan 的观测，第三和第四行是对 Brazil 的观测。正如上面所介绍的，引用每一个观测（行）的方法是：数据框名+[ ]。这个时候需要注意的是把数字放在中括号中逗号的前面，如：

```
table1[1,]
## # A tibble: 1 x 4
##   country      year cases population
##   <chr>       <int> <int>  <int>
## 1 Afghanistan  1999   745   19987071
```

最后，“干净、整洁”的数据框的三个相互关联的标准中第三个标准是：**每一个值（value）都必须有它的一个单元格，或者反过来说，每一个单元格都对应一个值**。在 table1 里，每一个单元格都对应着一个具体的值，在数据框中，引用一个具体的值的方法是：数据框名+[ ]，这个时候需要在逗号前后都注明数字，如：

```
table1[1,2]
## # A tibble: 1 x 1
##    year
##   <int>
## 1  1999
table1[2,3]
## # A tibble: 1 x 1
##   cases
##   <int>
## 1  2666
```

可以看出，中括号中逗号前面的表示的是行，而逗号后面的则表示列，通过行和列的交叉而确定的一个具体单元格，表示的是一个具体的值。比如 table1 中的第 1 行第 2 列（table1[1,2]）对应的是 1999 年，而第 2 行第 3 列（table1[2,3]）对应的是 2,666 个病例。

概括起来，“干净、整洁”的数据框的标准就是：①每一列对应一个变量；②每一行对应一个观测；③每一个单元格对应一个具体的值。一旦数据框符合这三条标准，研究者就可以轻易地通过引用一个变量，获得一个观测或者一个具体的值。自然而然，也就能在此基础上进行统计建模和数据可视化。理解以上标准对理解 R 的工作机制非常重要。

接下来看 table2。跟 table1 完全相同的内容，在 table2 却以不同的方式呈现：

```
table2
## # A tibble: 12 x 4
##   country      year  type          count
##     <chr>     <int>  <chr>         <int>
##  1 Afghanistan  1999 cases           745
##  2 Afghanistan  1999 population  19987071
##  3 Afghanistan  2000 cases          2666
##  4 Afghanistan  2000 population  20595360
##  5 Brazil       1999 cases         37737
##  6 Brazil       1999 population  172006362
##  7 Brazil       2000 cases         80488
##  8 Brazil       2000 population  174504898
…
```

如果以“干净、整洁”的数据框的三条标准来看，table2 违背了上述三条标准中的第一条标准，即每一个变量都必须有它自己的列。比如，cases 和 population 这两个变量就没有它们自己的列，也正是因为这个原因导致 table2 违背了第二条标准，即每一个观测（observation）都有它的行。1999 年或者 2000 年都属于同一个观测，但是它们却同时分布在不同的行里。这个例子也进一步说明，上述三条标准是相互关联、彼此呼应的，违背其中一条标准就可能导致其他标准也不符合。

就包含的信息而言，table2 和 table1 完全一样，只不过数据的表征方式不同。

table2 也可视作由 table1 转变而来，但比 table1 更长，也可以反过来说，table1 比 table2 更宽。这是因为 table2 把 table1 的两个变量合并成一个变量，即把 table1 里的 cases 和 population 这两个数值型变量合并成了一个分类变量 type，同时生成了一个新的数值型变量，即 count。如果从这个角度来看，也可以认为 table2 符合上述“干净、整洁”的数据框的三条标准，只不过在数据结构上与 table1 不同。

在实际的数据分析过程中，长数据（long format）和宽数据（wide format）两种格式的数据都很常见，也都方便用于统计建模和数据可视化。能够很熟练地进行数据的长、宽转化，如把 table1 变成 table2（即把宽数据变成长数据）或者反过来，把 table2 变成 table1（即把长数据变成宽数据），是数据操作非常基础和实用的技能。下文将详细介绍如何实现这种快速转换。

再看 table3。table3 的呈现方式跟 table1 和 table2 又不一样：

```
table3
## # A tibble: 6 x 3
##   country      year          rate
## * <chr>       <int>         <chr>
## 1 Afghanistan  1999   745/19987071
## 2 Afghanistan  2000   2666/20595360
## 3 Brazil       1999   37737/172006362
## 4 Brazil       2000   80488/174504898
…
```

table3 把 table1 的两个变量合并成了一个变量，即把病例数（cases）与总人口数（population）相除获得比例数，即 rate，把原来 6 行 4 列（6×4）的表格变成了 6 行 3 列（6×3）。如果从这个角度看，可以认为 table3 不符合上述“干净、整洁”的数据框的三条标准，因为它并没有做到“每一个变量都有它自己的列”。不过，如果单独看这个数据表，也可以认为它符合上述三条标准，尽管相对 table1 来说，这种数据表征方式可能会导致信息丢失。不过需要引起注意的是，比例数（rate）按理应该是一个数值型变量，但是这里显示 rate 是一个字符型变量<chr>，如果要进行统计运算或可视化，还需要把它转换成数值型变量之后才行。下文将对此进行详细介绍。

最后，再看 table4a 和 table4b。这两个表格看起来比前面的几个表格都要更加“杂乱”（messy）：

```
table4a
## # A tibble: 3 x 3
##   country       `1999`  `2000`
## * <chr>          <int>   <int>
## 1 Afghanistan      745    2666
## 2 Brazil         37737   80488
…
```

```
table4b
## # A tibble: 3 x 3
##   country          `1999`      `2000`
## * <chr>             <int>       <int>
## 1 Afghanistan    19987071    20595360
## 2 Brazil        172006362   174504898
…
```

仔细观察可以发现，table4a 和 table4b 都只展示了 table1 的部分信息，在这两个表格中，每一列都由一个表示年代的数字作为列名（变量名）。一般来说，一个规范的数据表，不会使用数字作为变量名，因为这不利于对变量进行引用或做操控。另外，在 table4a 和 table4b 两个表里每一行都不只有一个观测，而是有两个观测，即违背了上述第二条标准。

通过上面介绍，读者应该已经很清楚适用于 R 进行统计建模和数据可视化的“干净、整洁”的数据框的标准是什么了。在研究者完成一项实验进行统计运算之前，就可以对照这三条标准来准备和整理数据。笔者认为在这个过程中非常重要的一点就是上文已经反复强调的：要有“变量意识”，需要思考清楚自己的实验里涉及哪些变量，需要考察哪些变量之间的关系。根据变量来整理数据会让数据整理工作变得简单，易操作。现在来看高超的数据框操作能力的第二条，即熟练地使用数据框操作函数。

1.2　熟练地使用数据框操作函数

对习惯使用 tidyverse 包的读者来说，根据上述三条标准把数据整理成“干净、整洁”的数据框的常用方法主要是由 4 个动词组成的函数，即 *gather( )*，*spread( )*，*separate( )*，*unite( )*。现在 *gather( )*和 *spread( )*这两个函数也有了升级版本，即 pivot 系列函数，如 *pivot_longer( )*和 *pivot _wider( )*等。熟练使用它们，会使数据整理更加轻松、简单。

1.2.1　*gather( )*和 *spread( )*的用法

首先，以上文介绍过的 table4a 和 table4b 两个数据表做例子对这两个函数的应用进行介绍：

```
table4a
## # A tibble: 3 x 3
##   country     `1999` `2000`
## * <chr>        <int>  <int>
## 1 Afghanistan    745   2666
## 2 Brazil       37737  80488
...
```

```
table4b
## # A tibble: 3 x 3
##   country         `1999`     `2000`
## * <chr>            <int>      <int>
## 1 Afghanistan   19987071   20595360
## 2 Brazil       172006362  174504898
...
```

上文介绍过，这两个数据表都不符合“干净、整洁”的数据框的三条标准。可以使用 *gather( )*函数来改变和转换，转换的思路是把 1999 和 2000 变成一个变量，表示年（year）：

```
table4a %>%
  gather("1999","2000",key="year",value="cases")
## # A tibble: 6 x 3
```

```
##   country     year  cases
##   <chr>       <chr> <int>
## 1 Afghanistan 1999    745
## 2 Brazil      1999  37737
## 3 …
## 4 Afghanistan 2000   2666
## 5 Brazil      2000  80488
## 6 …
```

```
table4b %>%
  gather("1999","2000",key="year",value="population")
## # A tibble: 6 x 3
##   country     year  population
##   <chr>       <chr>      <int>
## 1 Afghanistan 1999    19987071
## 2 Brazil      1999   172006362
## 3 …
## 4 Afghanistan 2000    20595360
## 5 Brazil      2000   174504898
## 6 …
```

符号%>%表示管道，它具有传输的功能，比如上面的两个例子中，%>%把两个数据表传输给后面的 *gather( )*函数，详细用法可参看吴诗玉（2019：37）。可以看到，上面的 *gather( )*函数把两个不同的列（变量）归拢（gather）成一列（变量），命名为 year，把宽数据变成了长数据，数据也变得“干净、整洁”，符合上文对数据框所要求的标准。再举一个笔者研究中的实例。首先，读入一个笔者课题组收集到的一个命名为“chapter1_Eng.xlsx”的数据，并将该数据表命名为 myData：

```
myData <- read_xlsx("chapter1_Eng.xlsx")
myData
## # A tibble: 40 x 49
```

可以看到，这个数据表由 40 行 49 列组成，即 40 个观测，49 个变量。该数据为笔者课题组通过问卷星收集的有关学生英语水平的原始数据（见第 2 章）。使用 *colnames( )*查看变量名：

```
colnames(myData)
##  [1] "num"
##  [2] "duration"
##  [3] "total_score"
##  [4] "subj"
##  [5] "sex"
##  [6] "grades"
##  [7] "age"
##  [8] "length_EN"
##  [9] "length_stay"
## [10] "1、Water ________ at a temperature of 100°C."
…
## [49] "40、space, but also to see what kind of weather ________."
```

myData 当中的前面 9 列都是关于被试的基本情况，包括被试的序号（num）、完成测试所用时间（duration）、总分（total_score）、被试识别号（subj）、性别（sex）、年级（grades）、年龄（age）、学习英语的时长（length_EN）、在英语国家停留过的时长（length_stay）。从第 10 个变量开始，一直到最后一个变量（第 49 个变量），是被试参加测试的测试题项，一共有 40 道测试题。由于这 40 道题在不同的列，使得数据特别宽。但稍做思考即可知道，这 40 道题应该归拢为一个变量，可以命名为“items”。使用 *gather( )*函数来实现这一目的：

```
myData_n1 <- myData %>%
  gather( "1、Water ________ at a temperature of 100°C." :
          "40、space, but also to see what kind of weather ________.",
          key="items",
          value="choices")
```

```
myData_n1
## # A tibble: 1,600 x 11
##      num  duration total_score subj  sex  grades  age length_EN length_stay
##     <dbl>  <chr>      <dbl>    <dbl> <chr> <chr> <chr>  <chr>      <chr>
## 1   1     853秒       24        11   女性  高一   17      8          否
## 2   2     913秒       34        1    女性  高一   16      7          否
## 3   3     822秒       20        2    女性  高二   17      7          否
## 4   4     814秒       30        43   女性  高二   17      9          否
## 5   5     516秒       21        52   女性  高二   17      9          否
## 6   6    1017秒       23        46   男性  高二   18      9          否
## 7   7    1038秒       25        45   女性  高二   16      9          否
## 8   8     571秒       12        50   女性  高二   17      9          否
## 9   9    1064秒       24        44   女性  高二   17      9          否
## 10 10     937秒       24        35   女性  高二   17      9          否
## # ... with 1,590 more rows, and 2 more variables: items <chr>,
choices <chr>
```

也可以使用 *gather( )*函数的升级版本 *pivot_longer( )*函数来实现相同的目的。

```
myData_n2 <- myData %>%
  pivot_longer("1、Water _________ at a temperature of 100°C.":
            "40、space, but also to see what kind of weather _____.",
            names_to="items",
            values_to="choices")
```

上述两个函数中的第一个表达式都有一个冒号（:），它的意思相当于英语的 to，即从第 1 个问题到第 40 个问题，如果不使用冒号的话，就需要把每一个问题都输入，非常繁琐且笨拙。冒号的这种用法在 R 中非常常见，相信大家很快就会习惯。

R 的一个显著特点就是更新换代特别快，这是因为 R 社区非常大，用户也很活跃，这使得新的、更高级的方法总是在快速涌现，不断取代原来的方法。*gather( )*函数就是一个很典型的例子，之前在把宽数据转换成长数据时，人们都习惯使用 *gather( )*，但是很快人们可能就得习惯使用升级换代的 pivot 系列函数。从笔者的经验来看，确实觉得后者克服了前者存在的很多细节上的问题，使用得越多，这种感觉便越明显。这种快速的更新换代也是 R 的魅力之一，当然这也会给使用者带来一些不便或挑战。同时，这就意味着每一个使用者都必须不断地学习，没有太多的“新人”和“老人”之分。

再来看与 *gather( )*函数功能相反的 *spread( )*函数。大家都还记得 table2 这个数据表吗?

```
table2
## # A tibble: 12 x 4
##   country      year  type          count
##   <chr>       <int> <chr>          <int>
## 1 Afghanistan  1999 cases            745
## 2 Afghanistan  1999 population  19987071
## 3 Afghanistan  2000 cases           2666
## 4 Afghanistan  2000 population  20595360
## 5 Brazil       1999 cases          37737
## 6 Brazil       1999 population 172006362
## 7 Brazil       2000 cases          80488
## 8 Brazil       2000 population 174504898
...
```

通过使用 *spread( )*函数，便可把这个长数据转换成宽数据，方法是把 type 这个变量“摊开”（spread）：

```
table2 %>%
  spread(key="type",value="count")
## # A tibble: 6 x 4
##   country      year cases  population
##   <chr>       <int> <int>     <int>
## 1 Afghanistan  1999   745   19987071
## 2 Afghanistan  2000  2666   20595360
## 3 Brazil       1999 37737  172006362
```

```
## 4 Brazil      2000  80488   174504898
...
```

同样，也可以使用 *spread( )*的升级函数 *pivot_wider( )*函数来实现相同的目的。

```
table2 %>%
  pivot_wider(names_from="type",
              values_from="count")
## # A tibble: 6 x 4
##   country      year cases population
##   <chr>       <int> <int>      <int>
## 1 Afghanistan  1999   745   19987071
## 2 Afghanistan  2000  2666   20595360
## 3 Brazil       1999 37737  172006362
## 4 Brazil       2000 80488  174504898
...
```

1.2.2　*separate( )*和 *unite( )*的用法

大家还记得上面介绍过的 table3（详见 Wickham & Grolemund, 2017: 157）：

```
table3
## # A tibble: 6 x 3
##   country      year              rate
## * <chr>       <int>             <chr>
## 1 Afghanistan  1999      745/19987071
## 2 Afghanistan  2000     2666/20595360
## 3 Brazil       1999   37737/172006362
## 4 Brazil       2000   80488/174504898
...
```

table3 中 rate 这一列（变量）包含了两种不同的信息，即病例数（cases）和人口数（population），有必要把这列拆分成两列：

```
table3 %>%
  separate(rate, into=c("cases","population"))
## # A tibble: 6 x 4
##   country      year  cases  population
##   <chr>       <int>  <chr>    <chr>
## 1 Afghanistan  1999  745      19987071
## 2 Afghanistan  2000  2666     20595360
## 3 Brazil       1999  37737    172006362
## 4 Brazil       2000  80488    174504898
…
```

可以看到，使用 *separate( )*函数进行拆分时，关键是定义 into 的对象。对具备一定英语水平的读者来说，这个函数应用起来并不困难，因为 separate…into 是大家很容易就能记住的短语。但是，使用 *separate( )*函数进行拆分时还有一个非常关键的问题，那就是“如何拆分或者说从哪里拆分”。要解决这个问题就需要定义 *separate( )* 函数当中的 sep 这个参数。在默认的情况下，*separate( )*会在要拆分的对象中的“非字母非数字”的字符中进行拆分，就比如上面的例子就是从斜杠处进行拆分的。研究者也可以根据实际的需要重新定义 sep 的参数，比如根据某个字符或者根据某个拆分的位置（数字）来进行拆分，比如，可以把 table3 中的 year 这个变量拆分成世纪和年份两个变量（Wickham & Grolemund, 2017: 159）：

```
table3 %>%
  separate(year,into=c("century","year"),sep=2)
## # A tibble: 6 x 4
##   country      century year    rate
##   <chr>         <chr>  <chr>   <chr>
## 1 Afghanistan   19      99    745/19987071
## 2 Afghanistan   20      00    2666/20595360
## 3 Brazil        19      99    37737/172006362
## 4 Brazil        20      00    80488/174504898
…
```

读入一个笔者课题组自己的实验数据：

```
pronoun <- read_excel("pronoun.xlsx")
pronoun
## # A tibble: 10,240 x 3
##    subj  total_score  items
##    <chr>       <dbl>  <chr>
##  1 LBQ           785   2、(他)
##  2 XJJ           950   2、(他)
##  3 WZ           1034   2、(他)
##  4 HXJ          1133   2、(他)
##  5 SJH          1084   2、(他)
##  6 WY            410   2、(他)
##  7 CWH           963   2、(他)
##  8 DBW           776   2、(他)
##  9 YXY          1094   2、(他)
## 10 WYY           840   2、(他)
## # ... with 10,230 more rows
```

关于这个实验数据的详细说明，请参看第 2 章的案例一。读入的 pronoun 数据表一共有三列：subj，total_score 和 items。仔细看 items 这一列，它是由数字、顿号、括号和代词组成，现在要求拆分成两列，分别由里面的数字和代词组成，并命名为 questions 和 chi_pron。

```
pronoun %>%
  separate(items,into=c("questions","chi_pron"))
## # A tibble: 10,240 x 4
##    subj  total_score questions chi_pron
##    <chr>       <dbl> <chr>     <chr>
##  1 LBQ           785     2         他
##  2 XJJ           950     2         他
##  3 WZ           1034     2         他
```

```
## 4 HXJ         1133    2        他
## 5 SJH         1084    2        他
## 6 WY           410    2        他
## 7 CWH          963    2        他
## 8 DBW          776    2        他
## 9 YXY         1094    2        他
## 10 WYY         840    2        他
## # ... with 10,230 more rows
## Warning: Expected 2 pieces. Additional pieces discarded in 10240
rows [1, 2, 3, 4, 5, 6, 7, 8, 9, 10, 11, 12, 13, 14, 15, 16, 17,
18, ...].
```

在上面的操作中并没有定义 sep 这个参数，虽然（神奇地）成功了，但是却也收到了警告信息（warning）。要去除这些警告信息，并成功地按上面的要求进行拆分，可以考虑分多个步骤完成：

```
pronoun_1 <- pronoun %>%
  separate(items,into=c("questions","chi_pron1"),sep="、")
pronoun_1
## # A tibble: 10,240 x 4
##   subj  total_score questions chi_pron1
##   <chr>       <dbl> <chr>     <chr>
## 1 LBQ           785 2         (他)
## 2 XJJ           950 2         (他)
## 3 WZ           1034 2         (他)
## 4 HXJ          1133 2         (他)
## 5 SJH          1084 2         (他)
## 6 WY            410 2         (他)
## 7 CWH           963 2         (他)
## 8 DBW           776 2         (他)
## 9 YXY          1094 2         (他)
```

```
## 10 WYY            840     2          (他)
## # ... with 10,230 more rows
pronoun_2 <- pronoun_1 %>%
  separate(chi_pron1,into=c("quote1","chi_pron2"),sep="\\(")
pronoun_2
## # A tibble: 10,240 x 5
##    subj  total_score questions quote1 chi_pron2
##    <chr>       <dbl>    <chr>     <chr>  <chr>
##  1 LBQ           785     2          ""      他)
##  2 XJJ           950     2          ""      他)
##  3 WZ           1034     2          ""      他)
##  4 HXJ          1133     2          ""      他)
##  5 SJH          1084     2          ""      他)
##  6 WY            410     2          ""      他)
##  7 CWH           963     2          ""      他)
##  8 DBW           776     2          ""      他)
##  9 YXY          1094     2          ""      他)
## 10 WYY           840     2          ""      他)
## # ... with 10,230 more rows
pronoun_3 <- pronoun_2 %>%
  separate(chi_pron2,into=c("chi_pron","quote2"),sep="\\)")%>%
  select(-c("quote1","quote2"))
pronoun_3
## # A tibble: 10,240 x 4
##    subj  total_score questions chi_pron
##    <chr>       <dbl> <chr>      <chr>
##  1 LBQ           785   2          他
##  2 XJJ           950   2          他
```

```
##   3 WZ          1034    2         他
##   4 HXJ         1133    2         他
##   5 SJH         1084    2         他
##   6 WY           410    2         他
##   7 CWH          963    2         他
##   8 DBW          776    2         他
##   9 YXY         1094    2         他
##  10 WYY          840    2         他
## # ... with 10,230 more rows
```

可以看到，上面的代码通过三次拆分过程，把原来的 items 这个变量按要求一步一步成功地拆分出来。在生成 pronoun_1 这个数据框的时候，是通过设定 sep= “、”，来完成的，在生成 pronoun_2，则根据 pronoun_1 的生成结果，先把左括号拆分，设定 sep= “\\(”，来完成拆分。为什么不是直接设定 sep= “(”，而是要加两个反斜杠呢？“\\(”，实际上是一个正则表达式，直接设定 sep= “(”，之所以不行，就是因为“(”，这个符号在 R 里有特殊含义，需要加两个斜杠来消除它的这个特殊含义。同样，在生成 pronoun_3 的时候，通过设定 sep= “\\)”，把右括号拆分，并通过使用 *select( )*函数把生成的两个无关的变量去除，最终成功地实现了目标。*select( )*函数的这个用法，将在后面章节详细介绍。为了避免使用正则表达式，也可以使用数字来设定 sep 参数，读者可以自己尝试。

在使用 R 的时候，很多时候很难一步就达到目标，这个时候比较明智的做法是分多个步骤，一步一步把复杂的操作变成简单的操作，并最终实现目标。这是一种聪明的做法。

*unite( )*函数是 *separate( )*函数的反向操作，实现的是相反的目标，即把分开的内容合并起来。比如，table5（Wickham & Grolemund, 2017: 159）：

```
table5
## # A tibble: 6 x 4
##   country     century year  rate
## * <chr>       <chr>   <chr> <chr>
## 1 Afghanistan 19      99    745/19987071
## 2 Afghanistan 20      00    2666/20595360
## 3 Brazil      19      99    37737/172006362
```

```
## 4 Brazil      20     00    80488/174504898
...
```

可以把 century 和 year 两个变量合并成一个变量：

```
table5 %>%
  unite(new,century,year)
## # A tibble: 6 x 3
##   country      new   rate
##   <chr>        <chr> <chr>
## 1 Afghanistan 19_99 745/19987071
## 2 Afghanistan 20_00 2666/20595360
## 3 Brazil      19_99 37737/172006362
## 4 Brazil      20_00 80488/174504898
...
```

在默认的情况下，*unite( )*在进行合并的时候，会通过增加下划线把要合并的两部分内容连接起来。但是，*unite( )*函数当中也有一个 sep 参数，可以通过对它进行设定而重新定义如何合并：

```
table5 %>%
  unite(new,century,year,sep="")
## # A tibble: 6 x 3
##   country      new   rate
##   <chr>        <chr> <chr>
## 1 Afghanistan 1999  745/19987071
## 2 Afghanistan 2000  2666/20595360
## 3 Brazil      1999  37737/172006362
## 4 Brazil      2000  80488/174504898
...
```

同样，也可以把前面的 pronoun_3 数据框当中被拆分成的 questions 和 chi_pron 两个变量合并成一个变量：

```
pronoun_3 %>%
  unite(new,questions,chi_pron)
## # A tibble: 10,240 x 3
##    subj  total_score  new
##    <chr>       <dbl>  <chr>
##  1 LBQ           785   2_他
##  2 XJJ           950   2_他
##  3 WZ           1034   2_他
##  4 HXJ          1133   2_他
##  5 SJH          1084   2_他
##  6 WY            410   2_他
##  7 CWH           963   2_他
##  8 DBW           776   2_他
##  9 YXY          1094   2_他
## 10 WYY           840   2_他
## # ... with 10,230 more rows
```

或者设定 sep 参数：

```
pronoun_3 %>%
  unite(new,questions,chi_pron, sep="")
## # A tibble: 10,240 x 3
##    subj  total_score   new
##    <chr>       <dbl>  <chr>
##  1 LBQ           785    2他
##  2 XJJ           950    2他
##  3 WZ           1034    2他
##  4 HXJ          1133    2他
##  5 SJH          1084    2他
```

```
##   6 WY          410     2他
##   7 CWH         963     2他
##   8 DBW         776     2他
##   9 YXY        1094     2他
##  10 WYY         840     2他
## # ... with 10,230 more rows
```

如果前面介绍的*gather( )*、*spread( )*两个函数和*separate( )*、*unite( )*两个函数做比较，我们会发现两者之间存在一些比较明显的差别。*gather( )*、*spread( )*两个函数都是对数据框中的变量进行操控并直接影响到变量的数量（变多或变少），但是不会影响到变量里的内容，然而*separate( )*和*unite( )*两个函数不仅会影响到变量的数量（变多或变少），而且会改变变量的内容。使用前面两个函数的主要目的在于操控变量，改变数据框的形状（长宽变化），而使用后面两个函数的主要目的不在于操控变量，而在于改变数据框中变量的内容。

现在来看高超的数据框操作能力的第三条，即具备一些基础正则表达式的知识。

1.3 一些基础正则表达式的知识

在进行数据处理时，难免会碰到文本数据，如字符串等等。但是文本数据不像数值型数据容易操作和处理，因为文本数据一般都是非结构化或半结构化数据，比较凌乱，缺乏规律。因此必须通过掌握一些基本的正则表达式（regular expressions）知识，为文本数据的处理奠定基础。本书无意详细、系统地介绍正则表达式，只是介绍 *stringr* 包中的一些常见、实用的字符处理函数和正则表达式的基础知识。更详细的内容，建议读者阅读 Wickham 和 Grolemund（2017: 195-222）。请读者先安装 *stringr* 这个包：

install.packages("stringr")

并在每次使用的时候，加载它：

```
library(stringr)
```

在 stringr 包里，有许多结构一致、含义明确的函数，这些函数都以 str_作前缀。如图 1.1 所示，加载 stringr 包后只要在 RStudio 的代码编辑区键入 str_就会出现相应的提示：

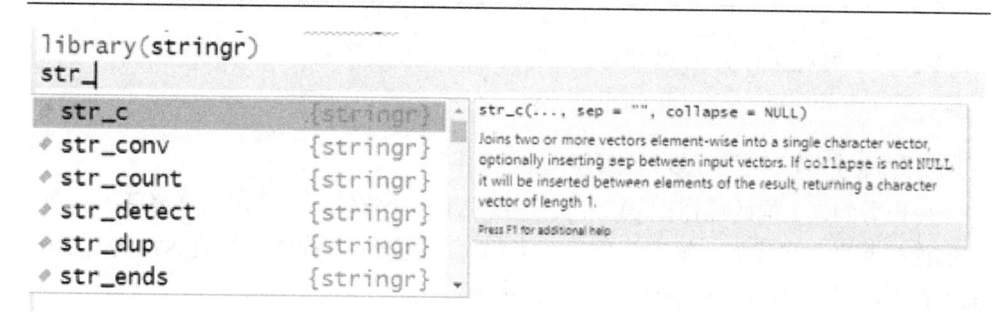

图 1.1　stringr 包中以 str_为前缀的函数示例

提示出现后，移动键盘上的上下箭头或者鼠标到某个函数的时候，旁边还会提示这个函数的功能以及使用规则，这是一个非常简单、实用的功能。

第一个简单介绍的字符操作是字符合并，可以使用 *str_c( )*完成，函数中的 c 即 combine，“合并”或者 concatenate，“连接”的意思。比如，要生成 10 个表示不同被试的被试标识符：

```
library(stringr)
p1 <- "P"
p2 <- c(1:10)
p2
## [1]  1  2  3  4  5  6  7  8  9 10
subj <- str_c(p1,p2)
subj
## [1] "P1" "P2" "P3" "P4" "P5" "P6" "P7" "P8" "P9" "P10"
```

跟前面介绍过的 *separate( )*和 *unite( )*函数一样，*str_c( )*也有一个 sep 参数，通过设置它的值可以定义如何对不同的字符进行合并或连接：

```
subj_2 <- str_c(p1,p2,sep="_")
subj_2
## [1] "P_1" "P_2" "P_3" "P_4" "P_5" "P_6" "P_7" "P_8" "P_9" "P_10"
```

除 sep 参数以外，*str_c( )*还有一个非常实用的参数就是 collapse，它的作用是把输入的字符向量合并成一个字符串，并根据 collapse 设定的值把这些字符向量连接起来，比如：

```
subj_3 <- str_c(p1,p2,collapse=",")
subj_3
## [1] "P1,P2,P3,P4,P5,P6,P7,P8,P9,P10"
```

可以看到，上面的操作把 p1 和 p2 连接成了一个字符串，使用的是逗号（,）把它们连接起来。再比如，笔者想创建一个包含英语第三人称代词的表达式从而到相关语料库搜索出包含这些代词的句子（文本）：

```
pron_third <- c("he","she","they")
has_pron_third <- str_c(pron_third,collapse="|")
has_pron_third
## [1] "he|she|they"
```

上面第一行代码创建了一个包含三个英语第三人称代词的向量，然后第二行使用 *str_c( )*函数，通过设定参数 collapse="|"，把它们连接成一个字符串，符号"|"表示的意思相当于英语中的 or（或者）。接下来就方便使用 has_pron_third 作为关键词到相关语料库进行第三人称代词的搜索，找出包含这三个代词的句子或语料。

*str_c( )*函数的上述用法跟另外两个函数的用法类似：*paste( )*和 *paste0( )*，读者不妨运行下面的代码，然后跟上面的结果比较看看：

```
paste(p1,p2) 或者:
paste(p1,p2,sep="") 或者:
paste0(p1,p2)
```

另外：

```
paste(pron_third,collapse="|")
paste0(pron_third,collapse="|")
```

第二个简单介绍的字符操作是字符截取，可以使用 *str_sub( )*完成，函数中的 sub 即 subset，“取子集”的意思，使用这个函数最重要的是交代截取的开始和结尾之处，比如：

```
x <- c("morning","noon","evening")
str_sub(x,1,4)
## [1] "morn" "noon" "even"
str_sub(x,-4,-2)
## [1] "nin" "noo" "nin"
```

在数据处理的有些场合，*str_sub( )*函数非常实用，比如上面提到的笔者课题组的实验数据中关于 items 那一列变量的处理：

```
pronoun <- read_excel("pronoun.xlsx")
pronoun
## # A tibble: 10,240 x 3
##    subj  total_score  items
##    <chr>       <dbl>  <chr>
##  1 LBQ           785  2、(他)
##  2 XJJ           950  2、(他)
##  3 WZ           1034  2、(他)
##  4 HXJ          1133  2、(他)
##  5 SJH          1084  2、(他)
##  6 WY            410  2、(他)
##  7 CWH           963  2、(他)
##  8 DBW           776  2、(他)
##  9 YXY          1094  2、(他)
## 10 WYY           840  2、(他)
## # ... with 10, 230 more rows
```

上面使用 *separate( )*函数，进行了三步才最终达到目的。了解了字符截取函数的用法后，就可以换一种方法：

```
pronoun <- read_excel("pronoun.xlsx")
pronoun_one <- pronoun %>%
  mutate(questions=str_sub(items,1,1),
         chi_pron=str_sub(items,4,-2)) %>%
  select(-items)
pronoun_one
## # A tibble: 10,240 x 4
##    subj  total_score questions chi_pron
```

```
##    <chr>        <dbl>  <chr>    <chr>
##  1 LBQ            785     2       他
##  2 XJJ            950     2       他
##  3 WZ            1034     2       他
##  4 HXJ           1133     2       他
##  5 SJH           1084     2       他
##  6 WY             410     2       他
##  7 CWH            963     2       他
##  8 DBW            776     2       他
##  9 YXY           1094     2       他
## 10 WYY            840     2       他
## # ... with 10,230 more rows
```

从结果看，似乎比较成功，使用字符截取 *str_sub( )*函数来处理要比 *separate( )*函数效率更高。不过如果查看 pronoun_one 全貌会发现（*view( )*），最终的结果仍然不够完美，请读者思考这是为什么，应该如何解决这个问题。

第三个简单介绍的字符操作是使用正则表达式创建匹配的模式（pattern），再进行字符匹配，可以使用 *str_view( )*或 *str_view_all( )*完成。函数当中的 view 是“查看”的意思，查看匹配后的结果，但匹配操作的核心在于如何定义匹配的模式，比如：

```
x <- c("morning","noon","evening")
str_view(x,"on")
```

morning
noon
evening

```
str_view(x,"in")
```

morning
noon
evening

```
str_view_all(x,"on")
```

morning

noon

evening

在创建匹配模式的时候，需要注意 R 当中的一些特殊匹配字符的含义，比如小点（.）可用于匹配任意字符：

```
str_view(x,".o.")
```

morning

noon

evening

除小点（.）用于匹配任意字符以外，R 还有一些其他符号具有特殊的匹配含义（参看 Wickham & Grolemund, 2017: 202-203），比如：

^ 匹配字符串的开始。

$ 匹配字符串的结尾。

\d 匹配任意数字。

\s 匹配任意的白空格。

[abc] 匹配 a，b 或 c。

[^abc] 匹配任意内容，但不匹配 a，b 或 c。

不过，需要注意的是在正则表达式里要匹配\d 或\s，必须要使用双反斜杠，即\\d 或\\s。笔者在前面已经介绍过，因为反斜杠\在 R 里有特殊的含义，因此需要再加一个反斜杠，取消掉这个特殊的含义。比如，在 words 这个语料库中，找出所有以元音开头的单词：

```
str_subset(words, "^[aeiou]")
##  [1] "a"        "able"     "about"     "absolute" "accept"
##  [6] "account"  "achieve"  "across"    "act"      "active"
## [11] "actual"   "add"      "address"   "admit"    "advertise"
…
## [171] "until"   "up"       "upon"      "use"      "usual"
```

找出所有以 ing 或者 ise 结尾的单词：

```
str_subset(words, "i(ng|se)$")
## [1] "advertise" "bring"  "during"  "evening" "exercise" "king"
```

```
## [7] "meaning" "morning" "otherwise" "practise" "raise" "realise"
## [13] "ring"    "rise"    "sing"    "surprise" "thing"
```

除需要掌握上述具有特殊匹配含义的符号以外，在匹配的时候还涉及所定义的匹配模式的重复问题，这里也涉及一些特殊的重复表达的方式，如下：

?：表示0或者1次。
+：表示1或者更多次。
*：表示0或者更多次。
{n}：正好n次。
{n, }：n或者更多次。
{, m}：最多m次。
{n, m}：在n和m次之间。

比如在words语料库里找出所有以三个辅音字母开头的单词：

```
str_view(words, "^[^aeiou]{3}", match=TRUE)
```

Christ
Christmas
dry
fly
mrs
scheme
…

或者在words语料库里找出所有包含连续三个或者更多元音的单词：

```
str_view(words, "[aeiou]{3,}", match=TRUE)
```

b[eau]ty
obv[iou]s
prev[iou]s
q[uie]t
ser[iou]s
var[iou]s

第四个简单介绍的字符操作是使用正则表达式探测在一个字符向量里是否存在某个匹配模式，可以使用 *str_detect( )* 来完成。函数当中的 detect 就是“探测”的意思，它的返回值是与被探测的对象相同长度的逻辑型向量（TRUE 或 FALSE）：

```
x <- c("morning","noon","evening")
str_detect(x,"n")
## [1] TRUE TRUE TRUE
```

逻辑型向量可以像数值数据一样进行加减，其中 TRUE 相当于 1 而 FALSE 相当于 0，因此，可以使用 *sum( )*和 *mean( )*函数进行基本的运算。比如，下面是 Robert Frost 的一首名诗：

```
Frost <- c("Whose woods these are I think I know.",
         "His house is in the village though;",
         "He will not see me stopping here",
         "To watch his woods fill up with snow.",
         "My little horse must think it queer",
         "To stop without a farmhouse near",
         "Between the woods and frozen lake",
         "The darkest evening of the year.",
         "He gives his harness bells a shake",
         "To ask if there is some mistake.",
         "The only other sound's the sweep",
         "Of easy wind and downy flake.",
         "The woods are lovely, dark and deep.",
         "But I have promises to keep,",
         "And miles to go before I sleep,",
         "And miles to go before I sleep.")
Frost_df <- tibble(line=1:16,text=Frost)
Frost_df <- Frost_df%>%
  unnest_tokens(word,text)
Frost_df
## # A tibble: 108 x 2
```

```
##     line word
##    <int> <chr>
##  1     1 whose
##  2     1 woods
##  3     1 these
##  4     1 are
##  5     1 i
##  6     1 think
##  7     1 i
##  8     1 know
##  9     2 his
## 10     2 house
## # ... with 98 more rows
```

请问，在这首诗里，有多少单词是以字母w开头的？

```
Robert_Frost <- Frost_df$word
sum(str_detect(Robert_Frost,"^w"))
## [1] 10
```

以元音结尾的单词占多大比例？

```
mean(str_detect(Robert_Frost,"[aeiou]$"))
## [1] 0.4166667
```

除了探测以外，*str_detect( )*函数的魅力还在于能够直接把相匹配的内容提取出来，该方法功能与*str_subset( )*相同，如：

```
Robert_Frost[str_detect(Robert_Frost,"^w")]
## [1] "whose" "woods" "will"  "watch" "woods" "with"  "without"
## [8] "woods"  "wind"   "woods"
str_subset(Robert_Frost,"^w")
## [1] "whose" "woods" "will"  "watch" "woods" "with"  "without"
## [8] "woods"  "wind"   "woods"
```

上面使用两种不同的方法，把这首诗当中所有以 w 开头的单词都提取出来了。此外，跟 *str_detect( )*函数具有类似功能的函数还有 *str_count( )*，后者与前者不同之处在于可以直接计算相匹配的数量，相当于 *sum(str_detect( ))*。比如，为了理解 Frost 诗歌的语言魅力，现在分别计算他的诗歌里，每个单词元音和辅音的数量：

```
Frost_language <- Frost_df %>%
  mutate(
    vowels=str_count(word,"[aeiou]"),
    consonants=str_count(word,"[^aeiou]")
  )
Frost_language
## # A tibble: 108 x 4
##       line  word   vowels consonants
##       <int> <chr>  <int>     <int>
##  1     1     whose     2         3
##  2     1     woods     2         3
##  3     1     these     2         3
##  4     1     are       2         1
##  5     1     i         1         0
##  6     1     think     1         4
##  7     1     i         1         0
##  8     1     know      1         3
##  9     2     his       1         2
## 10     2     house     3         2
## # ... with 98 more rows
```

根据上面的结果，可以计算这首诗歌里的元音和辅音比：

```
Frost_language %>%
  summarize(total_vow=sum(vowels),
            total_cons=sum(consonants),
            ratio=total_vow/total_cons)
```

```
## # A tibble: 1 x 3
##   total_vow total_cons ratio
##       <int>      <int> <dbl>
## 1       167        256 0.652
```

在 Frost 的这首诗歌里，元音占了一半以上，这是不是 Frost 诗歌的特点呢？或者说，是不是这首诗歌朗朗上口的原因呢？

最后一个简单介绍的字符操作是使用正则表达式提取相匹配的内容，可以使用 *str_extract( )*或者 *str_extract_all( )*来完成。函数当中的 extract 就是“提取”的意思。在实际的操作中，首先要做的是用正则表达式准确“定义”要提取的内容，然后再进行提取。比如，要把 Frost 这首诗歌的所有名词都提取出来，就要首先定义什么是名词，并体现在正则表达式里，然后使用这个正则表达式再进行提取（参见 Wickham & Grolemund, 2017: 214）：

```
noun <- "(a|the) ([^ ]+)"
```

这个表达式对英语中的名词进行了定义，它把名词定义为放在冠词后面的词。再看根据这个定义把 Frost 这首诗歌的所有名词都提取出来的结果：

```
str_extract(Frost,noun)
##  [1] NA  "the village" NA   NA  NA
## [6] "a farmhouse" "the woods"  "the year."  "a shake"    NA
## [11] "the sweep"   NA   NA  NA NA
## [16] NA
```

从上面的提取结果看，代码确实成功地提取出了一些名词，但是也不是特别成功。首先，结果出现了很多缺失值（NA），表示的意思是这个句子没有名词；其次，这首诗歌里的很多名词并没有成功提取出来，原因在于上面这个表达式对名词（noun）的定义并不是非常准确，并不是所有的名词都放在冠词的后面。要能够非常成功地把所有的名词都提取出来，就必须使用一个更为准确定义英语中的名词的正则表达式。这个时候，语言学知识就变得特别重要，只有结合语言学知识和正则表达式相关知识，才能完成把诗歌中的所有名词都提取出来的这个任务。

现在再回到上面介绍过的笔者课题组 pronoun 实验数据中关于 items 那一列变量的处理。如果使用 *str_extract( )*函数对数字和代词直接进行提取，就会简单很多，不用再通过多个步骤来实现了：

```
pronoun <- read_excel("pronoun.xlsx")
pronoun
```

首先，使用正则表达式，定义所有的汉语第三人称代词：

```
pron <- c("他们","他","她们","她")
pron_match <- str_c(pron,collapse="|")
pron_match
## [1] "他们|他|她们|她"
```

这里之所以设定 collapse="|"，是因为竖线相当于英语的 or（或者），这就使得跟当中任意一个相匹配的代词都能被提取出来。接下来就可以使用 *str_extract( )*函数来进行提取了：

```
pronoun_new <- pronoun %>%
 mutate(questions=str_extract(items,"\\d+"),
       chi_pron=str_match(items,pron_match))
pronoun_new
## # A tibble: 10,240 x 5
##    subj  total_score items   questions chi_pron
##    <chr>       <dbl>  <chr>       <chr>     <chr>
##  1 LBQ           785  2、(他)        2         他
##  2 XJJ           950  2、(他)        2         他
##  3 WZ           1034  2、(他)        2         他
##  4 HXJ          1133  2、(他)        2         他
##  5 SJH          1084  2、(他)        2         他
##  6 WY            410  2、(他)        2         他
##  7 CWH           963  2、(他)        2         他
##  8 DBW           776  2、(他)        2         他
##  9 YXY          1094  2、(他)        2         他
## 10 WYY 230 more rows
```

这里非常有趣的一点是，在定义汉语的第三人称代词的时候，必须把**他们**放在

他的前面，同时也把**她们**放在**她**的前面，即

```
pron <- c("他们","他","她们","她")
```

如果把**他**放在**他们**之前，把**她**放在**她们**之前，都不可能成功，读者可以尝试使用下面的代词表达式去进行提取：

```
pron <- c("他","他们","她","她们")
```

读者会发现，提取并不成功，为什么呢？

上面仅对正则表达式以及文本数据的操作进行了蜻蜓点水式的简要介绍。对大部分主要使用数值型数据的读者来说，这些知识大概已经足够了。但对要进行文本挖掘的读者来说，上述正则表达式知识只是九牛一毛，需要读者根据自己的需要进一步了解。

最后，再来看高超的数据框操作能力的第四条，即熟练地对各种数据表格进行合并或拆分。

1.4 数据表合并

表格合并是数据框操作的一项基本技能，在做实验的时候，研究者经常需要合并来自不同测试的数据。比如，在完成一项反应时行为实验后，研究者还试图考察被试的外语水平对行为反应的影响，这个时候可能就需要把被试的外语水平测试分数合并到其行为反应实验数据之中。即使就是在平时的教学工作中，也可能会反复使用到表格合并。比如，在评定学生某个学科的综合成绩的时候，需要合并不同老师发来的分数表，因为综合测试分成了多个部分。但问题是每个综合表的格式不一样，学生人数也特别多，还可能存在名单不一致，分数缺失等各种情况。如果熟练掌握表格合并技能，就能轻松解决这些问题；相反，则可能需要浪费大量时间和精力来处理核对表格和分数等工作。

表格合并存在多种不同的情形，一般包括：①传统的增加列（变量）和增加行（观测）的表格合并；②生成新变量的表格合并；③不生成新变量的表格合并；④集操作。下面将分别进行介绍。

1.4.1 传统的变长或变宽的表格合并

有两组可用的函数：*rbind( )*和 *cbind( )*，*bind_rows( )*和 *bind_cols( )*。后面两个函数可视为前面两个函数的升级版本。比如，先分别生成两个数据框：

```
lp_score_one <- tribble(
  ~subj,    ~Eng_scores,
  "FZY",     82,
  "YP",      62,
  "LD",      72,
  "WLY",     68
)
lp_score_one
## # A tibble: 4 x 2
##   subj  Eng_scores
##   <chr>      <dbl>
## 1 FZY           82
## 2 YP            62
## 3 LD            72
## 4 WLY           68
lp_score_two <- tribble(
  ~subj,    ~Eng_scores,
  "NSQ",     67,
  "GYX",     71,
  "SK",      56,
  "DZ",      58
)
lp_score_two
## # A tibble: 4 x 2
##   subj  Eng_scores
##   <chr>      <dbl>
## 1 NSQ           67
## 2 GYX           71
```

```
## 3 SK          56
## 4 DZ          58
```

这两个数据框的变量（列）完全一样，可以使用 *rbind( )*把它们合并起来：

```
rbind(lp_score_one,lp_score_two)
## # A tibble: 8 x 2
##   subj  Eng_scores
##   <chr>      <dbl>
## 1 FZY           82
## 2 YP            62
## 3 LD            72
## 4 WLY           68
## 5 NSQ           67
## 6 GYX           71
## 7 SK            56
## 8 DZ            58
```

也可以使用 *bind_rows( )*来合并，这两个函数的功能相似：

```
bind_rows(lp_score_one, lp_score_two)
## # A tibble: 8 x 2
##   subj  Eng_scores
##   <chr>      <dbl>
## 1 FZY           82
## 2 YP            62
## 3 LD            72
## 4 WLY           68
## 5 NSQ           67
## 6 GYX           71
## 7 SK            56
## 8 DZ            58
```

接着再看 *cbind( )*函数的使用。为了举例，也先分别生成两个数据框：

```
lp_score <- tribble(
  ~subj,   ~Eng_scores,
  "FZY",    82,
  "YP",     62,
  "LD",     72,
  "WLY",    68
)
lp_score
## # A tibble: 4 x 2
##   subj  Eng_scores
##   <chr>      <dbl>
## 1 FZY           82
## 2 YP            62
## 3 LD            72
## 4 WLY           68
RT_score<- tribble(
  ~subj,   ~RT,   ~sex,
  "FZY",   328,    "F",
  "YP",    262,    "M",
  "LD",    721,    "M",
  "WLY",   682,    "F"
)
RT_score
## # A tibble: 4 x 3
##   subj    RT  sex
##   <chr> <dbl> <chr>
## 1 FZY    328  F
```

```
## 2 YP     262  M
## 3 LD     721  M
## 4 WLY    682  F
```

先使用 *cbind( )*函数，把这两个数据框合并起来：

```
cbind(lp_score, RT_score)
##   subj Eng_scores subj  RT   sex
## 1  FZY         82  FZY  328   F
## 2   YP         62  YP   262   M
## 3   LD         72  LD   721   M
## 4  WLY         68  WLY  682   F
```

同样，也可以使用 *bind_cols( )*来合并：

```
bind_cols(lp_score,RT_score)
## New names:
## * subj -> subj...1
## * subj -> subj...3
## # A tibble: 4 x 5
##   subj...1 Eng_scores subj...3    RT    sex
##   <chr>         <dbl>  <chr>     <dbl> <chr>
## 1 FZY              82   FZY        328    F
## 2 YP               62   YP         262    M
## 3 LD               72   LD         721    M
## 4 WLY              68   WLY        682    F
```

不过，在使用 *bind_cols( )*进行合并的时候，它会自动识别（变量）名称相同的列，并做出标识。这可以视作 *bind_cols( )*比 *cbind( )*更智能的一种表现。*bind_rows( )*和 *bind_cols( )*相对 *rbind( )*和 *cbind( )*还有很多其他升级过后变得更灵活的地方。比如，*rbind( )*在进行合并的时候，要求所有的列（变量）必须相匹配，否则提示出错，但是 *bind_rows( )*没有这个要求，如果列不同，也仍然能够合并，只不过生成的新表格中会有一些列存在缺失值，比如：

```
rbind(lp_score_one,RT_score)
Error in rbind(deparse.level, ...) :
  numbers of columns of arguments do not match
```

lp_score_onc 和 RT_score 这两个表格的列不一样，合并时提示出错，但是使用 *bind_rows( )*仍然可以合并，比如：

```
bind_rows(lp_score_one,RT_score)
## # A tibble: 8 x 4
##   subj   Eng_scores   RT    sex
##   <chr>     <dbl>     <dbl> <chr>
## 1 FZY         82       NA   <NA>
## 2 YP          62       NA   <NA>
## 3 LD          72       NA   <NA>
## 4 WLY         68       NA   <NA>
## 5 FZY         NA       328   F
## 6 YP          NA       262   M
## 7 LD          NA       721   M
## 8 WLY         NA       682   F
```

只不过出现了很多缺失值（NA），之所以出现这些缺失值是因为原先的表格没有这些列，也自然就不存在相应的值。除此以外，*bind_rows( )*和 *bind_cols( )*在进行合并的同时还可以对变量进行改变，比如增加变量，或者修改变量的类型以及进行变量的运算，等等。比如：

```
bind_rows(lp_score_one,
          lp_score_two)
## # A tibble: 8 x 2
##   subj  Eng_scores
##   <chr>      <dbl>
## 1 FZY          82
## 2 YP           62
## 3 LD           72
```

```
## 4 WLY          68
## 5 NSQ          67
## 6 GYX          71
## 7 SK           56
## 8 DZ           58
```

这是上面执行过合并的表格，可以看到合并后的表格变量的数量跟原表格一样，分别是 subj 和 Eng_scores，而且变量类型也一样，保留了原来的类型，分别是字符型（<chr>）和数值型（<dbl>，双精度浮点），但是下面的代码尽管也是对相同的表格进行了合并，但是在合并的同时生成了新的变量，并改变了变量的类型：

```
bind_rows(mutate(lp_score_one,group="high",subj=factor(subj)),
          mutate(lp_score_two,group="low",subj=factor(subj)))
## # A tibble: 8 x 3
##   subj  Eng_scores group
##   <fct>      <dbl> <chr>
## 1 FZY           82  high
## 2 YP            62  high
## 3 LD            72  high
## 4 WLY           68  high
## 5 NSQ           67  low
## 6 GYX           71  low
## 7 SK            56  low
## 8 DZ            58  low
```

可以看到，合并后的表格新增加了一个 *group* 变量，而且 subj 原来是字符型变量，现在变成了一个因子（<fct>）。*bind_rows( )*和 *bind_cols( )*这两个函数的这种升级功能特别重要和实用，会让一切都变得更简单。这可能是 R 的魅力之一，那就是一直在变好，而这种变化是由整个社区的使用者共同推动的。

1.4.2　生成新变量的表格合并

这一节的详细内容大家可以参考 Wickham 和 Grolemund（2017: 172-192），在

这里只做简要介绍。概括起来，能够生成新变量的表格合并一共有 4 个函数，它们分别是：

inner_join( )：在把 A 表格和 B 表格进行合并的时候，根据合并的钥匙（key），只保留两个表格里都有的内容。

left_join( )：在把 A 表格和 B 表格进行合并的时候，根据合并的钥匙（key），只保留 A 即左边表格里的内容。

right_join( )：在把 A 表格和 B 表格进行合并的时候，根据合并的钥匙（key），只保留 B 即右边表格里的内容。

full_join( )：在把 A 表格和 B 表格进行合并的时候，根据合并的钥匙（key），两个表格的内容都保留。

表格合并总是涉及两个核心问题：①表格的列（即变量）会发生什么变化；②表格的行（即观测）会发生什么变化。从上面对这 4 个函数的解释可以知道，列的变化非常简单，那就是会生成新的列（即变量）。这很容易理解，因为新生成的表格会同时汇聚 A 表格和 B 表格的列（即变量）。这也是为什么把这 4 个函数归类为会增加新变量的表格合并。剩下的关键问题就在于表格的行（观测）会发生什么变化，这是表格合并最为复杂的问题。在具体操作时，不同的函数会根据合并的钥匙对两个表格的行进行不同的操作。为了更清楚地解释这一点，下面分别进行举例介绍。

首先，看 *inner_join( )*。在文本挖掘过程中，使用基于词典的情感分析会经常使用到 *inner_join( )*来进行表格合并。比如，研究者想分析 Charles Dickens 的小说 *A Tale of Two Cities* 最常使用的快乐的（joyful）情感词有哪些。常规的做法是先获得这本小说的文本，然后使用文本挖掘的手段，对文本进行清洁（screening），提取出这本小说里所有的词语。之前已经有很多研究者已经建立了很多可用的情感词典，可以选取某个具有代表性的情感词典作为基础，从当中提取出所有表示快乐的情感词。然后，与从小说提取出的所有词语用 *inner_join( )*进行合并，结果就获得了这本小说的所有表示快乐的情感词，以下的代码呈现了这个过程：

```
Dickens <- read_tsv("A_tale_of_two_cities.txt")
```

限于篇幅，这里不详细交代如何对 Dickens 的 *A Tale of Two Cities* 这本小说的清洁和整理过程，而是直接读进已经经过清洁的文本，提取出这本小说里所有的词语。接着，将使用 *get_sentiments( )*函数获得一个名为 nrc 的情感词典，从这个情感词典里提取出只表示快乐情感的语料库：

```
nrcjoy <- get_sentiments("nrc") %>%
  filter(sentiment=="joy")
```

关于 nrc 这个情感词典的更多说明，请读者参考 Silge 和 Robinson（2017）。这个代码当中的 *filter( )*函数的作用是过滤，即从 nrc 这个情感词典当中只选择表示快乐的词。接着就可以使用 *inner_join( )*，把从小说提取出的所有词语与这个表示快乐的情感词典进行合并，然后，使用 *count( )*函数对合并后的结果进行排序：

```
Dickens %>%
  inner_join(nrcjoy,key="word") %>%
  count(word,sort=TRUE)
## Joining, by="word"
## # A tibble: 334 x 2
##    word       n
##    <chr>    <int>
##  1 good      216
##  2 young     127
##  3 child      89
##  4 hope       83
##  5 friend     76
##  6 daughter   62
##  7 found      61
##  8 love       56
##  9 saint      56
## 10 mother     43
## # ... with 324 more rows
```

在上面的代码中设置了合并的钥匙（key="word"），因为不管是读进的 Dickens 的数据，还是在这个情感词典（nrc），都有 word 这一列，是这两个数据库合并的依据（钥匙）。从上面的结果可以看到，Dickens 的 *A Tale of Two Cities* 这本小说，使用得最多的快乐情感词是 good，其次是 young。上面代码中的 *inner_join( )*函数，只把同时属于小说和从情感词典里提取出表示快乐情感的语料库里的词语保留下来，去除了没有同时出现在这两个词库的词语。可见 *inner_join( )*函数会导致数据损耗（相对两个数据都有损耗），所以对它的使用要非常小心。只有在目标非常明确的时候，才会使用到它。在语言行为加工实验中，对反应时数据进行清洁时也可能会用到这种合并，我们会在后续章节详细介绍。

*left_join( )*和 *right_join( )*可视作一个函数，因此只需掌握其中一个即可，若不知另一个函数的用法最多只需交换一下两个要合并的表格的顺序即可。*left_join( )*是所有表格合并函数中使用得最多的，合并的结果是：A 表格（左边表格）吸收了 B 表格（右边表格）所有的变量，但是只保留与 A 表格相同的所有观测值。也就是说，如果 B 表格的观测值与 A 表格一样，合并后就被留下，否则就会被去除。为了展现这个函数的用法，先尝试生成两个虚拟数据：

```
set.seed(1818)
RT_data <- tibble(
  subj=paste0(rep("P",10),1:10),
  RT=rnorm(10,1121,300),
  cond=gl(2,5,labels=c("form","semantic"))
)
RT_data
## # A tibble: 10 x 3
##    subj     RT cond
##    <chr> <dbl> <fct>
##  1 P1     842. form
##  2 P2    1157. form
##  3 P3    1215. form
##  4 P4    1012. form
##  5 P5    1060. form
##  6 P6    1252. semantic
##  7 P7     723. semantic
##  8 P8    1190. semantic
##  9 P9    1149. semantic
## 10 P10   1603. semantic
```

set.seed(1818)设定了随机种子，然后生成了一个有 3 列（变量）的数据框，这个数据可以视作一个有 10 名被试（subj）的数据表。在两种实验条件（cond）下，加入了

一个语言加工实验所获得的反应时（RT）数据。基于这个数据，我们可以比较这两个条件下的反应时是否有显著区别（form vs. semantic），我们同时还想考察被试的工作记忆是否也对被试的反应时有影响，这个时候就需要把被试工作记忆的分数加进表格。下面这个数据表就是虚拟的被试工作记忆的数据：

```
WM_data <- tibble(
  subj=paste0(rep("P",15),1:15),
  WM=rnorm(15,50,23)
)
WM_data
## # A tibble: 15 x 2
##    subj  WM
##    <chr> <dbl>
##  1 P1    61.9
##  2 P2    85.7
##  3 P3    -3.64
##  4 P4    77.9
##  5 P5    37.6
##  6 P6    60.8
##  7 P7    67.8
##  8 P8    47.5
##  9 P9    88.1
## 10 P10   34.2
## 11 P11   26.9
## 12 P12   62.6
## 13 P13   40.2
## 14 P14   62.8
## 15 P15   77.5
```

仔细观察 WM_data 这个表格和前面的那个表格就会发现，两个表格都有一列相同的变量，即被试（subj），但是，第二个表格的被试有些与第一个表格相同，有些不相同。WM_data 还有一列就是 WM，表示被试的工作记忆（working memory，WM）的分数。现在就可以使用 *left_join( )*函数把被试第二张表格的工作记忆分数合并进第一张表：

```
total_data <- RT_data %>%
  left_join(WM_data,by="subj")
total_data
## # A tibble: 10 x 4
##    subj    RT  cond      WM
##    <chr> <dbl> <fct>   <dbl>
##  1 P1     842. form     61.9
##  2 P2    1157. form     85.7
##  3 P3    1215. form    -3.64
##  4 P4    1012. form     77.9
##  5 P5    1060. form     37.6
##  6 P6    1252. semantic 60.8
##  7 P7     723. semantic 67.8
##  8 P8    1190. semantic 47.5
##  9 P9    1149. semantic 88.1
## 10 P10   1603. semantic 34.2
```

合并后的表格 total_data 就是一个完整的数据，既有反应时，也有工作记忆分数。但是仔细对比就会发现，WM_data 中只有与 RT_data 相同的观测被保留下来了，保留的依据是合并的钥匙（key），即 subj。上面在生成虚拟数据的时候，使用了多个函数，*paste0( )*在前面已经介绍过。*gl( )*函数（gl，即 generate levels）的作用是通过指定不同的水平来生成因子，格式如下：

```
factor <- gl(number of levels,cases in each level,total cases,
labels=c("label1","label2",...))
```

读者还可以使用上面的数据来练习 *right_join( )*函数。总之，*left_join( )*是使用得最多的表格合并函数，在对反应时行为数据清洁时，也经常会使用到它。更多的用法，请参见下文的相关章节。

*full_join( )*函数的表格合并功能比较容易理解。如前面所述，根据合并的钥匙

（key），合并后把 A 表格和 B 表格两个表格的观测值都保留下来，比如：

```
data_total <- RT_data %>%
  full_join(WM_data,by="subj")
data_total
## # A tibble: 15 x 4
##    subj    RT cond        WM
##    <chr> <dbl> <fct>    <dbl>
##  1 P1     842. form      61.9
##  2 P2    1157. form      85.7
##  3 P3    1215. form     -3.64
##  4 P4    1012. form      77.9
##  5 P5    1060. form      37.6
##  6 P6    1252. semantic  60.8
##  7 P7     723. semantic  67.8
##  8 P8    1190. semantic  47.5
##  9 P9    1149. semantic  88.1
## 10 P10   1603. semantic  34.2
## 11 P11     NA  <NA>      26.9
## 12 P12     NA  <NA>      62.6
## 13 P13     NA  <NA>      40.2
## 14 P14     NA  <NA>      62.8
## 15 P15     NA  <NA>      77.5
```

从合并后的结果可以看到，在 RT_data 表格中不存在但在 WM_data 表格中存在的被试的数据都保留下来了，最终的数据 data_total 是 RT_data 表格和 WM_data 表格之和。*full_join()*在文本挖掘中的使用也非常广泛，限于篇幅，此处不再详述。

1.4.3 不生成新变量的表格合并

上面的表格合并有一个共同的特点，那就是经过合并以后所形成的表格相比原来的表格都增加了变量，但也有两个表格合并函数并不会增加变量，只会对原来表格的行（观测）产生影响，增加或减少，这两个函数是：

anti_join( )：A 和 B 两个表格合并时，A 表格中凡是跟 B 匹配的行（观测）都去除。

semi_join( )：A 和 B 两个表格合并时，保留 A 表格中所有跟 B 表格匹配的行（观测）。

从上面的解释可以看出，*anti_join( )*跟 *semi_join( )*两个函数都不会影响到变量，变量既不会增加也不会减少，只会对行产生改变，而且这两个函数正好执行了相反的操作。首先，来看 *anti_join( )*，仍然使用上面生成的工作记忆相关的数据表：

```
WM_data %>%
  anti_join(RT_data,key="subj")
## Joining, by="subj"
## # A tibble: 5 x 2
##   subj    WM
##   <chr> <dbl>
## 1 P11    26.9
## 2 P12    62.6
## 3 P13    40.2
## 4 P14    62.8
## 5 P15    77.5
```

上面的代码中，WM_data 是 A 表格（因为放在前面），RT_data 是 B 表格，使用 *anti_join( )*进行合并后，WM_data（A）表格去除了所有跟 RT_data 相匹配的行。*anti_join( )*经常应用于文本挖掘中，比如，我们想知道 Plato 的 *The Republic* 使用频率最高的是哪些词，首先是读入这本书的文本，然后进行清洁、整理，提取出所有的词，按频率排序。但是，如果直接排序的话结果将是非常无趣的，因为英语版本的 *The Republic* 使用最多的肯定是冠词等常用虚词，这些词并不能体现这本书的主题，因此文本挖掘里常规的做法是从提取的所有的词中先去除停用词（stop words），然后再排序：

```
rep <- file.path(getwd(),"The Republic.txt")

plato_rep <- readLines(rep,encoding="UTF-8")

plato_rep <- tibble(text=plato_rep)

republic <- plato_rep %>%
  mutate(linenumber=row_number(),
         BOOK=cumsum(str_detect(text,regex("^BOOK [\\divxlc]",
                                           ignore_case=TRUE))))
tidy_republic <- republic %>%
  unnest_tokens(word,text)
```

上面这些代码都是为了把 *The Repulic* 这本书读入 RStudio，进行清洁，并提取出所有的词，合并的精华在下面的代码：

```
tidy_republic%>%
  anti_join(stop_words, by="word") %>%
  count(word,sort=TRUE) %>%
  filter(n>150) %>%
  mutate(word=reorder(word,n))
## Joining, by="word"
## # A tibble: 23 x 2
##    word       n
##    <fct>    <int>
##  1 true       584
##  2 life       379
##  3 justice    342
##  4 soul       338
##  5 nature     327
```

```
##  6 knowledge   286
##  7 plato      283
##  8 replied     273
##  9 truth      255
## 10 evil       231
## # ... with 13 more rows
```

经过上面的操作以后可以看出，*The Republic* 书中最常用的词是 true，其次是 life，然后是 justice，非常符合这本书的主题。如果把上面代码中的 *anti_join( )*改成 *semi_join( )*结果就完全不一样了：

```
tidy_republic%>%
  semi_join(stop_words,by="word") %>%
  count(word,sort=TRUE) %>%
  filter(n>150) %>%
  mutate(word=reorder(word,n))
## # A tibble: 138 x 2
##    word      n
##    <fct> <int>
##  1 the   14760
##  2 of     9897
##  3 and    9290
##  4 to     5762
##  5 is     4480
##  6 in     4252
##  7 a      3824
##  8 he     3166
##  9 that   2974
## 10 be     2866
## # ... with 128 more rows
```

跟我们上面预料到的差不多，排在最前面的就是 the，然后是 of，接着是 and 等英语里最常用、最无趣的词。

上面通过举例的方式，简单介绍了各种表格合并操作。这些技能非常实用，但表格合并要远比这些复杂，尤其是涉及 key（钥匙）是否单一的时候就会涉及许多其他问题。限于篇幅，这里不再介绍。感兴趣的读者，请进一步阅读和研究，可以参考 Wickham 和 Grolemund（2017: 172-192）。

1.4.4 集操作

上面介绍的都是表格的操作，R 还有一些集操作，尽管可能用得不多，但在某些场合下也非常实用。常用的集操作函数有：

x *%in%* y：这个表达式相当于英语中的 one of，即中文：x 是不是 y 当中的一个元素？
intersect(x, y)：只保留在 x 和 y 里都有的观测值。
union(x, y)：去除重复，只保留 x 和 y 里独一无二的观测值。
setdiff(x, y)：只保留在 x 中有但 y 中没有的观测值。

上面函数中的 x 和 y 是指向量，不是前面表格合并操作函数中的表格，这也就是为什么把这些函数称作集操作函数。笔者在处理数据的时候会经常使用到 *x %in% y* 这个集操作。比如，想从一个数据当中选择部分数据，就可能使用到它：

```
set.seed(1818)
RT_data <- tibble(
  subj=paste0(rep("P",10),1:10),
  RT=rnorm(10,1121,300),
  cond=gl(2,5,labels=c("form","semantic"))
)
RT_data
## # A tibble: 10 x 3
##    subj     RT cond
##    <chr> <dbl> <fct>
##  1 P1     842. form
```

```
##  2 P2    1157. form
##  3 P3    1215. form
##  4 P4    1012. form
##  5 P5    1060. form
##  6 P6    1252. semantic
##  7 P7     723. semantic
##  8 P8    1190. semantic
##  9 P9    1149. semantic
## 10 P10  1603. semantic
sub_subj <- c("P1","P2","P5","P9")
RT_data %>%
  filter(subj%in%sub_subj)
## # A tibble: 4 x 3
##   subj     RT cond
##   <chr> <dbl> <fct>
## 1 P1     842. form
## 2 P2    1157. form
## 3 P5    1060. form
## 4 P9    1149. semantic
```

*%in%*的返回值是逻辑型向量，即 TRUE 或者 FALSE，*filter( )*函数把所有值为 TRUE 的挑选出来，也就把我们需要挑选出来的被试成功地挑选出来了。

intersect(x,y)函数的使用往往能带来“惊喜”，比如，在上面 1.3 小节，我们提取出了 Robert Frost 那首诗歌的所有单词，如果把这些单词的首尾字母互换，之后还有哪些是英语单词?

```
Frost <- c("Whose woods these are I think I know.",
          "His house is in the village though;",
          "He will not see me stopping here",
          "To watch his woods fill up with snow.",
          "My little horse must think it queer",
```

```
         "To stop without a farmhouse near",
         "Between the woods and frozen lake",
         "The darkest evening of the year.",
         "He gives his harness bells a shake",
         "To ask if there is some mistake.",
         "The only other sound's the sweep",
         "Of easy wind and downy flake.",
         "The woods are lovely, dark and deep.",
         "But I have promises to keep,",
         "And miles to go before I sleep,",
         "And miles to go before I sleep.")
Frost_df <- tibble(line=1:16,text=Frost)
Frost_df <- Frost_df%>%
  unnest_tokens(word,text)
Robert_Frost <- Frost_df$word
pos_switch <- str_replace_all(Robert_Frost,
                              "^([A-Za-z])(.*)([A-Za-z])$", "\\3\\2\\1")
pos_switch
##   [1] "ehosw" "soodw"  "ehest"  "era"     "i"   "khint"
##   [7] "i"     "wnok"   "sih"    "eoush"   "si"    "ni"
##  [13] "eht"   "eillagv" "hhougt"  "eh"     "lilw"  "ton"
...
## [103] "silem"  "ot"    "og"    "eeforb"   "i"    "plees"
intersect(pos_switch,Robert_Frost)
## [1] "i"     "a"     "sound's"
```

接下来，再看*union( )*和*setdiff( )*函数的用法：

```
x <- c("a","b","c","d","e","f")
y <- c("a","g","h","c","f")
```

```
union(x,y)
## [1] "a" "b" "c" "d" "e" "f" "g" "h"
setdiff(x,y)
## [1] "b" "d" "e"
A <- c(3,8,9,0)
B <- c(1,2,9)
union(A,B)
## [1] 3 8 9 0 1 2
setdiff(A,B)
## [1] 3 8 0
```

上面代码的运行结果清楚地展现了这两个集操作函数如何使用以及它们的功能。正如前面所说，在某些场合集操作函数非常实用。但总体看，它们的使用远没有前面的表格合并函数频繁。

到此为止，已经介绍完了在第 1 章概括总结的“如何才能达到高超的数据框操作能力”的四个方面。但在本章结束前，需要再补充一个非常重要的知识，那就是在 tidyverse 包中常用的五大函数的功能和使用方法。

1.5　数据框运算和操作的五个函数

在 tidyverse 包中有五个函数使用非常频繁，熟练掌握会使得在数据整理以及统计分析时达到事半功倍的效果，这五个函数是：

filter( )：根据条件，从数据框中挑选出观测值，即数据框的行。
arrange( )：根据条件，重新安排行（row）的顺序。
select( )：根据变量，即列的名字，把需要的变量挑选出来。
mutate( )：在已有变量的基础上，根据条件生出新的变量。
summarize( )[①]：计算统计摘要。

当这 5 个函数搭配上管道（%>%）符和 *group_by( )*函数的时候，它们各自的功能都被极大地拓展。管道（%>%）的作用是传输，通过前面内容的阅读相信读者对

① 在 R 中，summarize 与 summarise 通用。

这个符号的应用已经非常熟练。而 *group_by( )*则是根据某种标准，进行分组。

这些函数在使用上都有一个共同的特点，那就是数据框总是函数的第一个参数，即放在函数括号里的最前面。当然，也可以使用管道，把数据框传输给函数，这样，就无须再在函数的括号中放上数据框。下面，以笔者课题组开展的一项翻译判断实验所收集的初中生数据为例，来简单介绍这些函数的使用。关于这个实验的更多介绍请参阅本书第 3 章。先读入数据：

```
middle <- read_csv("Middle_school.csv")
glimpse(middle)
## Rows: 2,250
## Columns: 23
## $ ExperimentName <chr> "List1", "List1", "List1", "List1",...
## $ Subject   <dbl> 141, 141, 141, 141, 141, 141, 141, 141, ...
## $ Session   <dbl> 4, 4, 4, 4, 4, 4, 4, 4, 4, 4, 4, 4, 4, 4, ...
## $ Group    <dbl> 1, 1, 1, 1, 1, 1, 1, 1, 1, 1, 1, 1, 1, 1, ...
...
```

从 *glimpse( )*函数的结果可以看出，这个数据表一共有 2,250 行，23 列，即 23 个变量。其中明显有些变量是不需要的，如果去除的话数据操作会变得简单，也有一些变量的名字太复杂，不适合引用，故应该修改变量名。为了后续操作方便，先对变量进行修改。这个实验有两个因变量，一个是翻译判断的时间（RT），一个是判断的准确率，在这个数据表里可以体现这两个因变量的分别是：Chinese.ACC 和 Chinese.RT。但是，这两个变量名太长，到后面进行视据可视化或统计建模时引用变量太麻烦，故可修改它们的名字，可分别修改为 ACC 和 RT。可以使用 *select( )*函数来实现这个目的：

```
middle_one <- middle %>%
  select(ACC=Chinese.ACC,RT=Chinese.RT)
glimpse(middle_one)
## Rows: 2,250
## Columns: 2
## $ ACC <dbl> 1, 1, 1, 1, 1, 1, 1, 1, 1, 1, 0, 0, 1, 0, 1, 1,
1, ...
## $ RT  <dbl> 1010, 1047, 1274, 1052, 887, 1153, 1775, 805...
```

可以看到，如果使用 *select( )*改变变量名，结果数据框中只剩下被改名后的两个变量。因此，一般不会使用这个函数来修改名字，而是使用它的变体函数，即 *rename( )*，它的格式跟 *select( )*等函数完全一样：

```
middle_one <- middle %>%
  rename(list=ExperimentName,
         ACC=Chinese.ACC,
         RT=Chinese.RT)
glimpse(middle_one)
```

除修改数据框中的变量的名称以外，*select( )*一般用来挑选需要的变量：

```
middle_two <- middle_one %>%
  select(starts_with("Session"))
middle_two <- middle_one %>%
  select(Session:SessionTimeUtc)
```

上面的代码实现的结果是一样的，都是挑选了 Session 为前缀的变量。这里的冒号相当于英语的 to，即"一直到"的意思，故选从 Session 一直到 SessionTimeUtc 之间的变量。下面的两个操作也实现了完全一样的结果，即按条件去除相关的变量：

```
middle_two <- middle_one %>%
  select(-starts_with("Session"))
middle_two <- middle_one %>%
  select(-(Session:SessionTimeUtc))
```

可见，不需要的变量可以在前面添加减号（-）来实现去除的目的。现在，再使用 *select( )*函数把所有需要的变量挑选出来：

```
middle_three <- middle_two %>%
  select(Subject,ACC,RT,Chinese,list,condition,English)
middle_three
```

或者

```
middle_four <- middle_three %>%
  select(list,Subject,English,Chinese,everything())
middle_four
## # A tibble: 2,250 x 7
##    Subject  ACC    RT   Chinese          list   condition     English
##     <dbl>  <dbl> <dbl>   <chr>           <chr>    <chr>        <chr>
## 1    141     1   1010   19xuruo.PNG      List1  formsimilar  19week.PNG
## 2    141     1   1047   18maozi.PNG      List1  formsimilar  18cup.PNG
## 3    141     1   1274   29yashua.PNG     List1  formcontrol  29butter.PNG
## 4    141     1   1052   11kanjian.PNG    List1  formsimilar  11sea.PNG
## 5    141     1    887   23haiyang.PNG    List1  formcontrol  23shop.PNG
## 6    141     1   1153   13huai.PNG       List1  formsimilar  13bed.PNG
## 7    141     1   1775   30manhua.PNG     List1  formcontrol  30metal.PNG
## 8    141     1    805   21fengjing.PNG   List1  formcontrol  21math.PNG
## 9    141     1    404   1pingguo.PNG     List1    correct    1apple.PNG
## 10   141     1    840   3shizhong.PNG    List1    correct    3clock.PNG
## # ... with 2,240 more rows
```

再看 *mutate( )*函数的用法。这个函数的作用是在已有的变量基础上生成新的变量。我们在上面读进数据的这个实验其实是一个 2×2 实验（见第 3 章），也就是说一共有两个自变量，但是都合并在 condition 这个变量里了，现在需要基于 condition 这个变量生成新的两个自变量：

```
middle_five <- middle_four %>%
  filter(condition!="correct") %>%
  mutate(type=ifelse(condition=="formcontrol"|condition=="formsimilar",
                     "form","semantic"),
    relatedness=ifelse(condition=="formsimilar"|condition=="semanticrelated",
                       "related","unrelated")
  )
```

上面代码中使用了 *ifelse( )*函数，它的作用和用法，在第 2 章会进行详细介绍。

如果只想在数据框里保留生成的新的变量，也可以使用 *transmute( )*函数：

```
middle_four %>%
 filter(condition!="correct") %>%
 transmute(type=ifelse(condition=="formcontrol"|condition=="formsimilar",
                   "form","semantic"),
         relatedness=ifelse(condition=="formsimilar"|condition==
           "semanticrelated","related","unrelated"))

   ## # A tibble: 1,800 x 2
##    type     relatedness
##    <chr>    <chr>
##  1 form     related
##  2 form     related
##  3 form     unrelated
##  4 form     related
##  5 form     unrelated
##  6 form     related
##  7 form     unrelated
##  8 form     unrelated
##  9 semantic unrelated
## 10 form     related
## # ... with 1,790 more rows
```

上面的代码中也同时使用了 *filter( )*函数，*filter( )*函数的作用就是根据相应的条件，挑选出需要的行（观测值），函数里面使用了感叹号，它表示否定、去除的意思，这里相当于先把正确（correct）的翻译过滤掉，再进行下一步操作。*filter( )*函数应该是这 5 个函数当中，使用最为广泛的函数，比如要挑选出 ACC 为 1 的所有的数据，即挑选出被试做出正确反应的所有数据，这在对反应时等行为数据进行处理时，会经常用到：

```
middle_five %>%
  filter(ACC==1)
## # A tibble: 1,218 x 9
##   list  Subject English  Chinese   ACC   RT  condition   type  relatedness
##   <chr> <dbl>  <chr>     <chr>    <dbl> <dbl> <chr>      <chr>    <chr>
## 1 List1  141 19week.P~ 19xuruo.P~   1   1010 formsimilar form     related
## 2 List1  141 18cup.PNG 18maozi.P~   1   1047 formsimilar form     related
...
```

再如，挑选出 ACC 等于 1，同时去除反应时（RT）小于 200 毫秒和高于平均数 2.5 个标准差的数据：

```
middle_five %>%
  filter(ACC==1,200<RT&RT<=(mean(RT)+2.5*sd(RT)))
## # A tibble: 1,170 x 9
##   list Subject English Chinese   ACC   RT  condition   type  relatedness
##   <chr> <dbl>  <chr>    <chr>   <dbl> <dbl> <chr>      <chr>    <chr>
## 1 List1  141  19week.P~ 19xuruo.P~ 1  1010 formsimilar form    related
## 2 List1  141  18cup.PNG 18maozi.P~ 1  1047 formsimilar form    related
...
```

接下来是 *arrange( )*函数的使用。这个函数的功能是以列为依据，默认按升序对行（row）的顺序进行排序。比如，把上面生成的 middle_five 数据框，按 RT 的升序排序：

```
arrange(middle_five,RT)
## # A tibble: 1,800 x 9
##   list  Subject English  Chinese  ACC   RT condition   type  relatedness
##   <chr>  <dbl> <chr>     <chr>   <dbl> <dbl> <chr>      <chr>    <chr>
## 1 List2 167 4palace.~ 4jingcha.~  0     0 formsimilar  form    related
## 2 List2 167 3clock.P~ 3yunduo.P~  0     0 formsimilar  form    related
## 3 List2 167 16heart.~ 16huo.PNG   0     0 formcontrol  form  unrelated
… with 1,790 more rows
```

也可以设置为根据多个列来排序：

```
arrange(middle_five,RT,condition,relatedness)
## # A tibble: 1,800 x 9
##   list  Subject English   Chinese     ACC    RT  condition   type relatedness
##   <chr>   <dbl> <chr>     <chr>     <dbl> <dbl>  <chr>       <chr>   <chr>
## 1 List2   167 16heart.~ 16huo.PNG    0      0   formcontrol form   unrelated
## 2 List4   169 41night.~ 41langan.~   0      0   formcontrol form   unrelated
## 3 List2   167 4palace.~ 4jingcha.~   0      0   formsimilar form   related
... with 1,790 more rows
```

可以往 *arrange( )*函数里添加 *desc( )*函数，从而修改默认的按升序排序的方法，而是让 *arrange( )*以列为依据，按降序排序，如：

```
arrange(middle_five,desc(RT),condition,relatedness)
```

最后，介绍统计摘要计算函数 *summarize( )*。这个函数的作用是计算各种统计摘要，比如平均数，标准差，中位数，等等：

```
middle_five %>%
  filter(200<RT&RT<=(mean(RT)+2.5*sd(RT))) %>%
  summarize(meanRT=mean(RT),SD_RT=sd(RT),
           meanACC=mean(ACC),SD_ACC=sd(ACC),
           n=n())
## # A tibble: 1 x 5
##   meanRT SD_RT meanACC SD_ACC    n
##    <dbl> <dbl>   <dbl>  <dbl> <int>
## 1   843.  330.   0.686  0.464  1705
```

这里的 *n=n( )*非常实用，每次计算统计摘要，尤其是平均数和标准差时，不妨带上这个函数，因为它可以告诉我们统计摘要的计算（summarize）是基于多少观测值而算出来的，这样就可以判断这个计算是否可靠。更重要的是，*summarize( )*还可以在进行计算前，先根据要求进行分组（*group_by( )*）。比如，可以先根据 middel_five 这个数据框的 type 和 relatedness 这两个变量进行分组，再计算平均数：

```
middle_five %>%
  filter(200<RT&RT<=(mean(RT)+2.5*sd(RT))) %>%
  group_by(type,relatedness) %>%
  summarize(meanRT=mean(RT),SD_RT=sd(RT),
            meanACC=mean(ACC),SD_ACC=sd(ACC),
            n=n())
## `summarise()` regrouping output by 'type' (override with
`.groups` argument)
## # A tibble: 4 x 7
## # Groups:   type [2]
##   type     relatedness meanRT SD_RT meanACC SD_ACC     n
##   <chr>    <chr>        <dbl> <dbl>   <dbl>  <dbl> <int>
## 1 form     related       859.  353.   0.597  0.491   427
## 2 form     unrelated     828.  300.   0.721  0.449   430
## 3 semantic related       855.  344.   0.693  0.462   420
## 4 semantic unrelated     833.  320.   0.734  0.443   428
```

一旦多个函数结合起来使用的时候，每个函数的功能也都获得极大地扩展。上述 5 个函数在后续章节都会被陆续反复使用到，故将更多更复杂的应用留给以后的章节来介绍。

整个第 1 章在“达到高超的数据框操作能力”的四个方面内容的框架下，介绍了非常丰富的内容，包罗万象。这些内容都是 R 语言的基础知识，熟悉这些内容为后面进一步深入学习 R 做了很好的铺垫。

第 2 章　数据框操作实例：问卷数据处理

据文献记录，问卷最早在 1838 年由伦敦统计学会（Statistical Society of London）发明（Gault, 1907），迄今为止已经有近 200 年历史了。问卷是一种重要的研究工具，问卷里通常都有一系列的问题，目的是通过这些问题从调查对象那里获得所要调查的相关信息。在语言研究中，问卷也是常用的数据收集手段，应用于语言研究中的各种场合。比如，经常有研究者使用问卷调查外语学习者的外语学习动机（高一虹等，2003）、外语学习焦虑症以及二语交际意愿，等等。正是因为使用如此频繁，熟练掌握问卷数据的处理就变得尤为重要。

使用 R 来处理问卷数据是非常理想的办法。一方面是因为 R 集各种功能强大的函数以及现成的工具包于一身，另一方面还在于它还是一门编程语言，能快速、高效地处理文本。一旦熟练掌握，就像拥有了一把灵活自如的刀，帮助我们在数据处理或挖掘过程中披荆斩棘，一切都将变得轻易、高效。本章将以笔者课题组所开展的两项问卷调查作为实例，详细地向读者介绍如何使用 R 对问卷数据进行处理。

2.1　案例一：汉语第三人称代词的可接受度判断实验

2.1.1　背景

最近，我们使用问卷进行了一项汉语第三人称代词在不同的语境下的可接受度判断实验（the acceptability judgment task, AJT）。我们把这个实验任务称作离线任务（offline task），因为在使用问卷收集数据时，调查对象并没有时间压力，可以根据自己的习惯和速度从容地答卷，不需要在注意力高度集中的情况下快速完成。这项调查的目的是考察中文读者长期以来对汉语第三人称代词（如他、她、他们、她们）所形成的一种基于使用的预期（usage-based expectancy），从而为笔者下一步所要开展的代词在线加工实验做铺垫。笔者将在后续的章节或相关研究论文中对这项在线加工实验进行介绍。

2.1.2 材料

这项可接受度判断的问卷调查，一共有 64 个句子组成，这些句子如例（1）所示。句子全部都由三个从句构成，第一个从句由一个不带修饰语的常见名词或者不定代词充当主语。这些名词按性别可分成三类：阳性名词（如警察、汽车修理工、水管工等）、阴性名词（如护士、模特、保姆等）和中性名词（如记者、退休人员、学生等），而不定代词则包括每个人、任何人、有人，等等。第二个从句由连词“即使”引导，紧接着的是汉语人称代词作从句的主语。根据这些人称代词，课题组给被试提供了四个不同的选项：他、她、他们、她们。第三个从句由连词“因为”引导，与前面两个从句构造成一种因果关系，形成某种逻辑判断，同时在语义上它也可以起着一种缓冲器的作用。被试的任务就是判断在每个句子中，在连词“即使”后面的四个代词中每一个代词的可接受度。接受度按李克特式量表（Likert scale）设计，一共有 1 至 5 五个等级，其中 1 表示最不可以接受，而 5 表示完全可以接受。

例（1）

a. **一名边防警察**有许多职责，即使**他/她/他们/她们**并不是身居高位，因为警察的工作非常有趣。

b. **一名服装模特**必须要注意保持身材，即使**他/她/他们/她们**并不想拥有魔鬼一样的身材，因为同行之间的竞争太激烈了。

c. **作为一名记者**必须实事求是地报道事实真相，即使**他/她/他们/她们**担心有人会为此感到不愉快，因为告知公众事实是记者的责任。

d. **每一个人**都应该爱护植被，即使**他/她/他们/她们**不认为采摘鲜花是破坏生态，因为善待环境非常重要。

图 2.1 是可接受度判断问卷的一个样例。正如上面所说，被试需要对每句话中的每一个代词按李克特式 5 等级量表进行判断（1=完全不可接受，5=完全可接受）。

我们知道，代词的使用是一件极其复杂的事情，它受明确的语法规则制约，必须在人称、性、数、格等方面与先行词（antecedent）保持一致，同时要理解代词表达的语义也要看其先行词是什么。比如，句子 *That poor man looks as if he needs a new coat*，之所以使用代词 *he* 以及 *he* 在这里表达的含义都要取决于其先行词 *that poor man*。

说明：根据您的理解，您认为下面句子空格处应该填写什么代词呢？ 1表示完全不可接受此处填该代词，5表示完全接受此处填该代词。

***2. 警察有许多职责，即使_____并不是身居高位，因为警察这个工作非常有趣。**

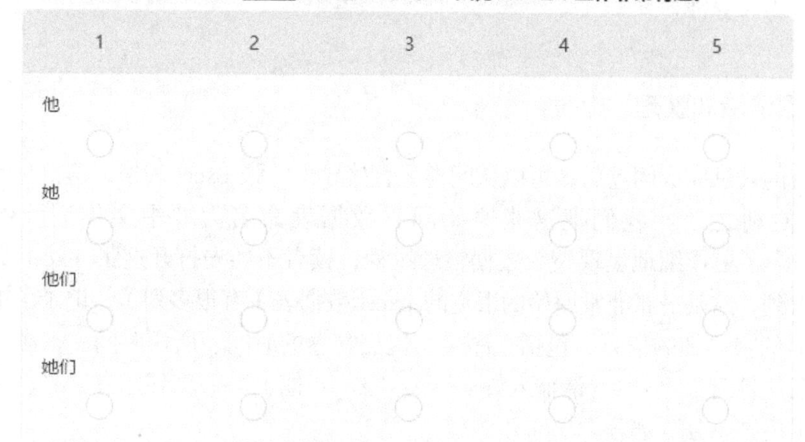

图 2.1　可接受度判断实验的材料样例

正是因为代词的使用跟先行词的性别紧密关联，因此我们严格控制这 64 个句子中先行词的性别，确保每句话的第一个从句的名词主语的阳性、阴性以及中性划分非常明确、清楚。为此，在进行这项实验之前，课题组先使用李克特式 5 等级量表对 64 个句子中所有名词先行词的性别进行问卷调查（1=阳性，5=阴性）。20 名大学本科生参加了问卷调查，这 64 个句子中阳性名词的平均分为 M=1.73（SD=0.36），中性名词的平均分为 M=2.78（SD=0.28），阴性名词的平均分为 M=3.81（SD=0.36）。这些问卷结果确保了先行词的性别划分明确、清楚。

2.1.3　程序

40 名一年级本科生参加了问卷调查。他们来自全校各个不同的专业，既有理工科，也有人文社科。平均年龄在 19—20 岁之间，其中男生 18 名，女生 22 名。问卷在 2020 年上半年完成，由于受到新冠肺炎疫情的影响，实验由被试根据课题组给出的详细指令在家中使用专业问卷调查平台——问卷星（www.wjx.cn）来完成。

感谢现代科技的进步给科学研究带来便利，问卷星确实是一个极其好用且便利的专业平台。笔者课题组先在平台把问卷设计好，然后通过学校的本科生的微信群发布被试招募启事，被试同意参加实验后，被告知实验的各项细则，包括所要求的外部环境，电脑配置、步骤以及过程等。被试在了解并同意各项要求，并承诺根据要求完成实验后，从微信中获得问卷星链接，并被要求即时完成。

在问卷星中，64 个句子伪随机分 4 页呈现，名词先行词的性别打乱，确保相同的性别不会两次连续出现。被试在完成一页进到下一页后，不能再后退。整个实验平均用时约为 8 分钟。

2.1.4 数据清洁和整理

待所有的被试完成问卷后，可以从问卷星直接导出一张 Excel 表格，这也是问卷星的一大便利之处。我们把这张原始问卷数据表命名为“中文代词问卷数据.xlsx”。为了更详细地呈现整个数据整理过程，读者不妨先打开这张 Excel 数据表。可以看到，这是一张非常原始的很宽的 Excel 数据表（有很多列），记录了被试参加问卷时的很详细的信息，包括：序号、提交答卷的时间、所用时间、来源、来自 IP 以及从标有数字“1、请输入姓名”、“2、（他）”一直到标有“65、（她们）”和最后“总分”部分。

根据序号可知，一共有 40 名被试参加了问卷，为了保护隐私，笔者把“1、请输入姓名”中被试输入的姓名用大写首字母替代。稍微浏览一下这张表格就可以看出，从“2、（他）”一直到“65、（她们）”列中括号里代词前面的数字应该是指题号，总共有 2 到 65 题，即一共有像上面所介绍的 64 个句子作为问卷材料，被试对这 64 个句子进行了作答（之所以是从 2 开始是因为数字 1 是被试输入的姓名，这是设计问卷时形成的）。还可以看到，每个数字会重复 4 次，如：2、（他），2、（她），2、（他们），2、（她们）和 3、（他），3、（她），3、（他们），3、（她们），等等，一直到 65。这是因为如图 2.1 所示，每句话，被试要分别对这 4 个代词在这句话中的可接受度进行判断，每个词对应的这一列下面的数字则表示被试所做的可接受度判断的分值，正如上面所介绍的一共有 5 个等级，用 1 至 5 的数字来表示。

用前一章的“干净、整洁”的数据框的标准来看，这个数据表仍然存在很多问题，无法直接进行统计建模或者数据可视化：

（1）每列都是用中文命名。正如前面所介绍的，列代表变量，在数据分析时需要经常引用，保留中文命名会给引用变量时的代码输入或执行带来很多问题。因此有必要把可能作变量操作的列的名字都改成英文名或字母。

（2）有很多列并不适合作变量，比如从“2、(他)”一直到“65、(她们)”这些列只是表示了被试对哪句话中的哪个代词进行了判断。所有这些代词其实都应该归拢为同一个变量。

（3）有些列可以不要，因为对研究结果来说意义不大。比如，提交答卷时间、所用时间、来源和来自 IP 等等。把这些意义不大的列保留，当然也可以；但是可能会因为数据太大，变量太多，不方便操作。

下面，将详细介绍如何把这张凌乱的数据表，整理成“干净、整洁”的数据框，以便于进行统计建模或者数据可视化。先简单介绍一下变量命名的一般规则。常规命名方法通常有两种：蛇形命名法（snake case）和驼峰命名法（camel case）。比如，“总分”这个变量，如果用蛇形命名法，可以命名为：total_score，即用下划线将单词连接起来。如果用驼峰命名法，可以命名为 totalScore，即第一个单词首字母小写，后面单词首字母大写。不同的人有不同的偏好，我本人比较喜欢使用蛇形命名法。但是我认为不管是使用哪种命名方法，常规做法都是给变量一个好记、好用的名字，并需要具有一定的代表性。正如前面反复说的，统计建模或者可视化，根本上都是对变量进行操作，需要经常引用到变量，因此，变量名越好记、好用，就越方便变量引用。

数据是 Excel 表格形式，因此先加载可读入 Excel 表格数据的相关的包，然后把数据读入 RStudio①：

```
library(tidyverse);library(readxl);library(stringr)
## -- Attaching packages ----------------------------- tidyverse
1.3.0 --
raw_data <-read_excel("中文代词问卷数据.xlsx")
raw_data
## # A tibble: 40 x 264
```

把数据导入并命名为 raw_data，可以看出，raw_data 是一个 40,264 的原始数据表，有 40 行，264 列（变量）。现在把那些不适合作变量的列，即从“2、(他)”一直到“65、(她们)”归拢（gather）成一列，作为一个变量，命名为 items（测试项），并把被试所做判断给予的分值命名为 scores（分值）：

```
Q1 <-raw_data %>%
  gather("2、(他)":"65、(她们)",key="items",value="scores")
colnames(Q1)
##  [1] "序号"              "提交答卷时间"        "所用时间"
##  [4] "来源"              "来源详情"            "来自IP"
```

① 如果您的 RStudio 不能显示中文或出现乱码，可能是您的默认编码所导致的。可以试试不同的编码，比如点击菜单中的 File（文件），再点击“Reopen with Encoding...”，可以选择 UTF-8 试试，如果不行，再尝试其他不同的编码。

```
##  [7] "1、请输入您的名字"   "总分"               "items"
## [10] "scores"
```

可以看到原来有 264 个变量（列）现在变成只有 10 个变量，生成了两个新的变量：items 和 scores。这 10 个变量有些变量并无实际意义，因为跟笔者的研究目的，即中国读者对句子中代词的可接受度判断没有多大关联，因此，为了方便后续操作，把这些变量剔除，执行以下操作：

```
Q2<- Q1 %>%
  select(-c("序号":"来自IP")) %>%
  mutate(questions=str_extract(items,'\\d+'),
         pronoun=str_extract(items,'[^\\d]+'),
         questions=as.numeric(questions))
Q2
## # A tibble: 10,240 x 6
## `1、请输入您的名字` 总分    items  scores  questions  pronoun
## <chr>              <chr>   <chr>  <chr>     <dbl>    <chr>
##  1 LBQ              785    2、(他)   1         2      、(他)
##  2 XJJ              950    2、(他)   4         2      、(他)
##  3 WZ               1034   2、(他)   5         2      、(他)
##  4 HXJ              1133   2、(他)   5         2      、(他)
##  5 SJH              1084   2、(他)   5         2      、(他)
##  6 WY                410   2、(他)   1         2      、(他)
##  7 CWH              963    2、(他)   4         2      、(他)
##  8 DBW              776    2、(他)   5         2      、(他)
##  9 YXY              1094   2、(他)   5         2      、(他)
## 10 WYY              840    2、(他)   5         2      、(他)
## # ... with 10,230 more rows
```

上述代码的第二行通过 select 函数，使用向量表达式 c（“序号”：“来自IP”），把从“序号”到“来自 IP”之间的共 6 个变量剔除了（使用减号-）。从第 3 行开始，又使用 mutate 函数生成新的两个变量，第一个变量命名为 questions，使用正则表达式，提取 items 变量（如：2、(他)）当中所有的数字部分（'\\d+'），因为正如上面所介绍的，这里的数字准确说明了它是问卷中的第几个问题，比如，如果数字是 2，说明这是对第二个问题的判断，如果是 3 则说明是对第三个问题的判断，以此类推。第二个变量命名为 pronoun，使用正则表达式，提取 items 变量（如：2、(他)）当中的所有非数字部分（'[^\\d]+'）。代码中的最后一行，还把新生成的变量 questions 变成一个数值型变量。

执行代码后，新生成的 Q2 是一个 10,240×6 的数据框，有 10,240 行观测值，有 6 个变量。这 6 个变量中新生成的 questions 和 pronoun 是对 items 变量的分解而成。要提取数字，除了上面这个正则表达式以外，也可以使用这个正则表达：（'[[: digit:]]+'），非数字部分则为：'[^[: digit:]]+'。比如：

```
Q2_addition<- Q1 %>%
  select(-c("序号":"来自IP")) %>%
  mutate(questions=str_extract(items,'[[:digit:]]+'),
         pronoun=str_extract(items,'[^[:digit:]]+'),
         questions=as.numeric(questions))

identical(Q2,Q2_addition)
## [1] TRUE
```

从上面 *identical( )*函数的结果可以看到，使用两个不同的数字正则表达式获得了完全一样的结果（TRUE）。

再仔细观察这两个新生成的变量（items 和 questions），questions 生成得比较成功，因为数字可以清楚地显示这是第几个问题，但是 pronoun 不是特别成功，因为每个代词还被一个顿号和一个括号“包围”，需要进一步操作，把代词彻底提取出来：

```
Q3 <-Q2 %>%
  mutate(pronoun=ifelse(str_sub(pronoun,4,4)==")",
                        str_sub(pronoun,3,3),
                        str_sub(pronoun,3,4)))
Q3
## # A tibble: 10,240 x 6
##   `1、请输入您的名字` 总分  items   scores questions pronoun
```

```
##    <chr>              <chr> <chr>  <chr>    <dbl>    <chr>
##  1 LBQ                  785  2、(他)  1        2        他
##  2 XJJ                  950  2、(他)  4        2        他
##  3 WZ                  1034  2、(他)  5        2        他
##  4 HXY                 1133  2、(他)  5        2        他
##  5 SJH                 1084  2、(他)  5        2        他
##  6 WY                   410  2、(他)  1        2        他
##  7 CWH                  963  2、(他)  4        2        他
##  8 DBW                  776  2、(他)  5        2        他
##  9 YXJ                 1094  2、(他)  5        2        他
## 10 WYY                  840  2、(他)  5        2        他
```

上述代码使用了 ifelse 函数对 pronoun 进行了重新定义，*ifelse( )*函数的语法格式如下：

```
ifelse(cond, statement1, statement2)
```

它的意思是，如果 *cond* 为 TRUE，那么执行第一个语句即 *statement1*，否则执行第二个语句，即 *statement2*。可见，如果要二选一时，就可以使用 ifelse 结构，而且它的输入或者输出均为向量（参见吴诗玉，2019：267）。上述 ifelse 函数还结合使用了 *str_sub( )*字符截取函数，对 pronoun 这个变量进行截取。请读者仔细阅读这个函数的语句，看它是如何截取，从而把代词完全提取出来的。当然，如果读者非常熟悉正则表达式，也可以使用更为简单的语句，直接就把代词提取出来，具体做法可参看第 1 章 1.3 小节。但上述语句分步骤操作，比较容易理解，也适合初学者掌握，并训练了读者对 *ifelse( )*这个重要函数的使用。

这个时候再看新生成的 Q3 数据框就会发现 questions 和 pronoun 两个变量都很规整了，分别表示了对第几个问题中的哪个代词做出判断，而 scores 这个变量则显示了被试对这个代词的判断结果（1—5 个等级）。也可以看出新生成的这个数据表越来越接近笔者最终所要的表格，但仍然不完美的地方是这里有两个变量的名称是中文，即 1、请输入您的名字和总分。正如上文所说，使用中文作为变量名固然可以，但是在实际的操作中并不便利，因此，对它们重新命名，命名为英文名字：

```
Q3 <-Q3 %>%
  rename(subj=`1、请输入您的名字`,
         total_score="总分") %>%
```

```
  select(-items)

colnames(Q3)
## [1] "subj"        "total_score" "scores"      "questions"   "pronoun"
```

上述代码使用 rename 函数，把“1、请输入您的名字”、“总分”这两个变量分别命名为 subj 和 total_score；同时，items 这个变量也已经没有多大意义，因为它表示的信息已经分别由 questions 和 pronoun 所显示了，故使用 *select( )*函数，把它剔除。这个时候，再使用 *colnames( )*函数查看数据框的列名，会发现变量全部变成了英语名字，一共才有 5 个变量。如果愿意，还可以换一下这些变量的顺序，比如把 questions 和 pronoun 提到前面，并交换 total_score 和 scores 的顺序，把它们都放在最后：

```
Q3 <-Q3 %>%
  select("subj","questions","pronoun","scores","total_score")
Q3
## # A tibble: 10,240 x 5
##    subj   questions pronoun scores total_score
##    <chr>      <dbl> <chr>   <chr>  <chr>
##  1 LBQ            2 他      1      785
##  2 XJJ            2 他      4      950
##  3 WZ             2 他      5      1034
##  4 HXJ            2 他      5      1133
##  5 SJH            2 他      5      1084
##  6 WY             2 他      1      410
##  7 CWH            2 他      4      963
##  8 DBW            2 他      5      776
##  9 YXY            2 他      5      1094
## 10 WYY            2 他      5      840
## # ... with 10,230 more rows
colnames(Q3)
## [1] "subj"        "questions"   "pronoun"     "scores"      "total_score"
```

这个时候可以看出，数据已经非常“干净、整洁了”：可以清楚地看出哪一名被试在哪一个问题里对哪个代词给出了多少分值的判断（1—5 个等级）。唯一不完美的是这里的问题（questions）这个变量：因为我们只能看到数字，如 2 表示第二个问题，3 表示第三个问题，但是无法知道这个数字表示的确切问题是什么。为了更清楚地呈现数据，我们也可以把 2 和 3 等数字代表的确切问题表示出来。这个时候，我们需要读入一个命名为“题目序号对应.xls”的数据表：

```
items <-read_excel("题目序号对应.xls")
colnames(items)
## [1] "questions" "sentences"
```

这个数据表有两列，有一列为 questions，与 Q3 的 questions 表示完全一样的意思，就是用数字表示的第几个问题，另外一列为 sentences，表示的具体是哪个问题。这个时候，就可以使用表格合并函数，把这两个表格合并，从而清楚地显示被试到底是对哪个问题中的代词做出的判断：

```
Q4 <-Q3 %>%
  left_join(items,by="questions")
Q4
## # A tibble: 10,240 x 6
```

上面使用 *left_join( )*函数把两个表格合并起来，合并时使用两个数据框（即 Q3 和 items）都有的列 questions 作合并的钥匙（key）。现在，可以使用 *view( )*函数来查看所获得的数据的全貌：

```
view(Q4)
```

可以看到这个时候，数据已经非常“干净和整洁”了，不过这个数据框仍然少了一个变量，那就是先行词的类别。笔者在上文已经介绍过，我们分别在四种性别不同的先行词条件下，考察被试对不同的代词所进行的可接受度判断，即阳性名词（如警察、汽车修理工、水管工等）、阴性名词（如护士、模特、保姆等）、中性名词（如记者、退休人员、学生等）和不定代词（包括每个人、任何人、有人）。因此，我们需要增加一个变量，从而能够显示先行词的类型。在实验设计时，我们设定 2—17 句为阳性（mas），18—33 句为阴性（fem），34—49 句为中性（neutrl），50—65 句为不定指（indef），故做如下操作：

```
Q5 <-Q4 %>%
  mutate(type=ifelse(questions<=17,"mas",
                    ifelse(18<=questions&questions<=33,"fem",
                          ifelse(34<=questions&questions<=49,
                          "neutrl","indef"))))
```

上述语句使用 mutate 函数，嵌套使用 ifelse 函数生成变量 type，表示了先行词是属于哪种类别。可以再次使用 *view( )*函数查看结果：

```
view(Q5)
```

这个数据框就是一个最终的“干净、整洁”的可用于统计建模和数据可视化的数据框。这个数据框中有两个自变量：①type，即先行词的种类（阳性、阴性、中性和不定指）；②pronoun，即代词（他、她、他们、她们）。因变量是 scores，即被试对代词所做的可接受度判断。也就是说这其实是一个 4×4 的实验设计。可以使用 *str( )*函数查看数据框中的各个变量，以及它们的类型：

```
str(Q5)
## tibble [10,240 x 7] (S3: tbl_df/tbl/data.frame)
##  $ subj        : chr [1:10240] "BQ""XJJ""WZ""HXY" ...
##  $ questions   : num [1:10240] 2 2 2 2 2 2 2 2 2 2 ...
##  $ pronoun     : chr [1:10240] "他" "他" "他" "他" ...
##  $ scores      : chr [1:10240] "1" "4" "5" "5" ...
##  $ total_score: chr [1:10240] "785" "950" "1034" "1133" ...
##  $ sentences   : chr [1:10240] "警察有许多职责,…" ...
##  $ type        : chr [1:10240] "mas" "mas" "mas" "mas" ...
```

也可以使用更容易记住的函数 *glimpse( )*来查看数据框的概貌：

```
glimpse(Q5)
## Rows: 10,240
## Columns: 7
...
```

不管是使用 *str( )*函数，还是 *glimpse( )*函数，从结果中都可以发现因变量 scores 为字符型变量（chr），但是 scores 实际上表示的是被试给每个代词进行判断后给出的分值，因此需要把它转换成数值型变量才能进行统计分析：

```
Q6 <-Q5 %>%
  mutate(scores=as.numeric(scores))
```

现在，可以把这个最终数据集写出、保存，到后面就可以直接导入这个最终数据以进行统计分析，不需要再次进行清洁和整理：

```
write_excel_csv(Q6,"data_final.csv")
```

写出的文件命名为"data_final.csv"，储存在当前目录。之后，所有的分析就可以从读入这个最终数据开始。现在就可以利用这个最终数据进行统计建模和数据可视化。但是，到目前为止，本书还没有涉及统计建模，故先进行一些基础的操作和运算。

2.1.5 利用最终数据进行描述统计

首先，对最终数据进行描述统计分析：

```
Q6 %>%
  group_by(type,pronoun) %>%
  summarize(meanScore=mean(scores),SD=sd(scores))
##  `summarise()` regrouping output by 'type' (override with
`.groups` argument)
## # A tibble: 16 x 4
## # Groups:  type [4]
##   type   pronoun meanScore   SD
##   <chr>  <chr>    <dbl>    <dbl>
## 1 fem    他        3.70     1.37
## 2 fem    他们      3.92     1.28
## 3 fem    她        4.21     1.19
## 4 fem    她们      4.14     1.15
## 5 indef  他        4.60     0.977
## 6 indef  他们      3.55     1.60
## 7 indef  她        3.86     1.48
```

```
##  8 indef   她们      2.75      1.55
##  9 mas     他       4.37      1.09
## 10 mas     他们      4.55      0.928
## 11 mas     她       3.21      1.42
## 12 mas     她们      2.84      1.39
## 13 neutrl 他       4.36      1.16
## 14 neutrl 他们      4.55      0.963
## 15 neutrl 她       3.85      1.37
## 16 neutrl 她们      3.40      1.45
```

前面一章介绍过，*group_by( )*结合 *summarize( )*可以进行许多运算。上述代码按先行词的类别和代词先分组，然后再计算被试的平均可接受度值和它们的标准差。从上面的描述统计结果可以看出：①当先行词为阴性（fem）的时候，可接受度最高的是她（*M*=4.21, *SD*=1.19），可接受度最低的是他（*M*=3.70, *SD*=1.37）；②当先行词为不定指（indef）的时候，可接受度最高的是他（*M*=4.60, *SD*=0.98[①]），最低的是她们（*M*=2.75, *SD*=1.55）；③当先行词是阳性（mas）的时候，可接受度最高的是他们（*M*=4.55, *SD*=0.93），最低的是她们（*M*=2.84, *SD*=1.39）；④当先行词为中性（neutrl）时，可接受度最高的是他们（*M*=4.55, *SD*=0.96），最低的是她们（*M*=3.40, *SD*=1.45）。这些结果似乎说明，当代词的性别与先行词一致的时候，总能获得最高的可接受度，而代词的“数”看起来则没那么重要。但上述结果是由于误差导致的，还是确实存在显著差异，仍需要通过统计建模才可能知道，这将在后续章节介绍。

上述 summarize 的结果是按先行词类别的首字母顺序排列的，即 fem<indef<mas<neutrl。因为先行词在数据框中是字符型变量，我们也可以把它转变成一个因子后，重新根据自己的意愿排列上述顺序。

这里有必要特别介绍一下因子（factor）这个概念。因子在 R 中非常重要，当我们在分析数据或者视觉化呈现数据的时候，都需要灵活地使用到因子。在统计上，因子是用来储存分类变量的统计数据类型。笔者在前面介绍过分类变量这个概念，当数据读入到 RStudio 的时候，数据中的分类变量可能会变成两种类型：①当数据按传统的方式读入的时候，分类变量就变成了因子（<fct>）；②当按 tibble 格式读入数据的时候，分类变量会变成字符型变量（<chr>）。正是因为分析数据或者视觉化呈现数据都需要灵活地使用到因子，所以字符型变量（<chr>）经常被转变成因子。

① 代码中计算结果为 0.997，四舍五入，保留小数点后两位为 0.98。

如：

```
Q6 <-Q6 %>%
  mutate(type=factor(type))
Q6$type <-factor(Q6$type,
          levels=c("mas","fem","neutrl","indef"))
```

上述代码先使用 *mutate( )*函数把 type 转变成一个因子，之后使用 *factor( )*函数重新安排因子的水平。这里也有必要解释一下因子的水平以及因子水平的顺序这两个重要概念。如果把因子视作一个变量，所谓的“水平”实际就是指变量中的各种具体的变化。在默认情况下，R 根据因子水平的首字母顺序来安排因子水平的顺序，首字母排在最前面的就是因子的第一个水平，也称作参照水平（reference level）。“因子的水平”这个概念在统计分析和作图时经常要用到，一个因子常常会有多个水平，可以使用 *levels( )*函数来查看因子的水平以及每个水平的顺序，比如：

```
levels(Q6$type)
[1] "mas"   "fem"   "neutrl" "indef"
```

使用 *levels( )*函数的时候，必须确保变量已经转变成了一个因子。我们可以根据需要修改一个因子水平的顺序。最经常使用的有两种方法，第一种就如上面的代码所示，可以使用 *factor( )*函数，按以下方式来重新安排和设定因子的水平：

```
Q6$type <-factor(Q6$type,
                 levels=c("mas","fem","neutrl","indef"))
```

这个时候，因子的参照水平由原来的根据首字母顺序的 fem 变成了 mas。第二种方法就是使用 *relevel( )*函数，直接修改因子的默认水平(即参照水平)，如下：

```
Q6$type <- relevel(Q6$type,ref="neutrl")
```

上面的代码，通过 relevel 函数，直接把因子 type 的默认水平修改为 neutrl。

学会修改因子的水平，是使用 R 进行数据分析非常重要的技能。把因子水平进行修改以后，再进行描述统计运算，所获得的结果就会按上述经修改后的因子水平的顺序排列了：

```
Q6 %>%
  group_by(type,pronoun) %>%
  summarize(meanScore=mean(scores),SD=sd(scores))
## `summarise()` regrouping output by 'type' (override with
`.groups` argument)
```

```
## # A tibble: 16 x 4
## # Groups:   type [4]
##    type   pronoun  meanScore   SD
##    <fct>  <chr>        <dbl> <dbl>
##  1 mas    他            4.37 1.09
##  2 mas    他们          4.55 0.928
##  3 mas    她            3.21 1.42
##  4 mas    她们          2.84 1.39
##  5 fem    他            3.70 1.37
##  6 fem    他们          3.92 1.28
##  7 fem    她            4.21 1.19
##  8 fem    她们          4.14 1.15
##  9 neutrl 他            4.36 1.16
## 10 neutrl 他们          4.55 0.963
## 11 neutrl 她            3.85 1.37
## 12 neutrl 她们          3.40 1.45
## 13 indef  他            4.60 0.977
## 14 indef  他们          3.55 1.60
## 15 indef  她            3.86 1.48
## 16 indef  她们          2.75 1.55
```

因子的参照水平（默认水平）也是一个非常重要的概念，在查看统计模型的摘要时（*summary( )*），它决定了结果呈现的顺序，并跟模型结果的解读直接关联。而在数据可视化中，参照水平则总是呈现在图形的最左边，下文将详细介绍。

除了应该掌握如何调整因子水平的顺序以外，掌握如何修改因子的水平也是非常实用的技巧。比如，从上面的结果看，读者还可以发现，pronoun 也是一个字符型变量，最重要的是它的各个水平（类别）都是用中文呈现的，即他，他们，她，她们。在上文说过，用中文呈现固然可以，但是在实际的统计分析中，尤其是在统计建模和数据可视化的时候，却可能会带来操作上的麻烦。可以使用 *recode_factor( )*函数重新修改因子的水平，可以把这些用中文表示的代词都翻译成英语：

```
Q6$pronoun <-recode_factor(Q6$pronoun,
                                   "他"="He",
                                   "他们"="They",
                                   "她"="She",
                                   "她们"="They2")
Q6 <-Q6 %>%
  mutate(pronoun=factor(pronoun))
levels(Q6$pronoun)
## [1] "He"    "They"  "She"   "They2"
```

此时，再使用 *levels( )*函数查看 pronoun 的水平，会发现上述原来用中文表示的代词全部转变成了英语：He，They，She，They2。另外一个常用来修改因子水平的方法是使用 *fct_recode( )*函数，此处不再详述。上述因子操作的方法在实际的数据分析和处理中非常常见，也是读者要重点掌握的内容。

现在可以使用 ggplot2，通过图 2.2 把上述描述统计的结果呈现出来：

```
ggplot(Q6,aes(type,scores,fill=pronoun))+
  geom_bar(stat="summary",
           fun=mean,
           position="dodge")+
  geom_errorbar(stat="summary",
                fun.data=mean_cl_normal,
                position=position_dodge(width=0.9),
                width=0.2)
```

ggplot2 是非常强大和流行的作图工具，应用范围极广。可以看到，通过上面区区几行代码就做出了一幅非常美观和易读的图形，从而把上述描述统计的结果展现得清楚、明白。这里暂时不对 ggplot2 作图进行介绍，读者不妨先输入上述代码进行练习，等到后续章节再介绍时就更容易理解。

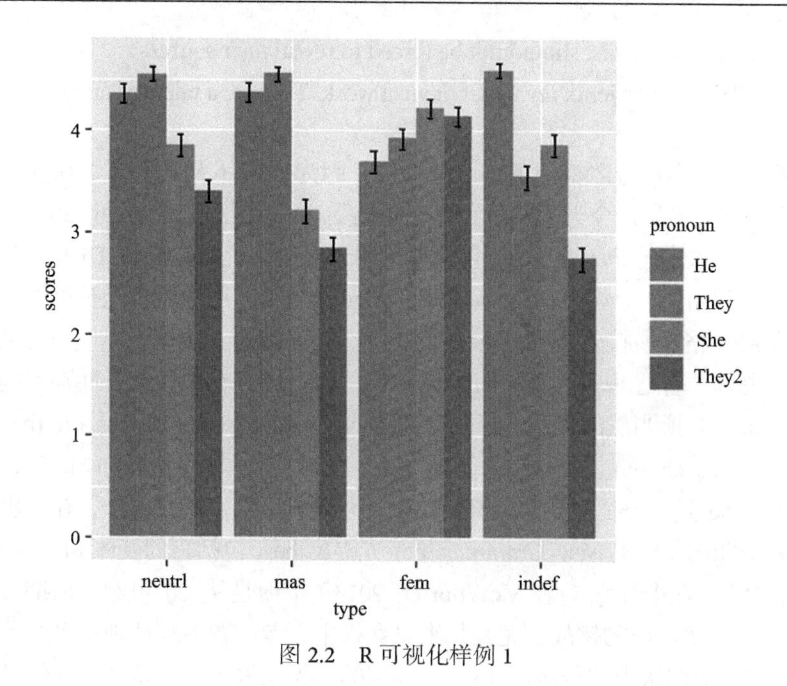

图 2.2　R 可视化样例 1

2.2　案例二：英语第三人称代词的可接受度判断实验

2.2.1　背景

笔者课题组除了调查汉语的第三人称代词的使用以外，也用相同的方法，即采用可接受度判断实验调查了在各种语境下中国学习者对英语代词使用的可接受度，主要目的是考察英语中现在广泛使用的 singular *they* 在中国英语学习者中的接受情况，从而解答英语代词的习得问题。在英语中，singular *they* 的使用如例（2）所示：

例（2）

a. Everyone loves *their* mother.
b. Somebody left *their* umbrella in the office. Could you please let *them* know where *they* can get it?
c. The patient should be told at the outset how much *they* will be required to pay.

d. But a journalist should not be forced to reveal *their* sources.

e. This is my friend, *Jay*. I met *them* at work. *They* are a talented artist.

上述句子并不符合严格的英语语法规定，因为 *they*（及其变体）在数上与其先行词并不一致，但是，今天人们已经越来越接受这一用法（Liberman, 2006）。比如例（2）e 项中的代词 *they* 在 2015 年就被美国方言学会（American Dialect Society）提名为“年度词汇”（word of the year），singular *they* 的用法也已经被美国期刊界广泛使用的 APA 格式所接受（参见 Lee, 2015）。在之前，上述句子中使用得最多的是代词 he，称作“普适的 he”（“universal he”），即当在中性或者性别不确定的条件下，he 成为理所当然的代词选择。比如：Every doctor must focus on the field of medicine he has chosen。据说，“普适的 he”的历史最早可追溯到 1745 年，有趣的是提出使用 he 进行普适性指代的却恰恰是一位女性，名字叫 Fisher，在她出版的一本影响深远的语法书 *A New Grammar* 里最先提出 he（包括它的变体 him 和 his）可应用于指代男女两个性别（见 McWhorter, 2013）。但是从 20 世纪中后期开始“普适的 he”受到了严厉的挑战，尤其是来自女权主义者或者追求性别平等的社会活动人士的挑战。他们认为“普适的 he”是性别的“先入为主”，是“男性偏见社会”的反应，反映了男女不平等问题（Nilsen, 1984；Spencer, 1978）。有学者甚至使用“代词暴政”（tyranny of pronouns）来形容在中性或者性别不确定条件下理所当然地选择 *he* 来指代（参见 McWhorter, 2013）。

正因为如此，人们在写作或者口头交流时碰到性别中立或不确定的单指情形已经逐渐放弃使用“普适的 he”，转而寻找其他合适的替代词。历史上有许多尝试，比如使用 he or she（以及相应的 he/she，him/her，his/her(s)等），或者使用缩写 s/he，也有人尝试新造代词，如使用“*ne*，*nis*，*nir* 和 *hiser*”等等（见 Baron, 1982）。但这些尝试都没有获得普遍的接受和使用，前者大多被认为累赘的（cumbersome），而新造词则大多被认为不够雅观和笨拙的（inelegant and bungling）。反而是一个很古老的用法被一直沿用，并越来越被普通大众接受，那就是 singular *they*（以及它的变体 them，their，theirs 和 themselves）。

据考证，用 singular *they* 来作为性别中立或不确定的单指代词（singular pronoun）最早可见于 14 世纪（Oxford English Dictionary, 2005）。在分析 singular *they* 之所以能够在众多的尝试中胜出时，有些学者认为“简单”（simplicity）是最重要的原因（Balhorn, 2004；Lee, 2015），相比 he or she 或者 s/he，*they* 更短（只有一个音节），更快，也更简洁。

尽管 singular *they* 的使用并不严格地符合语法，但是由于它越来越多地被使用，使得人们自然地就对 singular *they* 形成一种基于使用的预期（Doherty & Conklin, 2017），反过来，也正是这种基于使用的预期使得人们接受这种并不严格符合语法的用法。笔者感兴趣的是：中国的英语学习者是否能够习得像英语本族语者一样的 singular *they* 的用法呢？笔者课题组先使用问卷的方法，调查中国学习者对在不同语境下各种代词使用的可接受度，尤其是对 singular *they* 用法的可接受度。在这之后，课题组还使用自定步速阅读（self-paced reading）任务调查 singular *they* 的使用是否会给中国读者造成理解的代价。这里将集中介绍问卷数据的整理和分析过程，到后面章节再介绍自定步速阅读任务的数据整理和分析。

2.2.2　材料

一共使用了 60 个英语句子作为问卷调查的材料，如例（3）所示。跟前面中文的问卷调查类似，这些句子全部由三个从句构成，第一个从句由一个不带修饰语的常见名词或者不定代词充当主语。名词按性别也可分成三类，分别是阳性名词（如 a police officer，a criminal，a mechanic），阴性名词（如 a nanny，a model，a childcare worker）和中性名词（如 a journalist，an athelete，an adult），而不定代词则包括 everyone，anyone，someone，等等。第二个从句由连词 even if（即使）引导，紧接着是一个空格，被试分别对三个可能填入空格的英语人称代词 he、she、they 进行可接受度判断。第三个从句由连词“因为”（because）引导，与前面两个从句构造成一种因果关系，形成某种逻辑判断，同时在语义上它也可以起着一种缓冲器的作用。问卷按李克特式量表设计，一共有 1 至 5 五个等级，其中 1 表示完全不可以接受，而 5 表示完全可以接受，被试按这 5 个等级对这三个代词中的每一个代词的可接受度进行判断。这些材料全部选自 Foertsch 和 Gernsbacher（1997）的研究。

例（3）

a. A criminal must not be set free, even if _____ may feel remorse about the crime, because criminals are a threat to the public. (he/she/they)

b. A clerk should create value for the company, even if _____ may enjoy the holiday, because travelling is relaxing. (he/she/they)

c. Anyone who wants to be a teacher must go to university, even if _____ may just want to be a pre-school teacher, because there is not a lot to learn before being able to teach effectively. (he/she/they)

图 2.3 是可接受度判断问卷的一个样例。被试需要对每句话中的每一个代词（he，she，they）按李克特式 5 等级量表进行判断（1=完全不可接受，5=完全可接受）。

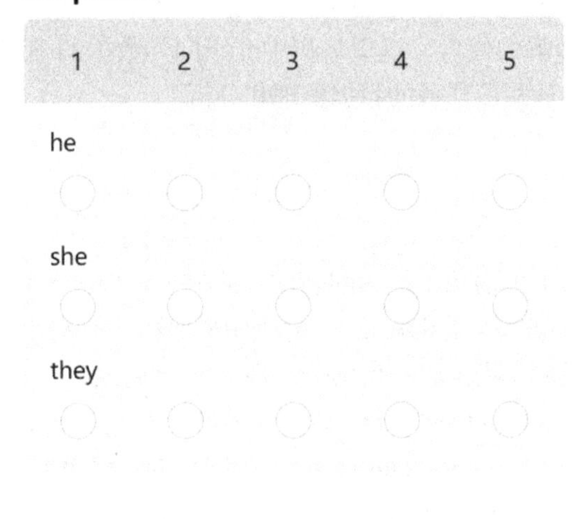

图 2.3　英语代词可接受度判断实验材料样例

2.2.3　程序

一共有三组被试参加了这次问卷调查。前面两组全部来自上海交通大学：30 名英语专业研究生和 30 名非英语专业研究生，来自各种不同专业。但最终英语专业有 3 名学生，非专业有 2 名学生未完成所有的问卷，数据被剔除。第三组是 19 名英语本族语者。正如上文所介绍的，课题组试图通过这个研究分析英语专业训练是否会让中国英语学习者像英语本族语者一样使用或者接受英语的 singular *they*。

实验也是通过专业问卷调查平台问卷星（www.wjx.cn）来完成的。课题组先在平台上把问卷设计好，然后通过学校的相关微信群发布被试招募启事，被试同意参加实验后，被告知实验的各项细则，包括所要求的外部环境、电脑配置、步骤以及过程等。被试了解并同意各项要求，并承诺将根据要求完成实验后，通过微信获得问卷星链接，并被要求即时完成。

但是英语本族语者的数据则是通过 Qualtrics 在线调查平台（online surveys platform）收集的（https://qfreeaccountssjc1.az1.qualtrics.com/）。在使用上，Qualtrics 和问卷星非常类似，调查主要在美国密歇根州立大学（MSU）进行。课题组向潜在参照对象群发邮件，被试自愿参加。他们在完成问卷后，会获得一张亚马逊的小面值购物卡。

60 个句子按伪随机分 3 页呈现，名词先行词的性别呈现顺序被打乱，确保相同的性别不会两次连续出现。被试完成一页到下一页后，不能后退。中国英语学习者在整个实验里平均用时约为 10 分钟，英语本族语者平均用时约为 15 分钟。

2.2.4 数据清洁和整理

2.2.4.1 两组中国英语学习者数据

两组中国英语学习者最原始的数据命名为“EngPronoun 没有手动改.xlsx”。打开这张数据表可以看到，这张表跟上面介绍的那张中文代词问卷数据表非常相似，是一张很宽的数据表，有非常多列（变量），并且有很多的列是用中文命名，表示了问卷的详细信息。一眼就可以看出从 H 列到 GE 列是问卷所使用的句子以及每个句子需要被试判断的代词，特别需要注意的是代词 he 放在了每个句子的末尾，而另外两个代词 she 和 they 则在相应句子的右边单独成列。

很显然，这并不是“干净、整洁”的可用于统计建模或者数据可视化的数据。根据每一列都应该是一个变量的原则，这里的关键是要把问卷的问题，即从 H 列到 GE 列，转变成一个变量。同时，还要在数据框中显示每个问题后面跟着的相应的代词以及被试所给予判断的分值。笔者当然可以按照上面介绍的中文代词问卷数据的处理方法，在 RStudio 里通通用代码来搞定，但是，有一些简单的准备工作完全可以在把数据读入 RStudio 之前直接在 Excel 数据表里搞定，这样也可以很大程度上提高数据整理的效率。比如，可以直接先把 A—F 列都删除，因为这些列的信息对研究来说都没有作用，然后把“你的姓名”那一列命名为“subj”，把最后那一列“总分”改变成 total_score。然后把 Excel 表另存为“EngPronoun 手动修改后.xlsx”。这个时候，就可以把这个手动修改过的数据读入到 RStudio，并进行数据清理：

```
raw_data <- read_excel("EngPronoun手动修改后.xlsx")
## New names:
## * she -> she...3
## * they -> they...4
## * she -> she...6
## * they -> they...7
## * she -> she...9
## * ...
```

```
raw_data
## # A tibble: 55 x 182
```

可以看到，读入的数据生成了一些新的变量名（new names），原来的 Excel 表格中的代词 she，they 都获得了新的名字。这很容易理解，因为在把 Excel 数据读入到 RStudio 后，会默认把第一行作为变量名，但是 Excel 表里有很多列的第一行都是 she 和 they，但是在把数据表读入 RStudio 以后变量名不能雷同，因此 RStudio 自动地给所有的 she 和 they 分配一个新的名字，即在每个代词后面添加了点和数字，比如：

```
## * she -> she...3
## * they -> they...4
## * she -> she...6
## * they -> they...7
## * she -> she...9
## * ...
```

读入的 raw_data 有 55 行 182 列（55×182），这里的 55 行其实代表的是一共有 55 个人参加了问卷。先使用 *gather( )*函数，把从第 2 列到倒数第 2 列归拢成一个变量：

```
Q1 <- raw_data %>%
  gather("1. A criminal must not be set free, even if _____ may feel remorse(懊悔) about the crime, because criminals are a threat to the public.—he":"they...181",
  key="items",
  value="scores")
```

从以上代码可以知道，把这些列归并为一列的时候创建了一个新的变量，名为 items，同时，被试给出的判断值也相应地归为一个变量，命名为 scores。如果使用 *view( )*函数查看，可以看到这个时候整个数据框已经比较规整了：

```
view(Q1)
```

接下来一个很重要的任务就是把 items 这个变量分解，至少要从 items 这个变量获得两方面的信息：①被试是根据哪句话的代词做出的判断；②被试是对哪个代词做出的判断。这两个信息至关重要，也是整个数据整理和清洁的核心问题。首先要做的第一件事情是把代词先提取出来，因此，先定义要提取的代词：

```
pronouns <- c("he", "she", "they")
pronoun_match <- str_c(pronouns, collapse="|")
pronoun_match
## [1] "he|she|they"
```

以上三行命令把三个代词用正则表达式定义出来，接下来就能使用这个被定义的表达式去提取代词。读者刚才查看原始的 Excel 数据表还记得，每句话都以数字作这句话的序号，代词 he 总是跟在每句话的末尾，而 she 和 they 则紧接着这些句子位于右边不同的列。但是在读进 RStudio 再通过上面的 gather 操作，所有这些信息都包容在 items 这个变量里，现在就需要对 items 这个变量进行提取。

之所以获得的数据会呈现这种格式是因为问卷设计的格式导致的，很显然这种格式并不利于数据整理，或者说给数据整理带来了很多的麻烦：要么三个代词（he, she, they）都单独成列，要么都位于每个句子的末尾。但是遗憾的是，我们往往只有在获得了数据之后，才意识到实验设计可能存在问题。一个非常有经验的研究者，在开展研究的时候，不是说把实验设计好了就行了，还必须要把实验结束后的数据整理也考虑进去，比如考虑当前的实验设计是否方便后面数据的整理？尤其要考虑的是如何安排变量，变量如何命名等问题。

```
Q2<- Q1 %>%
 mutate(questions=str_extract(str_sub(items,1,3),
                                  '[[:digit:]]+'),
      pronoun=str_extract(items,pronoun_match))
```

上述操作使用 *mutate( )*函数生成了两个变量，这两个变量都是通过从 items 这个变量提取信息而获得。生成的第一个变量命名为 questions，它的目的就是为了回答上面的第一个问题，即被试是根据哪句话的代词做出的判断。使用 *str_extract( )*嵌套 *str_sub( )*来提取每句话开头作序号的数字来实现。*str_sub( )*的作用就是让 *str_extract( )*函数不是从整个 items 这个变量里提取信息，而是从 items 的第 1 个到 3 个字母的位置提取信息，而提取的内容则是由正则表达式'[[: digit:]]+'定义的数字。为什么不从整个 items 变量提取，而是从第 1 个到 3 个字母那里提取呢？这是因为如果提取整个 items 的话，会把读入 RStudio 后自动加在 she 和 they 后面的数字也提取，但是那个数字代表的并不是每句话的序号，只有每句话最前面的数字才显示的是第几道题（序号）。那为什么是从第 1 个到 3 个字母，而不是直接提取第 1 个字母呢？第 1 个字母正好是数字啊？原因是一共有 60 道题，如果只提取第一个，就无法提取到 10 以上的数字，而提取从第 1 个到 3 个字母则可以保证提取到所有的表示题号的数字。

*mutate( )*函数生成的第二个变量是 pronoun，很明显它是通过上面定义的提取代词的正则表达式来实现的。此时，如果使用 *view( )*函数通览整个数据框就会发现新生成的两个变量 questions 和 pronoun。

仔细看 pronoun 会发现，上面的操作非常成功地把被试是对哪个代词做出的判断提取出来了。但是仔细看新生成的 questions 这个变量会发现，上面的操作可能只是成功了一半，它确实把 items 中每个句子的序号提出来了，从而可以显示被试是对哪句话做出的判断，但是新生成的 questions 这个变量里面有大量的缺失值（NA）。这是因为从 items 中按第 1 个到 3 个字母提取数字时，有很多行是没有数字的，主要就是那些单独成行的代词 she 和 they，因为 RStudio 自动给这些代词添加的数字都放在了代词后面，而且这些数字也不代表任何意义。这个时候应该怎么办呢？把缺失的数字补上：

```
Q3 <- Q2 %>%
  mutate(questions=gl(60,165))
```

上述代码使用 *mutate( )*嵌套 *gl( )*函数来实现把缺失的数字补上的目的，这个时候如果使用 *view( )*通览整个新生成的数据框 Q3 就会发现，questions 这一列已经非常完整，没有缺失值了。*gl( )*函数的作用是生成因子的水平，它的格式如下：

```
factor<-gl(number of levels, cases in each level, total cases,
labels=c("label1","label2"…))
```

*gl( )*函数中的第一个语句是定义生成多少个水平，第二个语句是定义每个水平有多少个案例（cases），因此 *gl*(60, 165)是生成 60 个水平的因子，并确保每个水平有 165 个案例，它的作用就相当于把从 1 至 60 之间的正整数按顺序每个数重复 165 次。之所以重复 165 次是因为每道题每个代词有 55 个人完成，而总共有 3 个代词（he，she，they），因此，每句话重复了 165 次（55×3）。这个时候生成的 Q3 数据框已经非常“干净、整洁了”。

不过，目前数据仍然有两个缺憾：①被试是对哪个问题做出的判断虽然通过 questions 体现出来了，但是体现的只是数字，并没有体现具体是哪个文本形式的问题；②还少了一个变量，即先行词的性别是什么。笔者在上文介绍过，被试在哪种先行词性别条件下对代词做出判断是非常重要的问题，因此这个变量不能缺失。下面将详细介绍如何操作，从而把这两个问题解决。

读者应该还记得，前面在讲中文代词数据处理的时候，是通过从外面读进一个装载着每个具体问题的表格后，再通过表格合并来确定被试做出判断时的每个具体的问题的。但是，在这里不需要再读进一个表格，这是因为 items 这个变量里面就有每个具体的问题，只需要把它提取出来就行了：

```
research_Q <- Q2 %>%
  filter(str_length(items)>10) %>%
  distinct(items)

research_Q <- research_Q %>%
  mutate(questions=str_extract(str_sub(items,1,3),
                               '[[:digit:]]+'))

colnames(research_Q)
## [1] "items"     "questions"
```

以上几行代码生成了一个只有两列的表格，这个表格就如同前面在介绍中文代词数据处理的时候从外面读入的那个装载着每个具体问题的表格。现在只要进行表格合并就可以解决上面的第一个问题了，即被试是对哪个问题做出的判断。

```
Q4 <- Q3 %>%
  select(-items) %>%
  left_join(research_Q,by="questions")
colnames(Q4)
```

这个时候，使用 *view( )*函数通览整个数据框就会发现新生成的数据框已经非常接近于成功了。唯一剩下的就是解决第二个问题，即先行词的性别是什么。这个时候就必须读进一个包含有先行词性别的表格了。由于先行词的性别是这个研究中的一个重要变量，因此早在准备实验材料的时候，笔者就已经准备好了这么一个表格：

```
gender <- read_excel("test_items.xlsx")
```

使用 *view( )*函数通览这个表格：

```
view(gender)
```

可以看到，这个表格有三列，分别是 questions，items 和 type。仔细看会发现这个新读入的表格 items 这个变量的内容与上面生成的 items 是一样的内容，都显示了具体哪个句子，不过遗憾的是，它们并不完全一样。区别有 2 点：①Q4 这个表格中的 items 前面带有数字，但是读入的表格 gender 中的 items 没有数字；②Q4 这个表格中的 items 里的一些句子的单词有中文翻译，但是读入的 gender 这个表格中的

items 没有翻译。这是因为课题组在设计问卷的时候，为了避免生词干扰被试作答，课题组在一些生词后面添加了中文注解。但是，在这个研究里，在两个表格合并时，只有确保合并的两个变量的内容完全等同，合并才有意义。读者可以体会到：就这么一个区别，不知道带来了多少麻烦！！！早知如此，课题组就制作一张带有中文注解同时也能体现先行词性别的表格就好了。但是在实际研究中，这种事后诸葛亮的事情经常发生，一点儿小疏忽就可能给后续工作带来很多的麻烦。如果这两个 items 完全等同的话，笔者只要直接进行表格合并就行了！！！幸运的是，仔细看，课题组发现新读入的表格中的变量 questions 与上面生成的 Q4 表格中的 questions 是一样的内容。因此，利用这个在两个表格里都出现的变量，进行表格合并，就可以增加一个显示先行词性别的变量：

```
Q5 <- Q4 %>%
  select(-items) %>%
  left_join(gender,by="questions")
```

然而结果却显示错误：

```
Error: Can't join on `x$questions` x `y$questions` because of
incompatible types.
i `x$questions` is of type <character>>.
i `y$questions` is of type <double>>.
```

原来是因为这两个表格的 questions 变量并不属于同一类别的变量，无法合并。很简单，只要把它们变成一种类型的变量就行了：

```
Q5 <- Q4 %>%
  mutate(questions=as.numeric(questions)) %>%
  left_join(gender,by="questions")
```

成功了！数据 Q5 成了一个最终的“干净、整洁”的可用于统计建模和数据可视化的数据。如果仔细看，Q5 里有两个 items 变量，一个是 items.x，一个是 items.y。为什么呢？这是因为在合并时，两个表格（Q4 和 gender）都已经有一个变量 items 了，当把它们合并的时候，为了区别就成了两个不同的 items 变量。要避免这个问题很简单，只要在合并时，把其中一个表格的 items 去掉就行了：

```
Q5 <- Q4 %>%
  mutate(questions=as.numeric(questions)) %>%
  select(-items) %>%
  left_join(gender,by="questions")
```

但是，实际上保留两个 items 变量也有好处，因为在内容上，这两个变量几乎完全一样。因此，保留两个 items 变量可以方便对比这两个 items 变量的内容是否一致，如果完全一致，说明上面的操作没有出错，如果不一致，说明上面的操作出错了，需要去发现并解决问题。好在这个生成的表格两个 items 的内容完全一致！

实际上，通过两个表格共同的变量 questions 来合并两个表格是我后来才意识到的。在这之前，我思考的是既然两个表格的（Q4 和 gender）items 变量的内容不一样，能不能把它们变成一样再来合并呢？感兴趣的读者可以尝试以下的操作，这些操作是笔者一开始做的，只是到了写作本书时，才发现多做了无用功。不过，对读者来说，这些绝对不是无用功：

```
gender <- gender %>%
  mutate(sentences=str_sub(items,1,10))
Q5_0 <- Q4 %>%
  mutate(sens=str_extract(items,'[^[:digit:]]+'),
         sentences=str_sub(sens,2,str_length(sens))) %>%
  select(-items,-sens)


Q6 <- Q5_0 %>%
  mutate(sentences=str_sub(sentences,1,11))


data_final <- Q6 %>%
  left_join(gender,by="sentences")


##failed, why?


unique(gender$sentences)
unique(Q6$sentences)
```

```
##the same, but why failed? there is a space

##delete the space, try it again

Q6 <- Q5_0 %>%
  mutate(sentences=str_sub(sentences,2,11))

data_final <- Q6 %>%
  left_join(gender,by="sentences")

###seem done, let's check it

sum(is.na(data_final$type))
## [1] 165
miss_data <- data_final %>%
  filter(is.na(type))
miss_data
## # A tibble: 165 x 9
unique(miss_data$sentences)
## [1] "A nanny (保"
miss_data <- miss_data%>%
  mutate(type="fem")
data_final <- bind_rows(miss_data,
                        filter(data_final,!is.na(type)))
```

上面的代码也能实现一样的目的，获得最终的数据，但是却增加了不少麻烦和很多波折。这件事情更让笔者理解何为“做研究”。研究绝对是做出来的，只有亲力亲为，反复实践，才能在实践中积累大量经验，也才能变得越来越严密、严谨，使得在以后的研究中避免不必要的波折。如果不经历这些波折，大概是无法真正体会当中的含义的。

实际上，上面的数据仍然少了一个重要变量，那就是组。笔者在前面介绍过，一共有两组中国英语学习者参加了实验。但是，上面的数据并没有体现出组这个变量。为了增加组这个变量，笔者必须再读入一个数据：

```
group <- read_excel("group.xlsx")
colnames(group)
## [1] "subj"        "name"        "age"         "experience"        "lp"
## [6] "group"
```

读入的数据命名为 group，可以看到 group 一共有 6 个变量，subj 是被试的代号，它跟上面所获得的 Q5 这个变量中的 subj 并不相同，因为 Q5 这个变量中的 subj 是指被试的名字，而 group 的第二个变量是 name，这个变量与 Q5 这个变量中的 subj 相同，笔者就是要用这个变量作合并的钥匙（key）。最后两个变量 lp 是被试参加一次英语考试的成绩，体现了他们的英语水平，而 group 这个变量正是笔者要的，说明被试是属于哪一个组。把读入的 group 这个表和上面获得的 Q5 这个表格合并：

```
colnames(group)
## [1] "subj"     "name"     "age"     "experience"     "lp"
## [6] "group"
colnames(Q5)
## [1] "subj"     "total_score"     "scores"     "questions"     "pronoun"
## [6] "items"     "type"
group <- group %>%
 select(-subj)


Q5_final <- Q5 %>%
 left_join(group,c("subj"="name"))
```

上面的代码先把 group 这个数据表的 subj 变量去除，然后再使用 *left_join( )*函数把两个表格合并起来，获得最终数据，并命名为 Q5_final。到这里为止数据已经非常完美了，包含了丰富的信息。有三个自变量：pronoun（he vs. she vs. they），type（mas vs. fem vs. neu vs. pro）以及 group（Eng vs. non）。变量 type 中的 pro 就是指不定代词如 someone，anyone，everyone 等。而因变量就是 scores，即被试给每个代词在每个句子中可接受度的评分。

不过，尽管上面的数据已经很“完美”了，但并不完整。因为还没有把英语本族语者的数据加进去。

2.2.4.2　英语本族语者数据

英语本族语者的数据被命名为“英语本族语者数据.xlsx”。打开这个Excel表格，可以看到这个数据结构非常像上面介绍的中文代词数据，尤其是从N列到GK列，都是用代词加数字构成。可以使用相同的方法来处理数据。不过，也不妨先手工操作，把一些不需要的列手动去除，比如：把A至H列去除，同时也把J，K，L三列去除，只保留Response ID（I列）和User Language（M列）这两列。但是，为了变量引用方便，把Response ID修改为subj，把User Language修改为group，重要的是要与上面所获得的Q5_final对应起来，这样才能实现两个表格的合并。还可以进一步修改，把group中的en修改为native从而与上面英语专业数据对应的Eng区别开来。现在，把手动修改过后被命名为“英语本族语者数据（手头修改）.xlsx”的数据读入RStudio：

```
native <- read_excel("英语本族语者数据（手头修改）.xlsx")

colnames(native)
```

接下来要做的是把从"1. he"到"60. they"之间的变量归拢为一个变量，因为它们表示的是相同的内容：

```
native_1 <- native %>%
  gather("1. he":"60. they",key="items",value="scores")

native_1
## # A tibble: 3,420 x 4
##    subj              group  items scores
##    <chr>             <chr>  <chr> <chr>
##  1 R_3KZPtZStjf8e795 native 1. he  5
##  2 R_1rAEsGOJwOzNrrY native 1. he  3
##  3 R_25Mdpnx1R0SyS3K native 1. he  4
##  4 R_4SGGOpjvuWVOhe9 native 1. he  5
##  5 R_22GnKxeyksgfxEN native 1. he  4
```

```
## 6 R_1gbwEuHZAuaBNR6 native 1. he 5
## 7 R_3nr9WPF6k3dFE4V native 1. he 1
## 8 R_2pKpsSJ9tyg82y1 native 1. he 4
## 9 R_2EauIxf86bu1Dfm native 1. he 4
## 10 R_1pLLiTVioN07ZjT native 1. he 5
## # ... with 3,410 more rows
```

可以看到，归拢后的数据已经非常归整了，共有 4 个变量：subj，group，items 和 scores。现在需要对 items 这个变量进行提取，因为它包含两个重要信息：①被试是对哪一个问题进行判断的，items 中的数字可以回答；②被试是对哪个代词做出判断的，items 中的代词可以回答。操作如下：

```
native_2<- native_1 %>%
  mutate(questions=str_extract(items,'[[:digit:]]+'),
         pronoun=str_extract(items,'[^[:digit:]]+'))

native_2
## # A tibble: 3,420 x 6
##    subj              group  items scores questions pronoun
##    <chr>             <chr>  <chr> <chr>     <chr>    <chr>
##  1 R_3KZPtZStjf8e795 native 1. he  5         1        . he
##  2 R_1rAEsGOJwOzNrrY native 1. He  3         1        . he
##  3 R_25Mdpnx1R0SyS3K native 1. he  4         1        . he
##  4 R_4SGGOpjvuWVOhe9 native 1. he  5         1        . he
##  5 R_22GnKxeyksgfxEN native 1. he  4         1        . he
##  6 R_1gbwEuHZAuaBNR6 native 1. he  5         1        . he
##  7 R_3nr9WPF6k3dFE4V native 1. he  1         1        . he
##  8 R_2pKpsSJ9tyg82y1 native 1. he  4         1        . he
##  9 R_2EauIxf86bu1Dfm native 1. he  4         1        . he
## 10 R_1pLLiTVioN07ZjT native 1. he  5         1        . he
## # ... with 3,410 more rows
```

上面的代码使用 *str_extract( )*函数成功地把被试是对哪一个问题以及对哪一个代词进行判断的信息提取出来了。但仔细看所获得的数据表会发现，还存在两个问题：①被试是对哪一个问题进行判断的只显示了问题的序号，并没有显示文本形式的问题；②代词（pronoun）前面都有一个“讨厌”的点。首先，为了显示问卷中使用的具体的问题，而不是显示数字，可以像前面一样，需要读入一个带有数字和具体问题的表格，然后进行表格合并。其次，为了只提取代词，去掉代词前面那个“讨厌”的点，可以写一个提取代词的正则表达式，再使用这个正则表达式把代词提取出来：

```
pronouns <- c("he","she","they")
pronoun_match <- str_c(pronouns,collapse="|")
pronoun_match
native_3 <- native_2 %>%
  mutate(pronoun=str_extract(pronoun,pronoun_match))
gender <- read_excel("test_items.xlsx")
native_4 <- native_3 %>%
   select(-items) %>%
   left_join(gender,by="questions")
```

实际上，gender 这个表格在前面已经读入过，也可以不再读入，直接引用就行。读入后，先去除 native_3 这个表格中的 items 这个变量，即 *select*(-items)，免得跟要合并的数据冲突。接着使用 *left_join( )*函数进行合并。结果失败，获得以下信息：

```
Error: Can't join on `x$questions` x `y$questions` because of
incompatible types.
i `x$questions` is of type <character>>.
i `y$questions` is of type <double>>.
```

原来是两个数据框中的 questions 这个变量属于不同的类型，一个是<character>一个是<double>。把 native_3 这个数据框的 questions 变量转换成数值型就行了：

```
native_4 <- native_3 %>%
  select(-items) %>%
  mutate(questions=as.numeric(questions)) %>%
  left_join(gender,by="questions")
```

到此为止，所获得的数据已经是本族语者的“完美”的数据了。现在只要把这个数据跟前面已经整理好的两组中国英语学习者的数据合并就可以获得包括所有组被试的数据了：

```
data_total <- bind_rows(Q5_final,native_4)
```

上面的代码试图使用 *bind_rows( )*函数，把两个“最终”数据合并，结果提示错误：

```
Error: Can't combine `..1$scores` <double> and `..2$scores` <character>.
```

跟上面一样的原因：两个表格中的 scores 这个变量类型不一样，一个是<double>，一个是<character>。转换后合并就行了：

```
data_total <- bind_rows(Q5_final,
                        mutate(native_4,scores=as.numeric(scores)))
```

成功了！这是一个非常丰满的数据，包含了所有被试的数据，现在可以把这个数据写出、保存，以后就不用再次整理，而是直接读入就行了：

```
write_excel_csv(data_total,"data_total.csv")
```

现在，就可以利用这个最终数据进行初步的描述统计分析和数据可视化了。相信到这里为止，读者可能会完全认同笔者在第 1 章开头说过的话了：“把实验所获得的数据进行清洁和整理，让它变成一张‘干净、整洁’的数据表，即使是最有经验的研究者都可能认为这个过程是一次完整的数据分析中‘最麻烦、最艰难’的过程，耗时费力”。

2.2.5　利用最终数据进行描述统计

首先，对最终数据进行描述统计分析：

```
y <- data_total  %>%
  group_by(group,type,pronoun) %>%
  summarize(meanScores=mean(scores,na.rm=TRUE),
            sd=sd(scores,na.rm=TRUE))
view(y)
```

由于自变量很多，这个描述统计结果看起来比较复杂，解决的办法就是对结果进行可视化，请见图 2.4：

```
ggplot(data_total,aes(type,scores,fill=group))+
  geom_bar(stat="summary",
           fun=mean,
           position="dodge")+
  geom_errorbar(stat="summary",
                fun.data=mean_cl_normal,
                position=position_dodge(width=0.9),
                width=0.2)+
  facet_wrap(~pronoun)
```

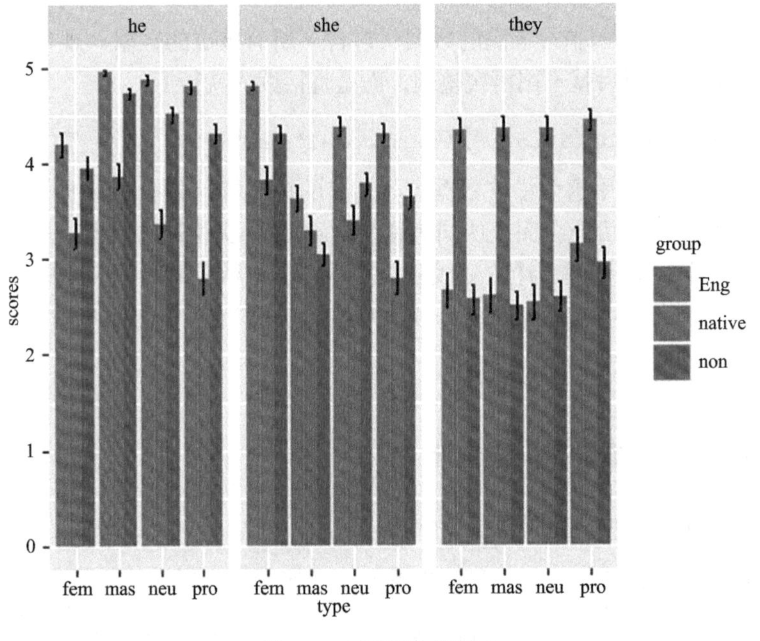

图 2.4　R 可视化样例 2

从上图可以看到很多信息，但是，group 的各个水平（Eng vs. native vs. non）的顺序不是特别理想。因为在这个实验里，本族语者（native）是实验的参照对象，因此，可以把本族语者设置为因子的最后一个水平，这样的话，图形读起来就会比较容易，请见图 2.5：

```
#change the levels of group

data_total$group <- factor(data_total$group,
                           levels=c("Eng","non","native"))

ggplot(data_total,aes(type,scores,fill=group))+
  geom_bar(stat="summary",
           fun=mean,
           position="dodge")+
  geom_errorbar(stat="summary",
                fun.data=mean_cl_normal,
                position=position_dodge(width=0.9),
                width=0.2)+
  facet_wrap(~pronoun)+
  scale_fill_viridis_d()
```

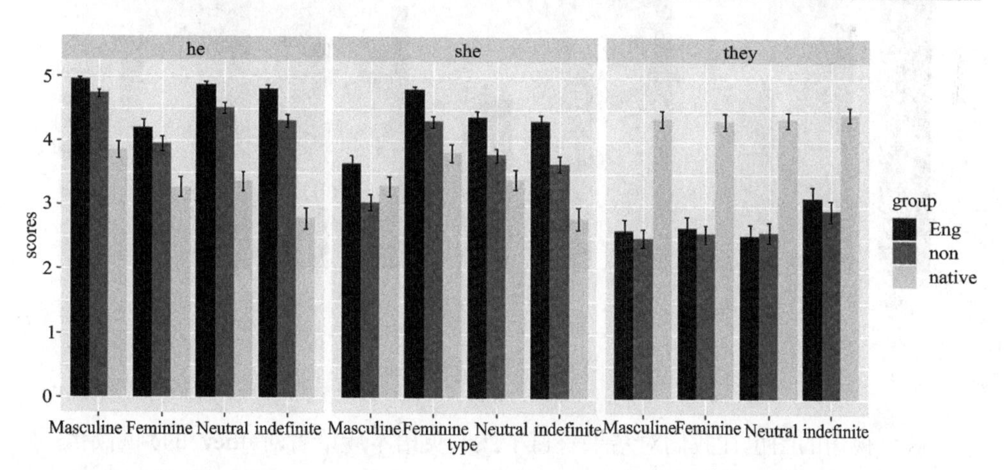

图 2.5　R 可视化样例 3

这个图形看起来就一目了然多了！一个最明显的结果是，英语本族语者对 they 的使用要远远高于非本族语者；相反，非本族语者对 he 或者 she 的使用要远远高于英语本族语者。也可以更换图形的 x 轴，再从另外一个视角来看这个结果，请见图

2.6：

```
##look at it from another angle
ggplot(data_total,aes(pronoun,scores,fill=type))+
  geom_bar(stat="summary",
           fun=mean,
           position="dodge")+
  geom_errorbar(stat="summary",
                fun.data=mean_cl_normal,
                position=position_dodge(width=0.9),
                width=0.2)+
  facet_wrap(~group)+
  scale_fill_viridis_d()
```

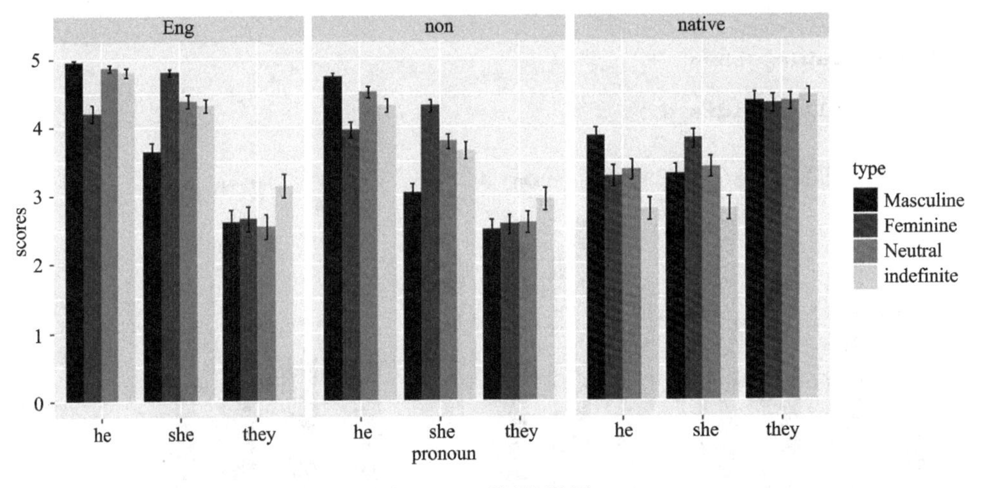

图 2.6　R 可视化样例 4

这个视角的图也让我们对结果一目了然。英语本族语者对 they 的判断始终最高，而非本族语者，不管是英语专业还是非英语专业，接受度判断最高的则是 *he*。

第 3 章　数据框操作实例：反应时行为数据处理

在第二语言研究领域（包括二语或外语，以下简称二语），无论在国际还是国内，研究者都开始大量地使用反应时行为数据来研究第二语言的习得、理解和加工的心理认知过程。大量以反应时数据作为主要测量手段的研究论文发表于二语研究的各类期刊（见 Jiang, 2012；吴诗玉等，2016）。

反应时（reaction time，RT），亦称作响应时间（response time）或反应潜伏期（response latency），是以时间来计量（通常为毫秒）的一种简单的，或许也是应用最为广泛的对行为反应的测量，它一般指实验任务开始呈现到它完成的这段时间。早在 1868 年，Donders 做了一个具有开创意义的心理学实验，第一次使用反应时来测量人的行为反应，并提出一共存在三种长短不一的反应时，概括起来分别是：①简单反应时，指经由被试对光、声音等刺激实验任务做出反应而获得的反应时间；②辨识反应时，在收集这种反应时的时候，被试要同时面对两种实验刺激任务的挑战，一种是需要尽快做出反应的刺激任务，另一种则是需要忽略以免受其干扰的刺激任务。③选择反应时，在收集这种反应时的时候，被试必须要从实验任务中所呈现的一系列可能的选项中做出一种选择，比如按键选择屏幕中出现的字母或单词。（Baayen & Milin, 2010: 13）另外，有的反应时是由这三种不同实验任务组合而成，亦可称作第四种反应时，比较典型的有如区别反应时（discrimination reaction time），在这种实验任务里，被试必须对同时呈现的两个实验刺激进行比较，然后按键做出选择，融合了辨识反应时和选择反应时两种反应时的特点。

收集反应时的各种实验任务都基于一个共同的假设前提，即认知过程是需要时间的。通过观察和计算被试对不同的实验刺激任务做出反应或者在不同的条件下执行一项任务所需要的时间，可以认识大脑的工作原理等重要问题，并且对语言加工的认知过程或者机制进行推理（Jiang, 2012）。自 Donders 的开创性实验以来，尤其是 20 世纪 50 年代以来，反应时越来越广泛地被实验心理学研究者所采用，并逐渐成为心理学和其他相关学科获取基于数据的人类认知制约模型的重要手段（Evans *et al.*, 2019）。

当前，收集反应时最流行、也最为研究者所熟知的工具主要有心理学软件 E-prime 和 DMDX，其中尤其以 E-prime 的使用最为广泛。笔者也曾使用 E-prime 开展过系列实验，对其视窗化的工作环境以及数据收集和整理的便利化情有独钟。本章将以 2017 年笔者及其团队在《外语教学与研究》上发表的文章《中国英语学习者词汇与概念表征发展研究：混合效应模型的证据》为例（见吴诗玉等，2017），详细介绍对使用 E-prime 心理学软件所收集的反应时数据的“清洁、整理”过程。

3.1 背　　景

这项研究采用翻译判断任务（translation recognition task），研究三个不同阶段的中国英语学习者（分别为初中生、高中生、大学生）的词汇与概念表征的发展。在这项任务里，电脑屏幕中央首先呈现一个英语单词（如 apple），约 500 毫秒后消失，电脑屏幕中央即刻出现一个汉语单词（如四月），要求被试又快又准确地判断这个汉语单词是不是前面英语单词的准确翻译。被试必须在 3,000 毫秒之内做出判断，否则单词将自动消失。

电脑屏幕中央首先呈现的这个英语单词与后面呈现的汉语单词存在以下几种关系：①词形关联（form related），比如：Apple—四月（因为四月的英文翻译 April 与 Apple 词形相像）；②词形不关联（form unrelated），Apple—手套（没有形、音、的直接关联）；③语义关联（meaning related）：Apple—香蕉（都是水果）；④语义不关联（meaning unrelated）：Apple—记者（不存在形、音、义的直接关联）。两个不关联的条件构成两个实验条件（即关联条件）的控制条件。从实验设计方法上看，这是一个 2（词形 vs. 语义）×2（关联 vs. 不关联）的平衡实验。

这个实验的理论依据是 Kroll 和 Stewart（1994）提出的修正层级模型（revised hierarchical model, RHM）。他们在这个模型里提出，在二语学习的初级阶段，学习者的二语词汇表征和概念储存之间的关联非常弱，因此无法直接以概念为中介通达到二语词汇，只能依赖二语和一语之间的词汇联接（即词形）。因此，在这个阶段，二语学习者的表现更多地被词形相关（如词形相似）而不是语义相关的变量影响；但是，随着学习者更多地接触二语，二语词汇和概念储存之间的直接关联会得到发展和加强，他们将能直接以概念为中介，通达到二语，此时，他们的表现会明显地受到语义变量的影响（如语义相似）。

3.1.1 被试

研究一共对三个不同阶段的中国英语学习者进行了考察，分别是初中二年级学生、高中二年级学生和英语专业硕士研究生。这些学生都是通过教室环境的英语教学来学习英语，使用和接触英语都非常有限（参见吴诗玉等，2017）。

这里节选的是英语专业硕士研究生的数据，他们都来自上海交通大学外国语学院，一共 40 名，平均年龄为 23.3 岁（*SD*=2.65），男生 5 名，女生 35 名。他（她）们从小学三年级开始英语学习，没有出国经历，除了从小学到高中在正规的教室环境下的英语学习以外，在大学还接受了英语语言的专业训练，硕士阶段还经历了近 1 年半学术英语的训练，已经具备很熟练的听说读写能力。实验结束后，每人收到人民币 20 元的报酬。

3.1.2　材料

为这项翻译判断实验，课题组一共设计了 50 对英汉翻译词对，包括以下五种类型：

（1）正确的翻译：第二个汉语单词是第一个目标词的正确翻译，比如“mouth—嘴巴”和“cup—杯子”等。

（2）词形关联：第二个汉语单词的英语翻译与第一个目标词的正确翻译在词形上非常相像，比如“mouth—月份”和“cup—帽子”等。

（3）词形控制：第二个汉语单词与第一个目标词的正确翻译没有任何音义上的关联，比如“mouth—箱子”和“cup—广告”等。

（4）语义关联：第二个汉语单词与第一个目标词的正确翻译在语义上紧密关联，比如“mouth—牙齿”和“cup—勺子”等。

（5）语义控制：第二个汉语单词与第一个目标词的正确翻译没有任何音义上的关联，比如“mouth—煤炭”和“cup—大豆”等。

语义关联的词对包括两种，一种同属于一个语义范畴，比如嘴巴与牙齿都是人体头部器官，约占 95%；另一种虽不属同一语义范畴，但在语义上紧密关联，比如公园与散步等。这一类比例很低，约占 5%。主要通过英汉词典或者问卷的形式来确定语义关联词。问卷的具体做法是让没有参加实验的英语专业研究生对所列出的单词写出认为语义最相关的单词。

50 个英语目标词全部是参加实验的学生正在使用或者在更低年级使用过的教材里反复出现过的词，根据 COCA（Corpus of Contemporary American English）语料库，它们的平均对数频率为 10.52（*SD*=1.05）。除了 50 对英汉翻译词对外，还设计了 30 对正确的英汉翻译词对（如 watch—手表）作为填充材料，总数上正好构成 40 对正确的和 40 对错误的翻译材料。另外，还设计了 15 对培训材料。采用拉丁方、平衡抵消（counterbalance）的方法，总共创建了 5 套材料，被试随机分配到当中的一套进行实验。在每套材料中，每种实验条件（正确翻译、词形相关、词形控制、词义相关、词义控制）共有 10 个测试项，每名被试参加了所有的 5 个实验条件下的测试。

3.1.3　程序

采用 E-prime 2.0 呈现实验材料。在屏幕中央先呈现注视点 500 毫秒，接着呈现一个英语单词（如 mouth），停留 500 毫秒后消失，屏幕上再呈现一个汉语单词（如月份），停留 3,000 毫秒，被试需要既快又准确地判断它是否为第一个英语单词的正确翻译。单词都呈现在屏幕中央，白色背景黑色字，字号为 40，字体为粗体 Times New Roman。英语单词按小写字母呈现。

3.2　E-prime 数据清洁和整理

这个实验的因变量一共有两个：被试做出翻译判断的反应时（RT），以及判断的准确率（ACC）。E-prime 软件自动记录这些数据，每个学生完成实验后会自动生成一个数据文件。图 3.1 是 E-prime 软件生成的 40 个数据（40 个学生）中的部分数据截图：

List1-100-1.edat2	2018/12/21 11:26	E-DataAid 2.0 File	61 KB
List1-106-2.edat2	2018/12/21 11:26	E-DataAid 2.0 File	40 KB
List1-111-2.edat2	2018/12/21 11:26	E-DataAid 2.0 File	37 KB
List1-116-2.edat2	2018/12/21 11:26	E-DataAid 2.0 File	37 KB
List1-121-3.edat2	2018/12/21 11:26	E-DataAid 2.0 File	37 KB
List1-126-3.edat2	2018/12/21 11:26	E-DataAid 2.0 File	37 KB
List1-131-3.edat2	2018/12/21 11:26	E-DataAid 2.0 File	37 KB
List1-136-3.edat2	2018/12/21 11:26	E-DataAid 2.0 File	40 KB
List2-101-1.edat2	2018/12/21 11:26	E-DataAid 2.0 File	40 KB
List2-107-2.edat2	2018/12/21 11:26	E-DataAid 2.0 File	37 KB
List2-112-2.edat2	2018/12/21 11:26	E-DataAid 2.0 File	37 KB

图 3.1　E-prime 生成的部分数据截图

使用 E-prime 软件做过实验的读者对图 3.1 所示的数据应该并不陌生。E-prime 实验数据整理的第一步应该是使用 E-prime 的 E-merge 软件对这 40 个独立的数据进行合并，把它们合并成一个大的数据文件。图 3.2 是 E-merge 以及即将合并的数据的部分截图：

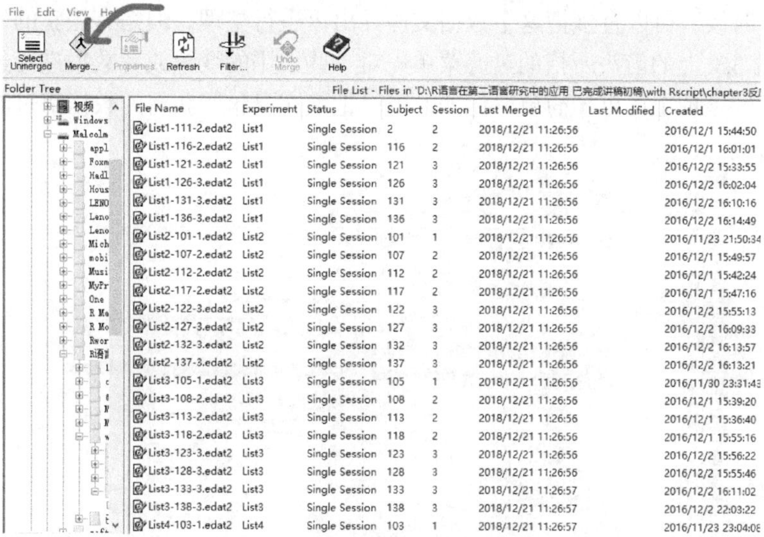

File Name	Experiment	Status	Subject	Session	Last Merged	Last Modified	Created
List1-111-2.edat2	List1	Single Session	2	2	2018/12/21 11:26:56		2016/12/1 15:44:50
List1-116-2.edat2	List1	Single Session	116	2	2018/12/21 11:26:56		2016/12/1 16:01:01
List1-121-3.edat2	List1	Single Session	121	3	2018/12/21 11:26:56		2016/12/2 15:33:55
List1-126-3.edat2	List1	Single Session	126	3	2018/12/21 11:26:56		2016/12/2 16:02:04
List1-131-3.edat2	List1	Single Session	131	3	2018/12/21 11:26:56		2016/12/2 16:10:16
List1-136-3.edat2	List1	Single Session	136	3	2018/12/21 11:26:56		2016/12/2 16:14:49
List2-101-1.edat2	List2	Single Session	101	1	2018/12/21 11:26:56		2016/11/23 21:50:34
List2-107-2.edat2	List2	Single Session	107	2	2018/12/21 11:26:56		2016/12/1 15:49:57
List2-112-2.edat2	List2	Single Session	112	2	2018/12/21 11:26:56		2016/12/1 15:42:24
List2-117-2.edat2	List2	Single Session	117	2	2018/12/21 11:26:56		2016/12/1 15:47:16
List2-122-3.edat2	List2	Single Session	122	3	2018/12/21 11:26:56		2016/12/2 15:55:13
List2-127-3.edat2	List2	Single Session	127	3	2018/12/21 11:26:56		2016/12/2 16:09:33
List2-132-3.edat2	List2	Single Session	132	3	2018/12/21 11:26:56		2016/12/2 16:13:57
List2-137-3.edat2	List2	Single Session	137	3	2018/12/21 11:26:56		2016/12/2 16:13:21
List3-105-1.edat2	List3	Single Session	105	1	2018/12/21 11:26:56		2016/11/30 23:31:43
List3-108-2.edat2	List3	Single Session	108	2	2018/12/21 11:26:56		2016/12/1 15:39:20
List3-113-2.edat2	List3	Single Session	113	2	2018/12/21 11:26:56		2016/12/1 15:36:40
List3-118-2.edat2	List3	Single Session	118	2	2018/12/21 11:26:56		2016/12/1 15:55:16
List3-123-3.edat2	List3	Single Session	123	3	2018/12/21 11:26:56		2016/12/2 15:56:22
List3-128-3.edat2	List3	Single Session	128	3	2018/12/21 11:26:56		2016/12/2 15:55:46
List3-133-3.edat2	List3	Single Session	133	3	2018/12/21 11:26:57		2016/12/2 16:11:02
List3-138-3.edat2	List3	Single Session	138	3	2018/12/21 11:26:57		2016/12/2 22:03:22
List4-103-1.edat2	List4	Single Session	103	1	2018/12/21 11:26:57		2016/11/23 23:04:08

图 3.2　E-merge 以及即将合并的数据的部分截图

因这部分并不是本书的主题，因此合并的详细过程这里不再交代，有兴趣的读者可以参看曾祥炎和陈军（2009）所著的《E-Prime 实验设计技术》教程。合并后，形成一个包含了这 40 个数据的一个大文件，命名为“MA_data.emrg2”，双击打开这个文件。图 3.3 是这个合并后的大文件打开时的部分截图：

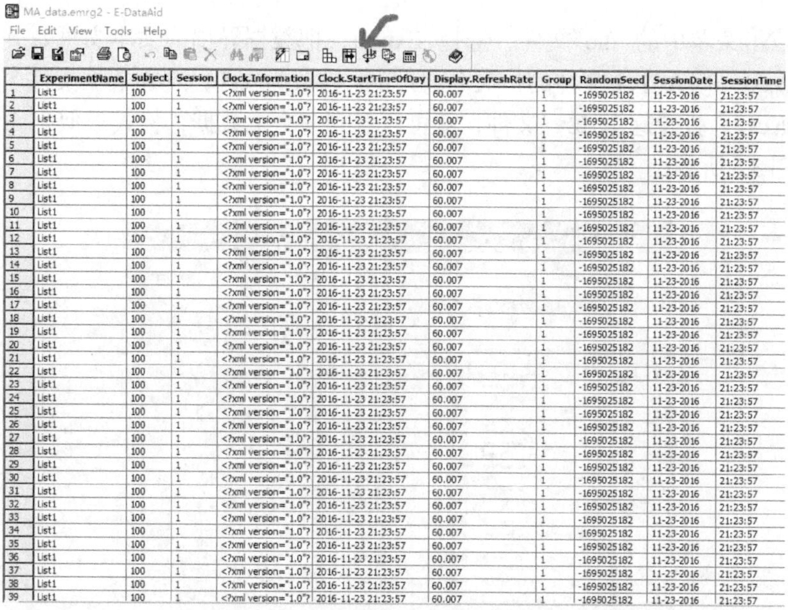

	ExperimentName	Subject	Session	Clock.Information	Clock.StartTimeOfDay	Display.RefreshRate	Group	RandomSeed	SessionDate	SessionTime
1	List1	100	1	<?xml version="1.0"?	2016-11-23 21:23:57	60.007	1	-1695025182	11-23-2016	21:23:57
2	List1	100	1	<?xml version="1.0"?	2016-11-23 21:23:57	60.007	1	-1695025182	11-23-2016	21:23:57
3	List1	100	1	<?xml version="1.0"?	2016-11-23 21:23:57	60.007	1	-1695025182	11-23-2016	21:23:57
4	List1	100	1	<?xml version="1.0"?	2016-11-23 21:23:57	60.007	1	-1695025182	11-23-2016	21:23:57
5	List1	100	1	<?xml version="1.0"?	2016-11-23 21:23:57	60.007	1	-1695025182	11-23-2016	21:23:57
6	List1	100	1	<?xml version="1.0"?	2016-11-23 21:23:57	60.007	1	-1695025182	11-23-2016	21:23:57
7	List1	100	1	<?xml version="1.0"?	2016-11-23 21:23:57	60.007	1	-1695025182	11-23-2016	21:23:57
8	List1	100	1	<?xml version="1.0"?	2016-11-23 21:23:57	60.007	1	-1695025182	11-23-2016	21:23:57
9	List1	100	1	<?xml version="1.0"?	2016-11-23 21:23:57	60.007	1	-1695025182	11-23-2016	21:23:57
10	List1	100	1	<?xml version="1.0"?	2016-11-23 21:23:57	60.007	1	-1695025182	11-23-2016	21:23:57
11	List1	100	1	<?xml version="1.0"?	2016-11-23 21:23:57	60.007	1	-1695025182	11-23-2016	21:23:57
12	List1	100	1	<?xml version="1.0"?	2016-11-23 21:23:57	60.007	1	-1695025182	11-23-2016	21:23:57
13	List1	100	1	<?xml version="1.0"?	2016-11-23 21:23:57	60.007	1	-1695025182	11-23-2016	21:23:57
14	List1	100	1	<?xml version="1.0"?	2016-11-23 21:23:57	60.007	1	-1695025182	11-23-2016	21:23:57
15	List1	100	1	<?xml version="1.0"?	2016-11-23 21:23:57	60.007	1	-1695025182	11-23-2016	21:23:57
16	List1	100	1	<?xml version="1.0"?	2016-11-23 21:23:57	60.007	1	-1695025182	11-23-2016	21:23:57
17	List1	100	1	<?xml version="1.0"?	2016-11-23 21:23:57	60.007	1	-1695025182	11-23-2016	21:23:57
18	List1	100	1	<?xml version="1.0"?	2016-11-23 21:23:57	60.007	1	-1695025182	11-23-2016	21:23:57
19	List1	100	1	<?xml version="1.0"?	2016-11-23 21:23:57	60.007	1	-1695025182	11-23-2016	21:23:57
20	List1	100	1	<?xml version="1.0"?	2016-11-23 21:23:57	60.007	1	-1695025182	11-23-2016	21:23:57
21	List1	100	1	<?xml version="1.0"?	2016-11-23 21:23:57	60.007	1	-1695025182	11-23-2016	21:23:57
22	List1	100	1	<?xml version="1.0"?	2016-11-23 21:23:57	60.007	1	-1695025182	11-23-2016	21:23:57
23	List1	100	1	<?xml version="1.0"?	2016-11-23 21:23:57	60.007	1	-1695025182	11-23-2016	21:23:57
24	List1	100	1	<?xml version="1.0"?	2016-11-23 21:23:57	60.007	1	-1695025182	11-23-2016	21:23:57
25	List1	100	1	<?xml version="1.0"?	2016-11-23 21:23:57	60.007	1	-1695025182	11-23-2016	21:23:57
26	List1	100	1	<?xml version="1.0"?	2016-11-23 21:23:57	60.007	1	-1695025182	11-23-2016	21:23:57
27	List1	100	1	<?xml version="1.0"?	2016-11-23 21:23:57	60.007	1	-1695025182	11-23-2016	21:23:57
28	List1	100	1	<?xml version="1.0"?	2016-11-23 21:23:57	60.007	1	-1695025182	11-23-2016	21:23:57
29	List1	100	1	<?xml version="1.0"?	2016-11-23 21:23:57	60.007	1	-1695025182	11-23-2016	21:23:57
30	List1	100	1	<?xml version="1.0"?	2016-11-23 21:23:57	60.007	1	-1695025182	11-23-2016	21:23:57
31	List1	100	1	<?xml version="1.0"?	2016-11-23 21:23:57	60.007	1	-1695025182	11-23-2016	21:23:57
32	List1	100	1	<?xml version="1.0"?	2016-11-23 21:23:57	60.007	1	-1695025182	11-23-2016	21:23:57
33	List1	100	1	<?xml version="1.0"?	2016-11-23 21:23:57	60.007	1	-1695025182	11-23-2016	21:23:57
34	List1	100	1	<?xml version="1.0"?	2016-11-23 21:23:57	60.007	1	-1695025182	11-23-2016	21:23:57
35	List1	100	1	<?xml version="1.0"?	2016-11-23 21:23:57	60.007	1	-1695025182	11-23-2016	21:23:57
36	List1	100	1	<?xml version="1.0"?	2016-11-23 21:23:57	60.007	1	-1695025182	11-23-2016	21:23:57
37	List1	100	1	<?xml version="1.0"?	2016-11-23 21:23:57	60.007	1	-1695025182	11-23-2016	21:23:57
38	List1	100	1	<?xml version="1.0"?	2016-11-23 21:23:57	60.007	1	-1695025182	11-23-2016	21:23:57
39	List1	100	1	<?xml version="1.0"?	2016-11-23 21:23:57	60.007	1	-1695025182	11-23-2016	21:23:57

图 3.3　合并后的数据文件打开时的部分截图

这个时候，可以直接把这个数据文件导出再进行整理，但是有经验的研究者也会使用图 3.3 上的箭头所指的过滤菜单先对一些无用的变量或者数据进行过滤，从而使得后续整理工作更加简单。比如，可以把填充材料所获得的数据都过滤掉，如图 3.4 所示：

图 3.4　使用过滤功能把填充材料（filler）的数据去除

再点击菜单中的 file 文件，选择 Export，把数据导出为文本文件，并命名为 MA_data.txt。修改这个文件的扩展名，把.txt 修改为 csv，现在数据文件名变为：MA_data.csv。打开这个 csv 文件，就可以看到一个宽数据，格式类似于 Excel 文件。如图 3.5 所示：

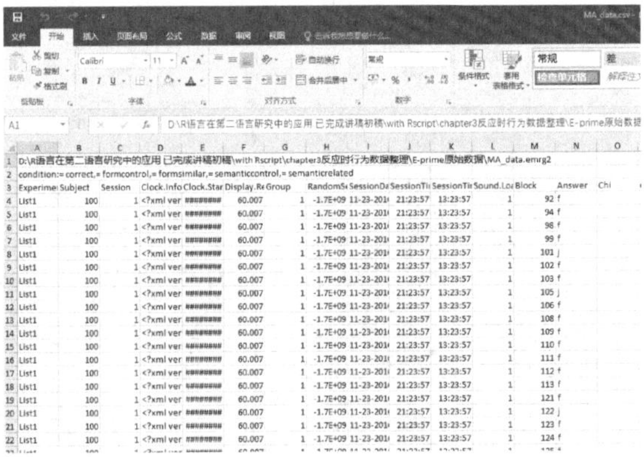

图 3.5　按 csv 格式打开的数据文件的截图

很明显，第 1 和第 2 行只是显示了数据的储存位置以及实验的条件等信息，这些信息对后续的数据整理意义不大，可以把这两行直接删除。这样第 3 行就成了最顶行，数据按一列一列布局。根据前面两章的知识可以知道，在导入 RStudio 后，第 3 行的列名，将成为数据的变量名。

此时，当然可以直接把这个数据读入到 RStudio，并进行数据整理。但是，有经验的研究者一般会先对这个 csv 文件进行简单的整理，尤其是把一些无关的列去除，因为导入 RStudio 后，所有的列就会成为一个一个变量，把这些无关的列去除就相当于去除一些无关的变量，这可以为下一步导入 RStudio 后的数据整理做好准备。可以把大部分的列都去除，只保留可以体现实验材料分组（ExperimentName）、被试（Subject），汉语翻译（Chinese）、判断正误（Chinese.ACC）、反应时（Chinese.RT）、实验条件（condition）和英语单词（English）的列，如图 3.6 所示：

	A	B	C	D	E	F	G
1	ExperimentName	Subject	Chinese	Chinese.ACC	Chinese.RT	condition	English
2	List1	100	48pifu.PNG	1	524	semanticcontrol	48book.PNG
3	List1	100	28yuedui.PN	1	923	formcontrol	28house.PNG
4	List1	100	34shuigou.PI	1	944	semanticrelated	34pool.PNG
5	List1	100	44muqin.PN	1	436	semanticcontrol	44bike.PNG
6	List1	100	5gangqin.PN	1	365	correct	5piano.PNG
7	List1	100	35tupo.PNG	1	716	semanticrelated	35hill.PNG
8	List1	100	39san.PNG	1	560	semanticrelated	39two.PNG
9	List1	100	1pingguo.PN	1	359	correct	1apple.PNG
10	List1	100	11kanjian.PN	1	385	formsimilar	11sea.PNG
11	List1	100	22jiandao.PN	1	487	formcontrol	22meat.PNG
12	List1	100	13huai.PNG	1	517	formsimilar	13bed.PNG
13	List1	100	41hupo.PNG	1	484	semanticcontrol	41night.PNG
14	List1	100	19xuruo.PNG	1	461	formsimilar	19week.PNG
15	List1	100	50mianhua.F	1	574	semanticcontrol	50noon.PNG

图 3.6　只保留与研究问题相关的变量（列）的截图

为了方便，甚至可以把一些列的名字修改成自己所习惯的名字，如把 ExperimentName 改成 list，把 Subject 改成 subj，Chinese.ACC 改成 ACC，Chinese.RT 改成 RT。如图 3.7 所示：

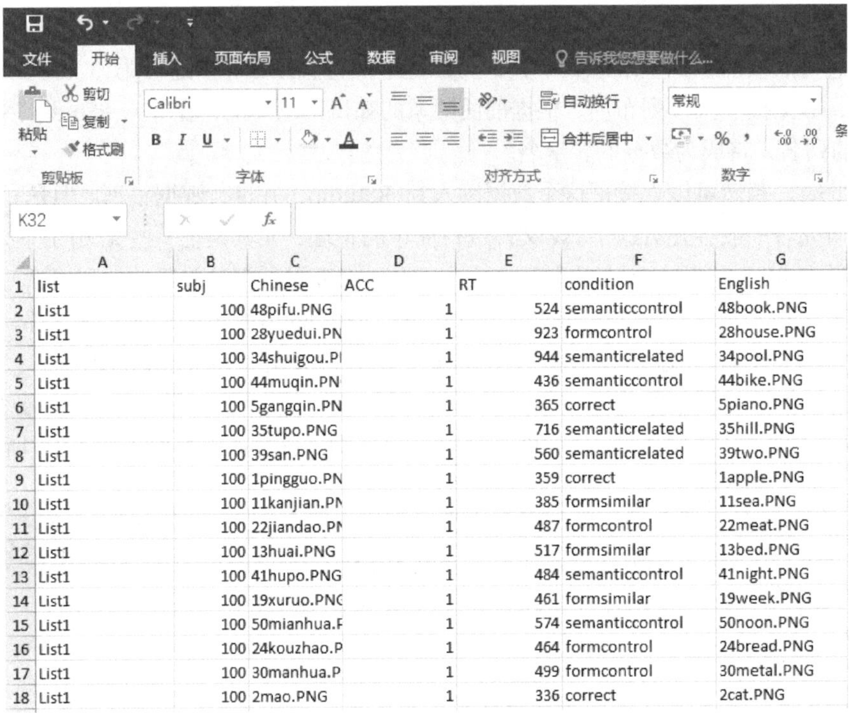

	A	B	C	D	E	F	G
1	list	subj	Chinese	ACC	RT	condition	English
2	List1	100	48pifu.PNG	1	524	semanticcontrol	48book.PNG
3	List1	100	28yuedui.PN	1	923	formcontrol	28house.PNG
4	List1	100	34shuigou.PI	1	944	semanticrelated	34pool.PNG
5	List1	100	44muqin.PN	1	436	semanticcontrol	44bike.PNG
6	List1	100	5gangqin.PN	1	365	correct	5piano.PNG
7	List1	100	35tupo.PNG	1	716	semanticrelated	35hill.PNG
8	List1	100	39san.PNG	1	560	semanticrelated	39two.PNG
9	List1	100	1pingguo.PN	1	359	correct	1apple.PNG
10	List1	100	11kanjian.PN	1	385	formsimilar	11sea.PNG
11	List1	100	22jiandao.PN	1	487	formcontrol	22meat.PNG
12	List1	100	13huai.PNG	1	517	formsimilar	13bed.PNG
13	List1	100	41hupo.PNG	1	484	semanticcontrol	41night.PNG
14	List1	100	19xuruo.PNG	1	461	formsimilar	19week.PNG
15	List1	100	50mianhua.F	1	574	semanticcontrol	50noon.PNG
16	List1	100	24kouzhao.P	1	464	formcontrol	24bread.PNG
17	List1	100	30manhua.P	1	499	formcontrol	30metal.PNG
18	List1	100	2mao.PNG	1	336	correct	2cat.PNG

图 3.7　修改过列名的数据截图

仔细观察图 3.7 可以发现，这个数据已经很“干净、整洁”了，完全符合笔者在第 1 章所定义的“干净、整洁”的数据框的三条标准。实际上也留给 RStudio 进行整理的工作已经不多了。但是从 E-prime 的原始数据走到这一步并不容易，要求读者具备比较丰富的 E-prime 使用经验，同时也要对自己的实验设计了如指掌。只有这样才能在使用 E-merge 时清楚地知道过滤掉或保留哪些数据，也才能在对 csv 文件进行整理时，去除或保留哪些信息。这些都需要经验的积累。

3.3　RStudio 数据清洁和整理

现在可以把经过整理并命名为“MA_data.csv”的上述数据文件导入到 RStudio 了：

```
library(tidyverse)
MA_data <- read_csv("MA_data.csv")
glimpse(MA_data)
## Rows: 2,000
## Columns: 7
```

```
## $ list      <chr> "List1", "List1", "List1", "List1", "List1",...
## $ subj      <dbl> 100, 100, 100, 100, 100, 100, 100, 100, 100,...
## $ Chinese   <chr> "48pifu.PNG", "28yuedui.PNG", "34shuigou.PNG",...
## $ ACC       <dbl> 1, 1, 1, 1, 1, 1, 1, 1, 1, 1, 1, 1, 1, 1, 1,...
## $ RT        <dbl> 524, 923, 944, 436, 365, 716, 560, 359, 385,...
## $ condition <chr> "semanticcontrol", "formcontrol",...
## $ English   <chr> "48book.PNG", "28house.PNG", "34pool.PNG",  ...
```

通过 *glimpse( )*函数可以知道，被导入的数据一共有 7 列 2,000 行。这跟上文介绍的这个实验一个共设计了 50 对翻译词对，一共 40 名被试参加了实验的信息相吻合。这也说明 E-prime 实验做得很成功，没有被试因为机器失败等原因退出实验。下面，我们将通过回答针对这个数据框的一个一个问题来检视这个数据：

问题 1：在这个研究里，需要被操控的变量是什么？需要观察和测量的变量是什么？为了奠定因果关系，需要对什么变量进行控制？这个研究的因（cause）是什么？果（effect）是什么？

这是一个非常基本的问题。实验研究跟非实验研究一个很大的区别就在于研究目的不同。实验研究需要探究或确定因果关系，因此在实验里需要对变量进行操控，同时对相关变量进行观察和测量，另外还要对一些变量进行严格控制，以免干扰因果关系的形成。需要进行操控的变量称作自变量（independent variable），在这个研究里，自变量主要是词对的类型，即是词形（form）或语义（semantic），以及是否关联，即关联（related）或不关联（unrelated），因此，这是一个 2×2 实验。这两个自变量也就是实验的因。不过，导入的数据表并没有包括这两个自变量，而是合并在一个变量里，即 condition。因此，需要把这个变量打开成两个变量，这将在后面处理。需要进行观察和测量的变量称作因变量（dependent variable），在这个研究里，因变量是反应时（RT）和准确率（ACC），这两个变量都可以在数据表里直接找到。

在这个研究里需要进行严格控制以免干扰因果关系的变量包括：被试相关的信息，如年龄、教育经历、性别等等，以及实验材料相关的信息，如翻译词对的频率、汉字的笔画数等等。此外，还要严格控制实验的过程，以让不相关因素尽量不会干扰实验。

问题 2：一共有多少学生参加了实验？他们都是谁？每个学生有多少观测值？每个学生在每个实验条件下有多少观测值？

这个问题必须通过 RStudio 来完成。读入的 MA_data.csv 数据当中，subj 是用来标识被试的。一般来说，研究者在开展实验的时候都会给被试分配一个独一无二的被试号，因此，可以利用这一点来计算一共有多少被试参与了实验。可以运行以下代码获得上述问题的答案：

参与实验被试的数量：

```
MA_data %>%
  distinct(subj) %>%
  nrow()
## [1] 40
```

具体哪些被试参加了实验：

```
unique(MA_data$subj)
## [1] 100 106  2 116 121 126 131 136 101 107 112 117 122 127 132 137 105 108 113
## [20] 118 123 128 133 138 103 109 114 119 124 129 134 139 104 110 115 120 125 130
## [39] 135 140
```

每个学生有多少观测值：

```
MA_data %>%
  count(subj)
## # A tibble: 40 x 2
##     subj     n
##    <dbl> <int>
##  1     2    50
##  2   100    50
##  3   101    50
##  4   103    50
##  5   104    50
##  6   105    50
##  7   106    50
##  8   107    50
##  9   108    50
```

```
## 10   109   50
## # ... with 30 more rows
```

每个学生在每个实验条件下有多少观测值：

```
MA_data %>%
  group_by(condition) %>%
  count(subj)
## # A tibble: 200 x 3
## # Groups:   condition [5]
##    condition  subj     n
##    <chr>     <dbl> <int>
##  1 correct       2    10
##  2 correct     100    10
##  3 correct     101    10
##  4 correct     103    10
##  5 correct     104    10
##  6 correct     105    10
##  7 correct     106    10
##  8 correct     107    10
##  9 correct     108    10
## 10 correct     109    10
## # ... with 190 more rows
```

问题 3：这个实验一共设计了多少对翻译词对？是哪些翻译词对？每一个翻译词对，一共有多少学生对它进行了判断？

要回答这个问题就必须找出可以标识翻译词对的变量，这个数据框里有两个变量是标识翻译词对的，即 Chinese 和 English。如果大家完全理解了这个实验的设计思路就会知道，English（即先呈现的英语单词）更适合用来找出实验使用了哪些翻译词对，因为 English 可能跟多个 Chinese 搭配（汉语翻译）。理解了这个原理就可以使用类似于问题 2 的思路来获得这个问题的答案：

这个实验一共设计了多少对翻译词对：

```
MA_data %>%
  distinct(English) %>%
  nrow()
## [1] 51
```

是哪些翻译词对：

```
sort(unique(MA_data$English))
## [1] "10light.PNG" "10wall.PNG" "11sea.PNG" "12son.PNG" "13bed.PNG"
## [6] "14toy.PNG" "15tree.PNG" "16heart.PNG" "17coat.PNG" "18cup.PNG"
## [11] "19week.PNG" "1apple.PNG" "20plane.PNG" "21math.PNG" "22meat.PNG"
## [16] "23shop.PNG" "24bread.PNG" "25mouth.PNG" "26fox.PNG" "27class.PNG"
## [21] "28house.PNG" "29butter.PNG" "2cat.PNG" "30metal.PNG" "31hat.PNG"
## [26] "32card.PNG" "33cake.PNG" "34pool.PNG" "35hill.PNG" "36heat.PNG"
## [31] "37bear.PNG" "38wish.PNG" "39two.PNG" "3clock.PNG" "40sheep.PNG"
## [36] "41night.PNG" "42wind.PNG" "43face.PNG" "44bike.PNG" "45dress.PNG"
## [41] "46white.PNG" "47park.PNG" "48book.PNG" "49camera.PNG" "4palace.PNG"
## [46] "50noon.PNG" "5piano.PNG" "6pig.PNG" "7snake.PNG" "8theater.PNG"
## [51] "9tomato.PNG"
```

每一个翻译词对，一共有多少学生对它进行了判断：

```
MA_data %>%
 count(English)
## # A tibble: 51 x 2
##   English      n
##   <chr>      <int>
## 1 10light.PNG   36
## 2 10wall.PNG     4
## 3 11sea.PNG     40
## 4 12son.PNG     40
## 5 13bed.PNG     40
```

```
##   6 14toy.PNG     40
##   7 15tree.PNG    40
##   8 16heart.PNG   40
##   9 17coat.PNG    40
##  10 18cup.PNG     40
## # ... with 41 more rows
```

通过运行以上的代码可以发现，一共有 51 个翻译词对。这个答案有些奇怪，因为前面的实验设计明确交代一共设计了 50 个翻译词对。为什么会出现这个问题？问题出在哪？留给读者去发现。

问题 4：这些运算都是反应时行为数据操作最基本的技能。tidyverse 包中的 *filter( )*函数充分展示了它的重要性：

有多少反应时超过 2,000 毫秒：

```
MA_data %>%
  filter(RT>2000) %>%
  nrow()
## [1] 16
```

有多少值 ACC=0：

```
MA_data %>%
  filter(ACC==0) %>%
  nrow()
## [1] 144
```

提取出反应时大于 200 毫秒小于 1,500 毫秒的数据：

```
MA_data %>%
  filter(RT>200&RT<1500)
## # A tibble: 1,931 x 7
##    list   subj Chinese          ACC    RT condition        English
##    <chr> <dbl> <chr>          <dbl> <dbl> <chr>            <chr>
##  1 List1   100 48pifu.PNG         1   524 semanticcontrol 48book.PNG
##  2 List1   100 28yuedui.PNG       1   923 formcontrol     28house.PNG
```

```
## 3 List1   100 34shuigou.PNG   1   944 semanticrelated 34pool.PNG
## 4 List1   100 44muqin.PNG     1   436 semanticcontrol 44bike.PNG
## 5 List1   100 5gangqin.PNG    1   365 correct         5piano.PNG
## 6 List1   100 35tupo.PNG      1   716 semanticrelated 35hill.PNG
## 7 List1   100 39san.PNG       1   560 semanticrelated 39two.PNG
## 8 List1   100 1pingguo.PNG    1   359 correct         1apple.PNG
## 9 List1   100 11kanjian.PNG   1   385 formsimilar     11sea.PNG
## 10 List1   100 22jiandao.PNG  1   487 formcontrol     22meat.PNG
## # ... with 1,921 more rows
```

问题5：每一个实验条件下的平均准确率是多少？每一个list的平均准确率是多少？每名被试的平均准确率是多少？挑选出平均准确率小于60%的被试。每个实验条件下，每个list以及每名被试的平均准确率是多少？

同样，这些运算也是反应时数据操作的基本技能。tidyverse包中的*group_by( )*函数搭配*summarize( )*函数充分展示了它们的魅力。这些运算，我想如果使用SPSS进行分析的话，不管有多么熟练仍然都是非常麻烦的：

每一个实验条件下的平均准确率是多少：

```
MA_data %>%
  group_by(condition) %>%
  summarize(mACC=mean(ACC))
## `summarise()` ungrouping output (override with `.groups` argument)
## # A tibble: 5 x 2
##   condition       mACC
##   <chr>           <dbl>
## 1 correct         0.952
## 2 formcontrol     0.952
## 3 formsimilar     0.922
## 4 semanticcontrol 0.978
## 5 semanticrelated 0.835
```

每一个 list 的平均准确率是多少：

```
MA_data %>%
  group_by(list) %>%
  summarize(mACC=mean(ACC))
## `summarize()` ungrouping output (override with `.groups` argument)
## # A tibble: 5 x 2
##   list   mACC
##   <chr> <dbl>
## 1 List1 0.92
## 2 List2 0.908
## 3 List3 0.952
## 4 List4 0.905
## 5 List5 0.955
```

每名被试的平均准确率是多少：

```
MA_data %>%
  group_by(subj) %>%
  summarize(mACC=mean(ACC))
## `summarize()` ungrouping output (override with `.groups` argument)
## # A tibble: 40 x 2
##    subj  mACC
##   <dbl> <dbl>
## 1     2  0.92
## 2   100  0.98
## 3   101  0.8
## 4   103  0.9
## 5   104  1
## 6   105  0.94
```

```
## 7   106  0.92
## 8   107  0.98
## 9   108  1
## 10   109  0.96
## # ... with 30 more rows
```

挑选出平均准确率小于 60%的被试：

```
MA_data %>%
  group_by(subj) %>%
  summarize(mACC=mean(ACC)) %>%
  filter(mACC<0.6)
##  `summarize()` ungrouping output (override with `.groups` argument)
## # A tibble: 0 x 2
## # ... with 2 variables: subj <dbl>, mACC <dbl>
```

每个实验条件下，每个 list 以及每名被试的平均准确率是多少：

```
MA_data %>%
  group_by(condition, list, subj) %>%
  summarize(mACC=mean(ACC))
## `summarise()` regrouping output by 'condition', 'list' (override with `.groups` argument)
## # A tibble: 200 x 4
## # Groups:  condition, list [25]
##    condition list  subj  mACC
##    <chr>     <chr> <dbl> <dbl>
##  1 correct   List1    2    1
##  2 correct   List1   100   1
##  3 correct   List1   106   1
##  4 correct   List1   116   1
##  5 correct   List1   121   0.9
```

```
## 6 correct  List1  126  1
## 7 correct  List1  131  0.9
## 8 correct  List1  136  1
## 9 correct  List2  101  1
## 10 correct  List2  107  1
## # ... with 190 more rows
```

问题 6：从这个导入的数据看，condition 是自变量。但是实际上 condition 应该被分解成两个变量，一个变量可以命名为 type，包括 form 或 semantic 两种类别，另外一个变量可以命名为 relatedness，包括 related 或 unrelated。需要注意的是，在现在的数据框里 condition 条件下：formcontrol=form but unrelated；formsimilar=form and related；semanticcontrol=semantic but unrelated；semanticrelated=semantic and related。请在现在的数据框里，生成 type 和 relatedness 这两个变量。请计算在每一种 form 和 semantic 条件下以及 related 和 unrelated 条件下的平均反应时和平均准确率。请用图形来展现这些结果。

要回答这个问题，一方面要求充分理解这个实验的原理和设计，另一方面也要求具备非常熟练的像第 1 章所介绍的数据框操作能力。如果仔细看数据中的 condition 这个变量，其实除了上述 formcontrol，formsimilar，semanticcontrol 和 semanticrelated 四个水平以外，还有一个 correct 水平。如果充分理解了这个实验的原理和设计就可以知道，correct 水平是指汉语翻译是前面呈现的英语单词的正确翻译这种条件。因为这个实验的目的是考察学生是否会受到词形干扰和语义干扰，因此，correct 水平可以视作一个参照，与本研究的目的无关。因此，在创建两个新的变量之前，需要把 correct 这个条件的数据删除：

```
unique(MA_data$condition)
## [1] "semanticcontrol" "formcontrol" "semanticrelated" "correct"
## [5] "formsimilar"
data_new <- MA_data %>%
 filter(condition!="correct") %>%
 mutate(type=ifelse(condition=="formcontrol"|condition==
      "formsimilar", "form","semantic"),
      relatedness=ifelse(condition=="formsimilar"|
```

```
    condition=="semanticrelated","related","unrelated"))
data_new %>%
  group_by(type,relatedness) %>%
  summarize(meanRT=mean(RT),RTsd=sd(RT),
            meanACC=mean(ACC),ACCsd=sd(ACC))
## `summarize()` regrouping output by 'type' (override with
`.groups` argument)
## # A tibble: 4 x 6
## # Groups:   type [2]
##   type     relatedness meanRT  RTsd meanACC ACCsd
##   <chr>    <chr>        <dbl> <dbl>   <dbl> <dbl>
## 1 form     related       786.  385.   0.922 0.268
## 2 form     unrelated     711.  275.   0.952 0.213
## 3 semantic related       784.  307.   0.835 0.372
## 4 semantic unrelated     708.  276.   0.978 0.148
```

作图时，有两种不同的思路可以选择：①基于整个新生的包括了 type 和 relatedness 的两个新变量的数据；②把上面的运算结果当作作图的数据。请见下方代码和图 3.8 和图 3.9。

思路 1：基于新生变量的数据

```
ggplot(data_new,aes(type,RT,fill=relatedness))+
  geom_bar(stat="summary",fun=mean, position="dodge")+
  geom_errorbar(stat="summary",
                fun.data=mean_cl_normal,
                position=position_dodge(width=0.9),
                width=0.2)+
  scale_fill_viridis_d()
```

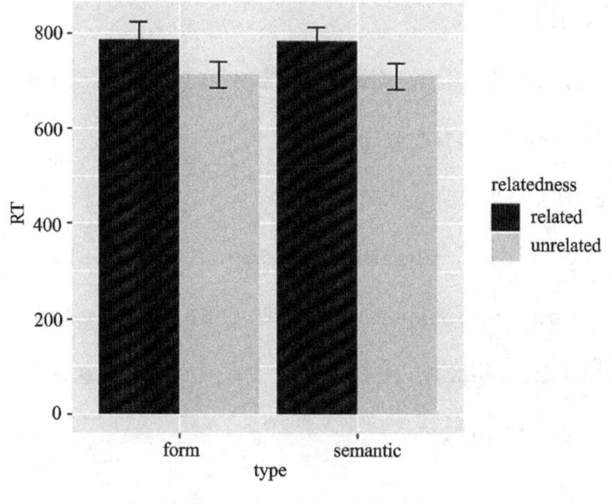

图 3.8　R 可视化样例 5

思路 2：基于运算结果

```
data_mean <- data_new %>%
  group_by(type, relatedness) %>%
  summarize(meanRT=mean(RT),RTsd=sd(RT),
            meanACC=mean(ACC),ACCsd=sd(ACC))
## `summarize()` regrouping output by 'type' (override with
`.groups` argument)
```

作图前，先计算标准误（standard error, SE），因此先导入一个计算标准误的自编函数：

```
SE<- function (se, remove.missing=TRUE) {
  if (remove.missing) {
    sd (se, na.rm=remove.missing)/sqrt(length(se[ ! is.na (se)]))
  } else {
    sd (se) / sqrt (length (se) )
  }
}
```

使用这个函数计算反应时的标准误：

```
SE(data_new$RT)
## [1] 7.896318
```

基于上述结果，作图：

```
ggplot(data_mean,aes(type,meanRT,fill=relatedness))+
  geom_col(position="dodge")+
  geom_errorbar(stat="identity",
                position=position_dodge(width=0.9),
                aes (ymin=meanRT-1.96 * SE(data_new$RT),
                ymax=meanRT + 1.96 * SE(data_new$RT)),
                width=0.2)
```

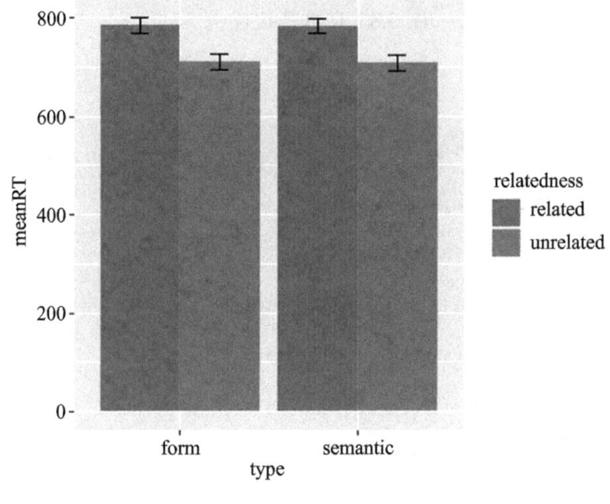

图 3.9　R 可视化样例 6

问题 7：一共有多少被试的平均准确率低于 60%？去除平均准确率低于 60%的被试，重新计算被试在每种实验条件下判断正确的平均反应时。

这是一个非常重要的问题，因为一般来说，如果被试对翻译词对进行判断的准确率低于 60%，那么这名被试的数据可被认为是无效数据。之所以设定为 60%是因为被试在判断第二个汉语单词是否为前面英语单词的正确翻译时，只有两种判断可能，即要么判断正确，要么判断错误，各为 50%的概率，因此设定一个比这个概率更高的值。当然也可以设置得更高，高于 60%，但可能因此造成没有必要的数据损耗。要算出被试的平均准确率是否低于 60%，首先要计算的是被试的平均准确率，再使用 *filter( )*进行筛选：

```
data_new %>%
  group_by(subj) %>%
  summarize(meanACC=mean(ACC)) %>%
  filter(meanACC<0.6) %>%
  nrow()
## `summarize()` ungrouping output (override with `.groups`
argument)
## [1] 0
```

由于这一组的被试是上海交通大学英语专业硕士研究生，他（她）们已经达到很高的外语水平，上述结果显示，如果以 0.6 的准确率作为标准，没有学生的准确率低于这个数值。作为演示和教学之用，此处把 0.85 设为准确率的标准：

```
ACC_low <- data_new %>%
  group_by(subj) %>%
  summarize(meanACC=mean(ACC)) %>%
  filter(meanACC<0.85)
## `summarize()` ungrouping output (override with `.groups`
argument)
ACC_low
## # A tibble: 3 x 2
##    subj meanACC
##   <dbl>   <dbl>
## 1   101   0.75
## 2   116   0.825
## 3   129   0.8
```

可以看到，当把准确率设置为 0.85 时，一共有三名被试准确率低于这个值，现在再把这几名被试从总数据之中剔除，需要用到 *anti_join()*函数：

```
Data_final <- data_new %>%
  anti_join(ACC_low,by="subj")
```

```
Data_final %>%
  group_by(type,relatedness) %>%
  summarize(meanRT=mean(RT),sd=sd(RT))
## `summarize()` regrouping output by 'type' (override with
`.groups` argument)
## # A tibble: 4 x 4
## # Groups:   type [2]
##   type     relatedness meanRT    sd
##   <chr>    <chr>        <dbl> <dbl>
## 1 form     related       761.  363.
## 2 form     unrelated     690.  262.
## 3 semantic related       764.  291.
## 4 semantic unrelated     693.  270.
```

*anti_join( )*函数的使用，举重若轻。当然，也可以使用别的方法，但是可能更为复杂，比如：

```
Data_final2 <- data_new %>%
  filter(!(subj%in%c(ACC_low$subj)))

identical(Data_final,Data_final2)
## [1] TRUE
```

从 *identical( )*函数的结果可以看出，使用两种不同方法所获得的数据完全一样。

3.4　总　　结

使用 E-prime 或其他相关软件开展实验，收集反应时数据的研究，在语言研究中的应用越来越广泛，在外语研究中也是如此。只要看看近几年在国内外重要期刊发表的文章目录就可以清楚地知道这一点。因此，研究者很有必要熟练掌握对相关数据的“清洁和整理”技能，这甚至可以视为研究者走向学术之路不可或缺的一项学术技能。从以上内容可知，E-prime 反应时数据的“清洁、整理”的大部分工作应该都可以在 E-prime 软件里，包括 E-merge 等的完成。但是，在“清洁、整理”工作完成之后，反应时数据仍然需要经过比较复杂的校验才能最终用于统计分析。这种检验工作包括去除异常值、去除错误反应的值，以及去除低于一定准确率的被试的数据等等。这些工作需要研究者具备比较熟练和扎实的数据操控能力。

第4章 概 率 分 布

4.1 介 绍

统计分析的目的就是要通过样本（sample）的统计量对总体（population）参数进行估计。Gravetter 和 Wallnau（2017: 4）用一张图（见图 4.1）非常清楚、直观地展现了这个过程：

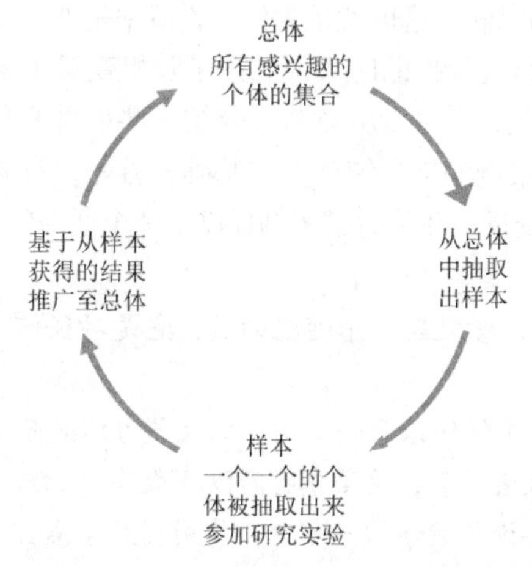

图 4.1 从样本统计量对总体参数进行估计

如图 4.1 所示，首先，研究者真正感兴趣的是总体。比如，若要考察某种教学方法，比如笔者提出的 *RfD* 外语教学模型（见吴诗玉和黄绍强，2019），是否能显著提高中国学生英语词汇学习的效果。笔者感兴趣的是 *RfD* 外语教学模型是否对所有的中国英语学习者来说都是有效的。但是，所有的中国英语学习者是一个很大的群体，无法对他们都进行这种教学方法的干预，然后再考察教学干预的效果。因此，只能从这个总体当中抽取出由一个一个的个体组成的样本，然后对这个样本进行教学方法干预。在教学方法干预结束以后，对这个样本进行有针对性的标准化测试，从而获得针对这个样本的教学干预的相关数据。尽管这些数据非常重要和宝贵，但是，需要记住的是，研究者真正感兴趣的不是这个样本数据，而是要在样本所获得的这些数据的基础上，对总体的参数进行估计，也就是说需要像图 4.1 箭头所示，回归到总体。只有这样才能体现这个研究的价值，才能得出具有普适性的可供推广的研究结论。人类的这种科研实践已经进行了几百年了，已经非常成熟和可靠。现在看起来，研究者在开展实验的时候，不是因为不可能把所有属于总体的个体都招募过来做实验才抽取样本，而是实际上根本就没有必要这么做，耗时、费力不说，从结果看跟使用样本开展实验也没有多大区别。真正重要的是，在开展实验时，确保抽样过程的科学、合理，实验设计严谨、可靠，实验干预真实、有效。

接下来的问题就是：如何才能基于样本的信息对总体进行估计呢？答案就是基于概率（probability），概率是架起样本和总体的桥梁。不过，概率是一个很大、很复杂的话题，绝不是本书所能谈清楚的。但是，相信所有的研究者对概率这个概念并不陌生，因为在阅读期刊论文的时候，尤其是在阅读论文的“结果和讨论”部分，总是能看到对应的p值，这个p值就是概率。读者可以看到，p值总是出现在作者在进行统计推断的时候，即在基于样本统计量（statistic）对总体参数（parameter）进行估计的时候，这也就是为什么说概率是架起样本到总体的桥梁。

在从样本到总体进行统计推断时大都利用了随机变量（random variables）的概率分布属性。正因为如此，本书专辟章节，介绍一些最重要和常用的概率分布，从而为后续章节介绍基于案例的推断统计奠定基础。首先，有必要对随机变量这个概念进行解释。所谓随机变量，知乎通过实例提供了一个通俗的解释：

> 通俗地讲，随机变量就是一个随机的数，它是对任何“随机的东西”做的量化。
>
> 随机的对象可以是任何东西——明天的天气可以是晴、阴、雨，扔硬币的结果可以是正面或者反面，这里本身都没有数字。但是我们要借助概率论来研究它们，而概率论是数学的一部分，要用到数学语言，那么总是写“明天是晴天的概率”就很不方便，于是我们可以把晴、阴、雨贴上标签，叫作0、1、2，然后把明天的天气状况用一个字母 X 来表示，于是“明天下雨”就变成了“X=2”。这样，这个原本没有数字的随机结果就变成了一个可能的取值为0、1、2的随机数，这就是随机变量。
>
> （作者：Yves S，链接：https://www.zhihu.com/question/307188808/answer/566226225）

对语言研究来说，某一个单词在文本当中或者在语料库当中出现的频率，或者学生参加语言测试的考试分数，以及学生对特定的语言刺激材料的反应时，等等，都会随着不同的条件或情境发生变化。比如，某一个单词的频率在不同的文本当中或者在不同的语料库当中都不一样。因此，它们都可以视作随机变量。通常，随机变量可以分成两种类型：离散（discrete）变量和连续（continuous）变量（Baayen, 2008）。本章将主要以语言学数据为例来分别介绍这两种不同的随机变量的概率分布，从而为后续章节介绍统计建模的推断统计打下基础。

4.2　离散变量分布

所谓离散变量就是指取值可一个一个列出来的变量，一般所有的取值都是整数（integers），相邻的两个值之间不存在任何别的值。离散变量在语言研究当中比较常见，因为语言学研究者喜欢计数（count），但在语言研究中离散变量又常常被忽略。比如，单词、语法构式、社会语言学变量以及话语标记，等等都属于离散变量（参见 Winter, 2019）。具体而言，比如上文所说的单词在文本或语料库中出现的频率，学生在英语写作中冠词使用错误的次数，以及学生在进行翻译判断时所做的正确或错误判断的数量，等等。

跟语言研究者最相关的离散变量的概率分布主要有两种，分别是：二项分布（binomial distribution）和泊松分布（Poisson distribution）。所谓二项分布，简单来说就是指进行 n 次独立的实验或测试，每一次实验只可能出现两个结果（如成功、失败或正面朝上、反面朝上或正确、错误，等等），所获得的成功的次数的离散概率分布。比较典型的例子：假设在一次英语考试当中，一共有 40 道选择题，每道题有 4 个选项，当中只有一个答案是正确答案。请问如果仅靠猜测，学生答对 12 道题的概率是多少？（参见吴诗玉，2019）

另外一种语言研究者比较熟悉的二项分布就是语料库中一个单词出现的频率分布。因为在一个语料文本当中，一个单词是否出现只有两种可能，即要么出现（成功），要么不出现（失败）。比如，BNC（British National Corpus）语料库是一个从各种口语和书面语语料来源收集的共 1 亿个词的英语语料库。在这个语料库里 available 这个词的出现频率是 272 次。假如随机挑选一个更小的比如 100 万词的语料库，如 Brown 语料库[①]，在这个语料库里 available 出现 15 次的概率有多大呢？或者说，如果观察到 available 这个词在这个语料库里出现了 15 次，是不是一个意外的结果呢（即小概率事件）？

要回答上面两个例子的问题就需要知道二项分布的特点。可喜的是，人们对二项分布的属性和特征已经非常了解，利用这些属性和特征就能回答二项分布的相关问题。

仍然回到 40 道英语选择题的例子。因为每道题有 4 个选项，因此学生靠猜测做出正确选择的概率是 1/4，即 0.25，用 p 表示 p=0.25，代表成功的概率；相反，做出错误选择的概率是 3/4，即 0.75，用 q 表示 q=0.75，代表失败的概率（q=1−p）。一

① 举 Brown 语料库为例或许并不恰当，因为 BNC 语料库与 Brown 语料库的语料来源和编辑标准都非常不一样。此处只是为了举例说明。

共 40 道题，即表示学生进行了 40 次测试，相当于抽取一个 n=40 的样本，而 p=0.25 则是关于总体的属性，它表示的意思相当于进行无数次的测试，可以预期发生的平均概率值。根据这个 p 值可以计算出学生完成 n=40 次的测试，按预期可做出正确选择的题数：40×p=10。问如果仅靠猜测学生答对 12 道题的概率是多少，实际就相当于问如果进行无限多次的 n=40 次的测试，学生答对 12 道题是否为一个小概率事件。可见，实际上这是一个提问关于总体的问题。在 R 语言中，有 4 个与二项分布相关的函数可以使用（Baayen, 2008: 45）：

dbinom(x, n, p)：概率密度函数，返回值为 x 发生的概率。
pbinom(x, n, p)：累积分布函数，当数字等于或小于 x 时的累积概率，能完整描述一个随机变量 x 的概率分布。
qbinom(q, n, p)：分位函数，采用概率值，并给出累积值与概率值匹配的数字。
rbinom(k, n, p)：随机数生成函数，可生成 k 个符合二项分布的函数。

要计算学生答对 12 道题的概率，在 RStudio 需要使用 *dbinom( )*这个函数，如下：

```
dbinom(12,size=40,prob=0.25)

## [1] 0.1057214
```

可见答对 12 道题的概率还是比较大的（p=0.11）。上面的例子把函数的第二和第三个参数都详细写出来了。这两个参数也是二项分布的关键参数，由此也可以看到，与二项分布相关的主要有两个参数，即样本数 n 和总体的 p 值。也可以简写如下：

```
dbinom(12,40,0.25)

## [1] 0.1057214
```

上面回答的是学生正好答对 12 道题的概率。但是如果问：学生答对 12 道题及以上的概率是多少？就要使用 *pbinom( )*函数：

```
#12 or above

1-pbinom(11,40,0.25)

## [1] 0.2848556
```

有两点需要特别注意：①因为 *pbinom*(x, n, p)表示的是当等于或小于 x 时的累积概率，因此当要求得大于 x 时的累积概率时就需要使用总概率（p=1）减去等于或小于 x 时的累积概率。②因为这里需要回答学生答对 12 道及以上题的概率，因此这里的 x 值不应该是 x=12，而应该是 x=11。正因为二项分布是离散变量的概率分布，才可能求得学生正好答对 12 道题的概率，假如这是一个连续变量的概率分布的话（见

4.3 小节），就无法求得任何一个具体的值出现的概率，因为任何一个具体的值出现的概率都无限小，无限接近于 0。也正是因为二项分布是离散变量的概率分布，在求得学生答对 12 道题及以上的概率时就可以使用 11 来代表 *x* 的值，因为 11 和 12 之间不存在别的值了。

再回到上面提到的 BNC 语料库的例子。在 1 亿个词的 BNC 语料库里 available 这个词出现频率为 272 次，那么在 100 万词的 Brown 语料库里，available 出现 15 次的概率有多大呢？也可以在 RStudio 使用 *dbinom( )*函数来回答这个问题：

```
#BNC corpus

dbinom(15,size=1000000,272/100000000)

## [1] 1.662354e-07
```

1.662354e-07 是科学记数法，e-07 表示 10 的负 7 次方，即表示小数点往左边移 7 位数，这是一个非常小的数。文科背景的读者阅读上面的概率的运算方法和思路，可能会觉得抽象、难懂，可以通过阅读二项分布的一些图形来帮助理解：

```
n <-40

p <-1/4

frequencies <-seq(0,20,by=1)

probabilities <-dbinom(frequencies,n,p)

plot(frequencies,probabilities,type="h",xlim=c(0,20),

    xlab="frequency",ylab="probability of frequency")
```

上面的代码，基于样本量（n=40）和概率（p=1/4）生成了两个数值 frequencies 和 probabilities。其中 frequencies 比较容易理解，是使用 *seq( )*函数，从 0 开始到 20 止，连续生成一连串整数，共生成了 21 个整数。而 probabilities 则基于上述三个数使用二项分布的密度函数生成对应的密度值，然后使用 *plot( )*这个 R 基础绘图函数，让 x 轴呈现 frequencies 的值，而让 y 轴呈现对应的密度值而生成一个二项分布图，并通过定义 type="h"生成一条一条竖线，如图 4.2：

作图时通过设定 type="h"来生成一条一条的竖线，更为形象地体现了离散变量的概率分布特征。通过图 4.1 就很容易理解为什么在计算学生答对 12 道题及以上的概率是多少时需要使用 1-*pbinom*(11, 40, 0.25)，因为它要求的是位于 11 右边的所有频率的累积概率。

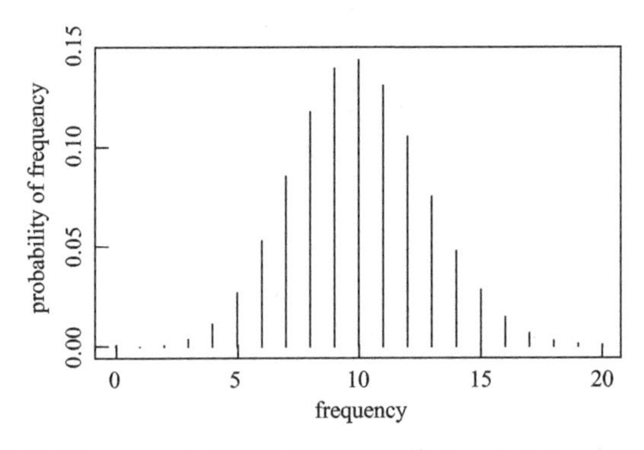

图 4.2　频率（frequency）及其对应的概率值（probability of frequency）

二项分布在语言研究中非常常见，除上面介绍的单词在语料库中出现的频数计算以外，语言加工研究中最为熟悉的就是准确率数据（见第 3 章）。在拟合被试的准确数据的时候，计算对应的 p 值时就需要使用二项分布的属性。正是因为这个原因，读者很有必要熟悉和了解二项分布的特点，这对理解后面学习相关模型的拟合知识时很有帮助。

跟语言研究者相关的离散变量的另外一种概率分布是泊松分布（Poisson distribution）。语言研究的数据当中有大量符合泊松分布的例子，但正像有一些研究者所指出的，泊松分布是在语言科学领域里最易被研究者忽视，且未被充分使用的一种概率分布（Winter & Grawunder, 2012）。在语言研究当中，最常见的符合泊松分布的数据是计数数据（count data），“只要有计数数据，泊松分布就应该成为自然的选择”（Winter, 2019: 2018）。比如语料库的频数计数和口语交流中经常出现的某种特征的数量，等等。后面的章节可能会涉及拟合泊松回归的混合效应模型的例子，因此，这里很有必要对泊松分布进行简单介绍。

从上面的介绍可以知道，对二项分布来说，最重要的就是两个参数，即 p 和 n（参见上文 4 个二项分布的函数）。当 p 非常小，n 非常大的时候，二项分布就非常接近泊松分布。比如，单词在一个语料库中出现的频数计数相对于语料库的大小来说就显得非常小，而泊松分布有相对于二项分布更为便利的优势，因此使用它来拟合单词的频率分布就非常有用（Baayen, 2008）。

跟二项分布不同，泊松分布只有一个参数值，即 λ（lambda），相当于二项分布 n 和 p 的乘积，即 $\lambda=n\times p$。跟二项分布一样，泊松分布也有 4 个类似的函数可以使用：*dpois()*，*ppois()*，*qpois()*和 *rpois()*。这 4 个函数的前缀跟二项分布的 4 个函数相同，即 *d*，*p*，*q*，*r*，它们的含义和用法也跟前面提到二项分布的 4 个函数一样，这里不再详细介绍。

4.3 连续变量分布：正态分布，t 分布、F 分布和 χ^2 分布

所谓连续随机变量，简单来说，就是指在最小值和最大值之间可以取任何一个值的变量，在任何的两个值之间都有无限多的值。在语言研究里，连续变量非常常见，比如笔者在第 3 章介绍过的使用 E-prime 收集到的反应时数据以及研究者开展语言的认知神经机制研究使用的 ERP 收集到的脑电数据等等。

上文介绍过，离散变量相邻的两个数之间不存在别的数，因此，可以计算任何一个具体的数出现的概率。但是，连续变量就不一样了，由于任意的两个数字之间都有无限的数，因此，任何一个具体的数出现的概率都无限小（即为 0）。在这种情况下，常见的做法是考虑一个具体的数在给定区间内出现的概率，比如大于 500 的概率，或者在 300 至 500 之间的概率。对此，笔者将在下文详细介绍。

跟语言研究相关的最常见的连续变量的概率分布包括正态分布（normal distribution）、t 分布（t distribution）、F 分布（F distribution）和 χ^2 分布（χ^2 distribution）。理解这些概率分布的属性和特征，对后面介绍推断统计非常重要。下面将对这些概率分布分别介绍。

4.3.1 正态分布

正态分布很可能是读者最为熟悉的连续变量的概率分布，也可能是在统计学课堂上老师介绍得最多并使用得最多的概率分布。很多人在理解统计分析的原理时大多可能就是从理解正态分布的属性和特征开始的。图 4.3 是使用 ggplot2 所作的符合正态分布数据的 4 幅图形：

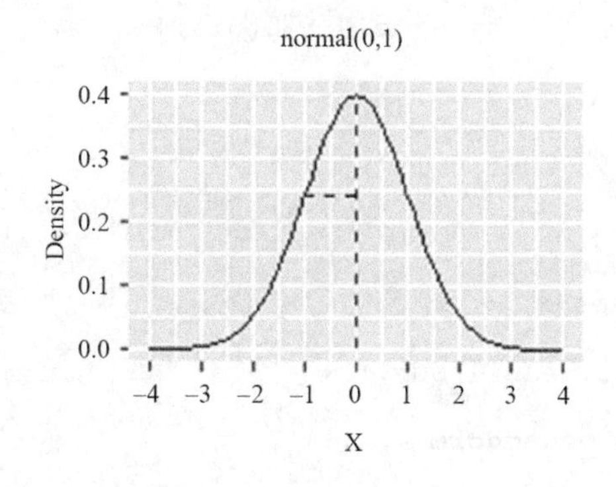

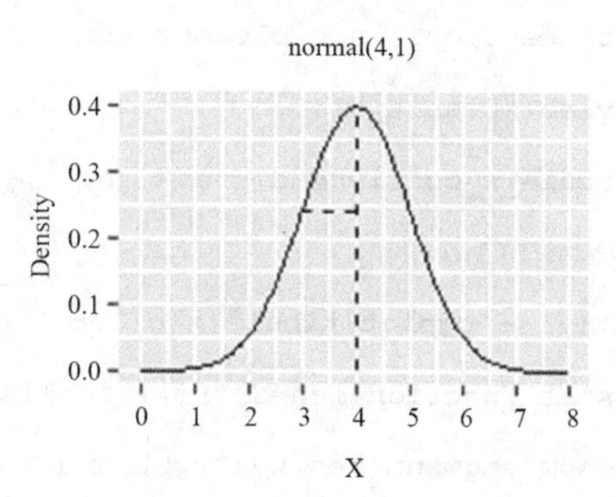

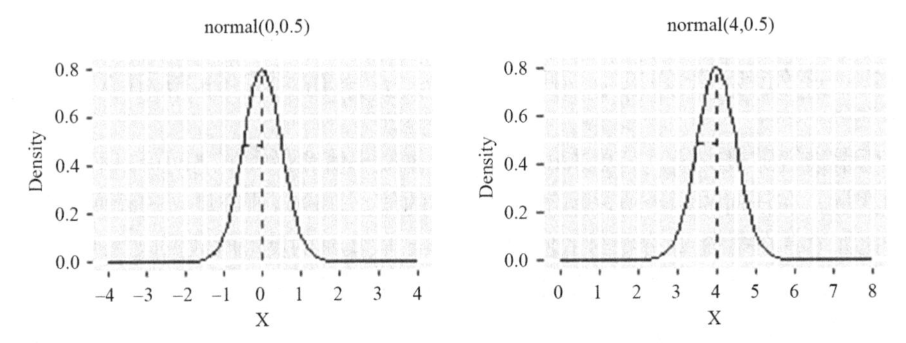

图 4.3　两种不同平均数和标准差的正态分布图

它们的生成代码如下：

```
###normal distribution

#standard normal
plot1 <- ggplot(tibble(x=c(-4,4)),aes(x))+
  stat_function(fun=dnorm)+
  geom_segment(aes(x=0,y=0,xend=0,yend=dnorm(0)),
                    linetype="dashed")+
  geom_segment(aes(x=-1,y=dnorm(-1),xend=0,yend=dnorm(1)),
                    linetype="dashed")+
  ggtitle("normal(0,1)")+
  theme(plot.title=element_text(size=15,hjust=c(0.5,0.5)))+
  ylab("Density")+
  scale_x_continuous(breaks=c(-4,-3,-2,-1,0,1,2,3,4))
#normal(4,1)
plot2 <- ggplot(tibble(x=c(0,8)),aes(x))+
  stat_function(fun=dnorm,args=list(mean=4,sd=1))+
  geom_segment(aes(x=4,y=0,xend=4,yend=dnorm(4,4,1)),
                    linetype="dashed")+
 geom_segment(aes(x=3,y=dnorm(3,4,1),xend=4,
```

```
                    yend=dnorm(3,4,1)),linetype="dashed")+
  ggtitle("normal(4,1)")+
  theme(plot.title=element_text(size=15,hjust=c(0.5,0.5)))+
  ylab("Density")+
  scale_x_continuous(breaks=c(0,1,2,3,4,5,6,7,8))
#normal(0,0.5)
plot3 <- ggplot(tibble(x=c(-4,4)),aes(x))+
  stat_function(fun=dnorm,args=list(mean=0,sd=0.5))+
  geom_segment(aes(x=0,y=0,xend=0,yend=dnorm(0,0,0.5)),
                    linetype="dashed")+
  geom_segment(aes(x=-0.5,y=dnorm(-0.5,0,0.5),xend=0,
                   yend=dnorm(0.5,0,0.5)),linetype="dashed")+
  ggtitle("normal(0,0.5)")+
  theme(plot.title=element_text(size=15,hjust=c(0.5,0.5)))+
  ylab("Density")+
  scale_x_continuous(breaks=c(-4,-3,-2,-1,0,1,2,3,4))
#normal(4,0.5)
plot4 <- ggplot(tibble(x=c(0,8)),aes(x))+
  stat_function(fun=dnorm,args=list(mean=4,sd=0.5))+
  geom_segment(aes(x=4,y=0,xend=4,yend=dnorm(4,4,0.5)),
                    linetype="dashed")+
geom_segment(aes(x=3.5,y=dnorm(3.5,4,0.5),xend=4,
                   yend=dnorm(3.5,4,0.5)),linetype="dashed")+
  ggtitle("normal(4,0.5)")+
  theme(plot.title=element_text(size=15,hjust=c(0.5,0.5)))+
  ylab("Density")+
  scale_x_continuous(breaks=c(0,1,2,3,4,5,6,7,8))
##put them together
```

```
library(patchwork)
plot1+plot2+plot3+plot4
```

在前面作二项分布的图 4.1 的时候，是用竖线来表示每个具体的值的概率，但是在绘制连续变量的概率分布图时，由于每个具体的值出现的概率为 0，因此不可能再绘制竖线来表示每个具体值的概率；相反，图 4.2 通过绘制一条密度曲线来表示连续变量的概率分布，曲线和 x 轴之间包围的面积（总概率）正好等于 1。我们观察图 4.2 就会发现，尽管这 4 幅图窄宽或高矮不一样，但是它们都有极其相似的特点：高度的对称美，围绕着中间的竖线两端对称，像一座悬挂的大钟；中间的频率最高，朝向两端逐渐变小。正态分布很形象、客观地描述了这个世界的真实样貌。比如，人类的智商分布就符合正态分布，处在中间的人最多，而在两端的人，即智商极高和极低的人都比较少。

上面 4 幅图的宽窄不一，是由于标准差（*SD*）不同而导致的。其中，上面最左端的那幅图常被称作标准正态分布图，因为它的平均数（mean）等于 0，标准差等于 1。标准正态分布也称作 *z* 分数（*z*-score）分布，研究者可以把任意一组分数都按下面的计算公式转变成 *z* 分数：

$$z=\frac{x-\mu}{\sigma} \quad 或 \quad z=\frac{x-M}{s}$$

左边的那个公式当中，μ 表示总体平均数，σ 表示总体标准差，而 *x* 则表示这一组分数当中的每一个具体的分数；在右边的公式当中，*M* 表示样本平均数，*s* 表示样本的标准差，*x* 表示的含义相同，即样本当中的每一个具体的分数。简单来说，（标准）正态分布就是由一组 *z* 分数组成的分布，而 *z* 分数就是通过上述公式计算而得出的一个比值（分子/分母）。任意一组分数都可以转换成 *z* 分数，从上述计算公式可以看出，*z* 分数实际上表示了一组分数中每个分数距离平均数有多少个标准差的距离。因此，计算 *z* 分数的过程实际上就是一个标准化的过程（*scale( )*），经过标准化转换后的分数总是平均数等于 0，标准差等于 1。不过需要注意的是，标准化转换并不会改变这组分数原始分布的形态。

在统计分析课里，*z* 分数常常都被当作一个重要的概念进行介绍，也是用来讲授连续变量正态分布的属性和特征的重要手段，并常被用来作为理解推断统计的入门知识。笔者在《第二语言加工及 R 语言应用》一书的第 3 章对 *z* 分数进行了比较详细的介绍，限于篇幅这里不再介绍，感兴趣的读者可以参考这本书。为了更好地介绍和理解连续变量正态分布的属性和特征，不妨从下面这个问题开始：

全国大学英语四级考试的分数（总体）服从正态分布，它的平均数为 μ=425，标准差 σ =96（假定）。根据这些信息，假设从全国的考生当中随机挑选出一个考生，他的四级考试分数超过610分的概率是多少？

要回答这个问题就必须知道正态分布的特征和属性。幸运的是，人类已经对正态分布的特征和属性了如指掌。不过，笔者无须去对这些内容做详细介绍，限于篇幅和时间，只向大家介绍跟正态分布相关的 4 个函数的用法就行了。这 4 个函数跟前面介绍的二项分布和泊松分布的 4 个函数类似，都有相同的前缀，即 *d*，*p*，*q*，*r*，表达的含义也类似，如下：

dnorm(*x*, mean, sd)：正态分布的密度函数，返回值是正态分布的概率密度函数值。

pnorm(*q*, mean, sd)：正态分布的累积密度函数，简单来说，输入的 *q* 是 *z* 分数或正态分布中的某个具体值，输出的是面积（累积概率），如果后面不带参数输出的是该点左边的面积，如果带 lower.tail=F 的参数，输出的是该点右边的面积。

qnorm(*p*, mean, sd)：正态分布的分位数函数，简单来说，输入的 *p* 是分位数[1]，区间为 0—1，输出的是 *z*-score。

rnorm(*n*, mean, sd)：正态分布的随机数生成函数，返回值是 *n* 个正态分布随机数构成的向量。

如果指的是标准正态分布，即平均数为 0，标准差为 1 的正态分布，上面 4 个函数中的 mean 和 sd 都可以省略，只需提供函数里的第一个值就行了。在上述 4 个函数当中，*dnorm*(x, mean, sd)的返回值是正态分布的概率密度函数值，这里的 *x* 可以视作 *z* 分数，因此这个函数的返回值就是每一个 *z* 分数对应的密度值，也因此可以把 *dnorm*( )函数生成的密度值应用于做出符合正态分布的图，比如要做出类似于图 4.2 中的左上图，可以按如下代码操作：

```
#The use of dnorm()
x <-seq(-4,4,0.01)
y<-dnorm(x)
plot(x,y,type="l",yaxs="i",xlab="Normal distribution",
    ylab="Density")
abline(v=0,lty=5)
```

[1] 分位数（quantile），也称作分位点，是指将一个随机变量的概率分布范围分为几个等份的数值点，比较常用的有十分位、中位数（即二分位数）、四分位数、百分位数等。

代码当中的 x 相当于一组 z 分数，而 y 则是每一个对应的 z 分数所生成的正态分布的密度值（density，图形的“高度”值），接着使用 R 的自带作图函数 *plot( )*作图，分别把 x 映射到 x 轴，y 映射到 y 轴，并在此基础上添加辅助线（*abline( )*），所作的图 4.4 如下：

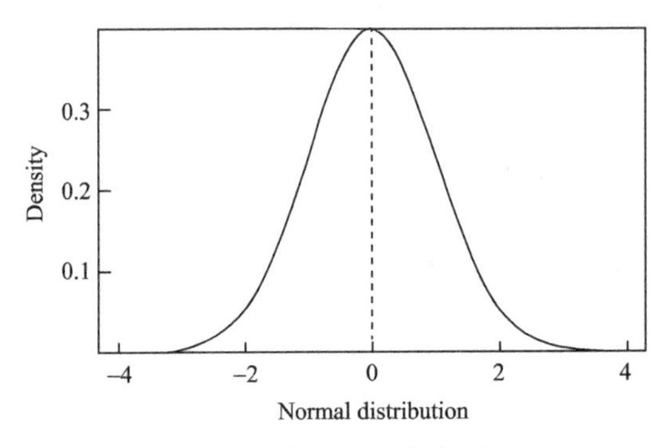

图 4.4　标准正态分布图

上述 4 个函数当中，使用得最多的应该是第二个函数，它经常用来计算某个区间对应的累积概率，简单来说，这个函数输出的是从负无穷大（$-\infty$）到 q 值之间的累积概率。此处的 q 也可以视作 z 分数或正态分布中的某一个具体的值。利用这个函数，研究者可以计算出上面提到的全国大学英语四级考试从全国考生当中随机挑选出一个考生考试分数超过 610 分的概率：

```
#the use of pnorm()
1-pnorm(610,425,96)
## [1] 0.02698462
```

pnorm(610, 425, 96)表示的是从负无穷大到 610 之间的累积概率，相当于一幅正态分布图从最左边一直到 x 轴的 610 这个位置。由于上述问题要求的是要挑选出一个考生考试分数超过 610 分的概率，因此应该求得的是 610 右边的累积概率，故使用 1-*pnorm*(610, 425, 96)（密度曲线和 x 轴之间包围的面积正好等于 1）。从上面的结果看，考试超过 610 分的概率是非常小的，约为 p=0.03（当然是基于假定的数值）。为了更好地理解 *pnorm*(q, mean, sd)的用法，这里再举几个具体的例子。以下两题作为实例（Gravetter & Wallnau, 2017: 190）：

例（1）

有一个正态分布，它的平均数是 μ=60，标准差 σ=10，请找出与下列数值相对应的总体的比例：

a. 大于 65 的分数（的比例）。
b. 小于 69 的分数（的比例）。
c. 位于 50 和 70 之间的分数（的比例）。

题目中指的比例其实就是指累积概率。为了更为直观地介绍，不妨先看平均数 $\mu=60$，标准差 $\sigma=10$ 的正态分布图。首先，生成一系列用于作图的 z 分数。

```
z_scores <-seq((60-2.5*10),(60+2.5*10),0.1)
```

上述代码以大于或小于平均数 2.5 个标准差为界限，生成了一系列的 z 分数，接着利用这个生成的 z 分数，生成平均数 $\mu=60$，标准差 $\sigma=10$ 的正态分布图（见图 4.5）：

```
ggplot(tibble(x=z_scores),aes(x))+
   stat_function(fun=dnorm,args=list(mean=60,sd=10))+
   geom_segment(aes(x=60,y=0,xend=60,yend=dnorm(60,60,10)),
                linetype="dashed")+
   scale_x_continuous(breaks=c(30,40,50,60,65,70,80))+
   theme_classic()
```

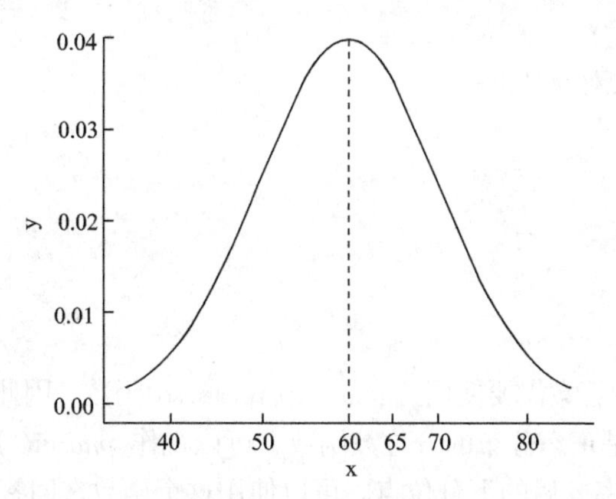

图 4.5 正态分布图（平均数为 60，标准差为 10）

第一个问题，大于 65 的分数的比例，应该是指所有位于 65 右边的面积，因此，答案是：

```
1-pnorm(65,60,10)
## [1] 0.3085375
```

第二个问题，小于 69 的分数的比例，应该是指所有位于 69 左边的面积（从负无穷大到 69），因此，答案是：

```
pnorm(69,60,10)
## [1] 0.8159399
```

第三个问题，位于 50 和 70 之间的分数的比例，应该是指位于这两个数之间的面积，因此，答案是：

```
pnorm(70,60,10)-pnorm(50,60,10)
## [1] 0.6826895
```

例（2）

SAT 考试的分数接近正态分布，平均数 μ=500，标准差 σ=100。对所有参加了 SAT 考试的学生来说：

a. 有多大比例的学生的分数低于 400？有多大比例的学生的分数高于 650?

b. 如果分数要位于最高分的 20%范围内，SAT 最低要达到多少分？

c. 如果州立大学只接受 SAT 分数顶端 40%的学生，学生至少要达到多少分才能被录取？

a 项的两个答案对应如下：

```
pnorm(400,500,100)
## [1] 0.1586553
1-pnorm(650,500,100)
## [1] 0.0668072
```

b 和 c 项问题的答案需要使用到 *qnorm*(p, mean, sd)函数。因此，先介绍这个函数的用法。*qnorm*( )是正态分布的分位数函数，可以视作 *pnorm*( )函数的反函数，它的返回值是给定概率 p 后的下分位点。可以使用这个函数来回答这样的问题：正态分布的第 n 个分位数对应的 z 值是多少？举上面 b 项这个问题为例，这个问题的答案是：

```
qnorm(0.8,500,100)
## [1] 584.1621
```

最高分的 20%范围其实就相当于正态分布的第 8 个十分位数，因此取 p 值为

0.8。可以使用*pnorm( )*函数去验证上面的答案是否正确：

```
1-pnorm(qnorm(0.8,500,100),500,100)
## [1] 0.2
```

这个结果间接证实了上面的答案是正确的，也清楚地证明了*qnorm( )*和*pnorm( )*互为反函数。理解了这些以后，c项问题的答案也就很清楚了：

```
#key to c
qnorm(0.6,500,100)
## [1] 525.3347
#check whether the answer is right
1-pnorm(qnorm(0.6,500,100),500,100)
## [1] 0.4
```

上述4个函数中最容易理解的函数是第四个函数，即*rnorm( )*。简单来说，这个函数的作用是生成服从正态分布的随机数，函数中输入的是需要生成的随机数的个数，如 1，2，3，4，5……。有多少个数就随机生成多少个数的数值，而且这些数值符合正态分布。比如，研究者要生成 100 个符合标准正态分布的随机数（即平均数为0，标准差为1）：

```
set.seed(1234)
rnorm(100)
```

*set.seed( )*函数用于设置随机数的种子，可以设定为任何值，这样，在以后或者别人就可以使用相同的种子生成相同的随机数。

上面比较详细地介绍了正态分布的特征和属性以及相关的 4 个函数。很清楚的一点是，使用正态分布的上述特征和属性可以回答概率问题，而这就为推断统计奠定了良好的基础。

4.3.2 *t*分布、*F*分布和 X^2 分布

t 分布可能是统计分析中应用得最多的概率分布，这或许是因为在实际的科研实践中进行统计分析时最终都要回归到两两比较。后续章节会介绍推断统计时会反复使用到 *t* 分布的特征或者属性，尤其是在比较两个组（条件或实验效果）之间是否存在显著差异的时候。笔者在《第二语言加工及 R 语言应用》一书中已经对 *t* 分布做过比较详细的介绍，为节省空间，这里只对其做概要式介绍，建议感兴趣的读者

进一步阅读该书的相关章节。

t 分布与标准的正态分布 *z* 分布非常相似，接近于正态分布。但与正态分布不同，*t* 分布只有一个参数，那就是自由度[①]，自由度决定着 *t* 分布的形状，自由度（*n*–1）越大，*t* 分布就越接近 *z* 分布，即正态分布，当自由度达到 30 或者更多的时候，*t* 分布已经非常接近正态分布了，而当自由度超过 100 的时候，*t* 分布几乎就已经是正态分布了。

就像前面介绍过的各种概率分布有 4 个函数一样，在 *t* 分布里也有前缀（*d, p, q, r*）完全一样且功能相似的 4 个函数：*dt( )*，*pt( )*，*qt( )*和 *rt( )*。只要理解了前面介绍的概率分布的 4 个函数的使用和功能，读者也就理解了 *t* 分布的这 4 个函数，因此这里不再做介绍。

t 分布根本上就是由 *t* 值所组成的概率分布，*t* 值是一个比值（分子/分母），它的最原始计算公式跟 *z* 值的计算公式非常相似，在计算 *t* 值的时候需要使用到自由度，详见第 5 和第 7 章。比较 *t* 分布的上述 4 个函数和前面已经介绍过的正态分布的 4 个函数就会发现 *t* 分布相对于 *z* 分布（或正态分布）的优势。正态分布函数必须知道 2 个参数（平均数和标准差）才能获得对相关值的估计，但是使用 *t* 分布的属性和特征进行 *t* 检验时只要知道一个参数即自由度就行了。比如：

```
pnorm(-3,mean=0,sd=1)
[1] 0.001349898
pt(-3,df=2)
[1] 0.04773298
```

使用正态分布函数 *pnorm( )*需要知道平均数（mean）和标准差（*SD*），但是使用 *t* 分布只要知道自由度（*df*）就行了。根据自由度就可以计算对应的 *t* 值的累积概率，当自由度不一样时，对应的累积概率也不一样，比如：

```
(1-pt(1.6,df=15))*2
## [1] 0.130445
(1-pt(1.6,df=60))*2
## [1] 0.1148515
(1-pt(1.6,df=100))*2
## [1] 0.1127533
```

① 自由度（degrees of freedom, *df*）是统计分析中一个极其重要的概念，《第二语言加工及R语言应用》一书有详细介绍，感兴趣读者请参考该书。

需要注意的是，*pt( )*的输出结果是从$-\infty$到 q 的累积概率，因此从假设检验的角度来说（详见第5章），*pt( )*的输出结果是单尾（one-tailed）检验的 p 值，后面章节会详细介绍。

从前面的值还可以看到，在 z 值和 t 值相同的情况下都为-3，它们输出的累积概率并不一样，相同的值，z 分布更容易观察到显著的结果。表现在图形上看，t 分布要比 z 分布“更扁、更平”，也就意味着相同的值对应的平滑曲线与 x 轴包围的面积更大。下图4.6显示了 t 分布与正态分布之间的关系（Gravetter & Wallnau, 2017: 272，引自吴诗玉，2019）。

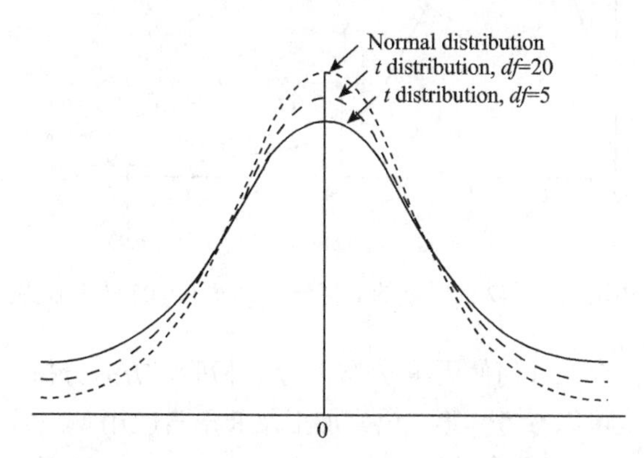

图4.6 t 分布（t distribution）和自由度（df）以及与正态分布的关系

但 t 分布也有它的局限性，利用 t 分布的特征和属性进行 t 检验一般局限于比较两个组（条件或实验效果）之间是否存在显著差异。但是，很多情况需要同时比较三个或者三个以上的组（条件或实验效果）是否存在显著差异，这个时候就需要使用到 F 分布的特征和属性，进行方差分析（ANOVA）。F 分布也有4个具有相同前缀（d, p, q, r）的常用函数：*df()*，*pf()*，*qf()*和 *rf()*。它们的功能以及具体的使用方法跟前面已经介绍过的各种概率分布相关联的4个函数是一样的，这里也不再详细介绍。

根本上，F 分布就是由 F 值组成的概率分布，跟 z 值和 t 值一样，F 值也是一个比值，分子和分母分别代表两种方差值，详见下文。在计算 F 值的时候，需要用到跟分子和分母两个方差值相关联的自由度。F 分布最重要的参数就是这两个自由度，如果知道这两个自由度，就可以判断某 F 值是否显著。比如，在一个语言实验中，研究者获得的 F 值为 F=3.78，自由度是2和11。那么，F 值是否在0.05的水平上显著？回答这个问题，就可以使用 *pf( )*函数：

```
1-pf(3.78,2,11)

[1] 0.05629644
```

结果呈边缘性显著。在图 4.7 中，F 分布是正偏斜的，即向右拖着一条长长的尾巴（参见 Gravetter & Wallnau, 2017: 383-384）。从这个图可以看出，F 分布以 0 为临界点，在 1 周围积聚，然后向右逐渐变小；它的具体形状取决于跟分子和分母两个方差值相关联的自由度，当自由度非常大的时候，F 值会非常接近数字 1，而自由度更小的时候，F 分布更多地向右延伸。

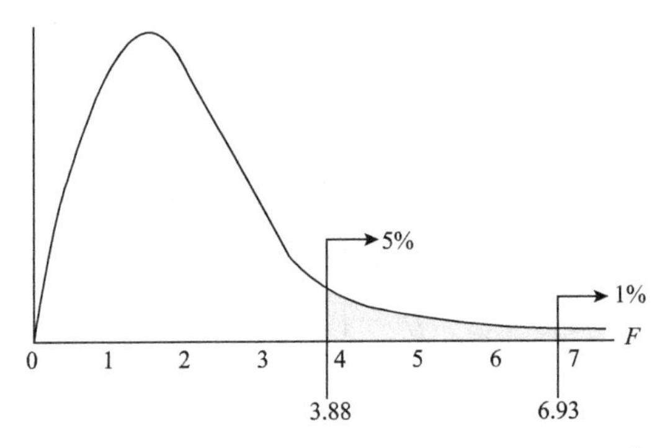

图 4.7　自由度为 2，12 的时候的 F 值分布，大于 0.05 的 F 临界值为 3.88

后续章节会具体介绍如何使用 F 分布进行 F 检验（方差分析），而关于 F 分布的更多介绍，读者也可以参考《第二语言加工及 R 语言应用》一书。

卡方检验（χ^2 test）是非参数检验（nonparametric test）。不像正态分布、t 检验和 F 检验，卡方检验的数据不是数值型分数（numerical scores），而是表示频率（frequency）或者比例（proportion）的分类数据；另外，也不像 t 检验和 F 检验需要满足正态分布的要求，卡方检验不需要考虑分布的问题（参见吴诗玉，2019）。

像 F 分布一样，χ^2 分布也呈正偏斜，向右拖着一条长长的尾巴。卡方检验只有一个参数，即自由度，随着自由度的增加，p 值也会增加。在 R 语言中，卡方检验使用最多的函数是概率密度函数 *pchisq( )*，在给定卡方值以及关联的自由度后，就可使用概率密度函数来获得对应的 p 值。比如，在卡方值同为 4 的情况下，随着自由度的变化，p 值也随着改变（吴诗玉，2019）：

```
1-pchisq(4,1)

[1] 0.04550026

1-pchisq(4,5)

[1] 0.549416

1-pchisq(4,10)

[1] 0.947347
```

可以看到，卡方值不变（都是4），随着自由度的增加，p 值也变得更大。卡方值与自由度的关系可参考图4.8（见 Gravetter & Wallnau, 2017: 569，引自吴诗玉，2019）。

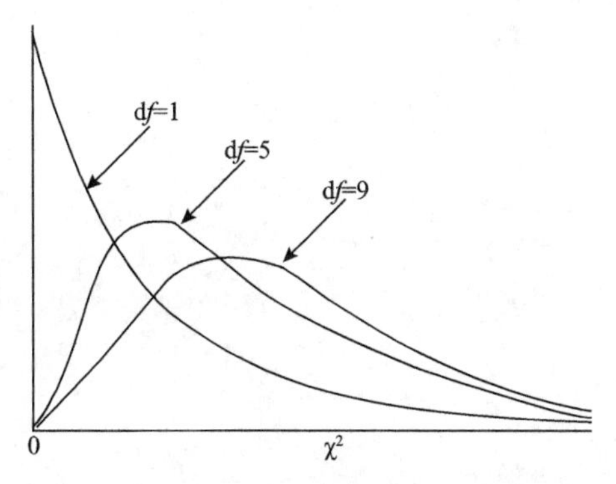

图4.8 卡方值（χ^2）与自由度（df）的关系

本章简单介绍了各种概率分布的知识，这些在后续统计分析中会陆续使用到。但真正理解概率分布的本质内涵，需要跟它们的具体应用结合起来。这些知识将在假设检验的原理以及后续统计建模的章节中进一步得到应用，本章的内容为后续章节的内容奠定了重要基础。

第 5 章　假设检验的原理

第 4 章使用过图 5.1，这幅图展示了实验研究如何从总体到样本再到总体的过程，并强调统计分析的目的是通过样本的统计量（statistic）对总体参数（parameter）进行估计。

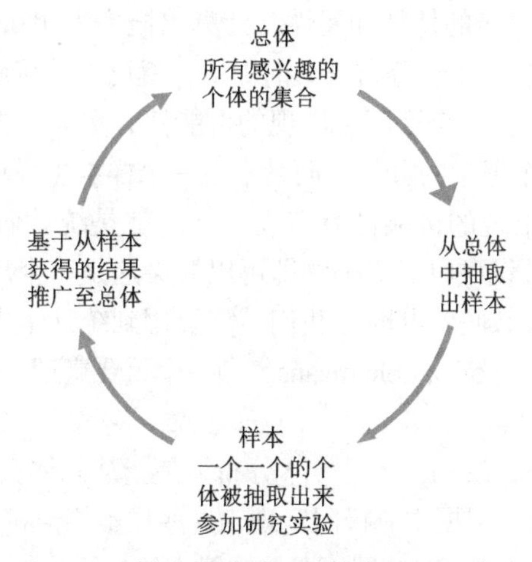

图 5.1　从样本统计量对总体参数进行估计

笔者在第 4 章也指出，从样本到总体的桥梁是概率，有了第 4 章的概率分布的知识，现在就可以介绍概率到底是如何架起从样本到总体的桥梁。当中，要使用到的重要手段就是统计假设检验，又称零假设显著检验（null hypothesis significance test, *NHST*）。尽管 *NHST* 一直伴随着批评的声音，但现在仍然是许多科学领域占主导地位的数据分析方法，在统计学和统计推断中起着重要作用。据记载，John Arbuthnot（1710）是最早使用统计假设检验的人。他调查了从 1629—1710 年的 82 年间英国伦敦的出生档案，发现每一年伦敦出生的男性的数量都要超过女性，就观测的结果来看，男女出生比例相同（零差别，即零假设）的概率是 0.5 的 82 次方，即 4,836,000,000,000,000,000,000,000 分之一，即“极不可能”（参见吴诗玉，2019）。

本章将从一些简单、具体的，主要以单样本研究作为实例入手，重点介绍连续变量概率分布的统计假设检验的逻辑、原理和过程，包括 z 分布（正态分布）、t 分布、F 分布以及 X^2 分布，更为复杂的统计假设检验，尤其是针对不同实验设计或数据类型的 t 检验、F 检验将在后续章节通过具体的研究案例进一步介绍。有些核心概念，笔者在《第二语言加工及 R 语言应用》一书已经解释过，本章将不再详细介绍，而是直接使用。

5.1　正态分布视域下的 *NHST*

第 4 章曾举过一个关于连续变量概率分布的实例，如下：

假设全国大学英语四级考试的分数（总体）服从正态分布，它的平均数为 μ=425，标准差 σ=96。根据这些信息，如果从全国的考生当中随机挑选出一个考生，他的四级考试分数超过 610 分的概率是多少？

第 4 章利用正态分布的特征和属性，计算出概率为 0.02698462（1–*pnorm*(610, 425, 96)）。可见，在符合正态分布这个前提下，就可以计算出某个值在某个区间的概率，即判断这个值（在某个区间）出现的可能性有多大。再做进一步假设：如果这个 610 分并不是一个考生的分数，而是来自一个样本（平均数），那么，研究者就可以判断这个样本出现的可能性有多大了。这就是统计假设检验的最基本的逻辑。但问题是，这种假设可以成立吗？即可以假设这是一个从正态分布的总体里抽取出来的一个样本的分数吗？此时，我们就需要用到统计学中一个重要概念，样本均值分布（the distribution of sample means）和一个重要定理，中心极限定理（central limit theorem）。

所谓样本均值分布，注意，不是样本分布，是指从总体获得的样本量为 *n* 的所有的样本的均值的集合。根据中心极限定理，这些样本均值符合正态分布。Gravetter 和 Wallnau（2017: 197-198）曾使用一个总体很小的一组分数，模拟从总体中获取的所有样本的均值在分布上是如何构成正态分布的。假定一个总体只有四个分数组成：2，4，6，8，从这个总体中随机抽取样本量为 2 的样本（*n*=2），根据随机抽样的原则，一共可以抽取出如表 5.1 所示的样本。

表 5.1　样本量为 *n*=2 的所有可能样本以及样本均值（Gravetter & Wallnau, 2017: 198）

样本（Sample）	分数		样本平均数
	第一	第二	（*M*）
1	2	2	2
2	2	4	3
3	2	6	4
4	2	8	5
5	4	2	3
6	4	4	4
7	4	6	5

续表

样本（Sample）	分数		样本平均数
	第一	第二	（M）
8	4	8	6
9	6	2	4
10	6	4	5
11	6	6	6
12	6	8	7
13	8	2	5
14	8	4	6
15	8	6	7
16	8	8	8

根据表中所示的样本均值，绘频率分布直方图（histogram），得图 5.2：

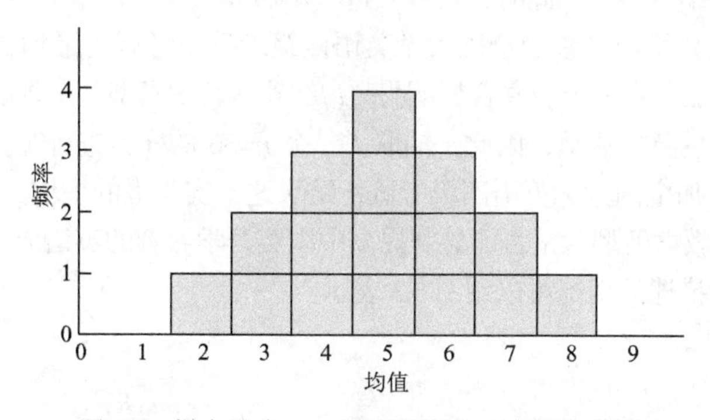

图 5.2　样本量为 n=2 的所有样本的均值分布图

可以清楚地看到，这个直方图的形状非常接近于正态分布，即围绕着中间（平均数）呈两端对称，朝向两端逐渐变小。根据正态分布的特点，可以计算出一个样本量为 n=2 的样本，其均值在某个区间范围比如大于 7 的概率（即 $p(M>7)$=?）。概括起来，中心极限定理一共有如下 3 条重要内容：

（1）样本均值分布的平均数等于总体的平均数 μ；

（2）样本均值分布的标准差等于 $\sigma/\sqrt{n}$；

（3）随着样本量的增加，样本均值分布接近正态分布。一般认为，当样本量 n=30 的时候，即使总体不是正态分布，样本均值分布也接近于完美的正态分布。

第 4 章介绍过，对正态分布，如果要计算出相应的（累积）概率以及密度值等数值，需要知道正态分布的平均数，标准差。中心极限定理的上述三条内容正好提供了这些信息，满足了这些计算的要求。比如：

全国大学英语四级考试的分数（总体）服从正态分布，它的平均数为 $\mu=425$，标准差 $\sigma=118$。请问，随机抽取一个样本 $n=50$ 人的班级，这个班级的平均数超过 455 分的可能性有多大?

在这个实例里，可以把 455 分视作样本均值分布的一个平均数，因为样本均值分布符合正态分布，因此可以使用 *pnorm*(*q*, mean, sd)函数来计算超过 455 分的概率，但是必须知道函数里的 *q*，mean 和 sd 的值分别是什么。*q* 是已知的 $q=455$，那么 mean 和 sd 分别是什么呢? mean 即为样本均值分布的平均数，根据中心极限定理，它等于总体的平均数，因此 mean=425，sd 为样本均值分布的标准差，故 $sd=\sigma/\sqrt{n}=118/\sqrt{50}$。因此，这个班级的平均数超过 455 分的可能性为：

```
1-pnorm(455,425,118/sqrt(50))
## [1] 0.03610997
```

从这个结果可知，随机抽取一个样本 $n=50$ 人的班级，平均数超过 455 分的可能性极低，即“极不可能”。此时，可以做进一步假设：

中国大学英语学习者参加全国大学英语四级考试，考试的平均数为 $\mu=425$，标准差 $\sigma=118$。现在，有一个研究者想证明“*RfD* 外语教学模型”是否能显著提高中国大学英语学习者的英语成绩，因此，抽取了一个 $n=50$ 的样本进行实验。实验结束以后让这些学生参加全国大学英语四级考试，结果这个实验班的平均分为 455 分，请问：“*RfD* 外语教学模型”是否能显著提高中国英语学习者的英语成绩?

这个问题所描述的情况可以用图 5.3 表示：

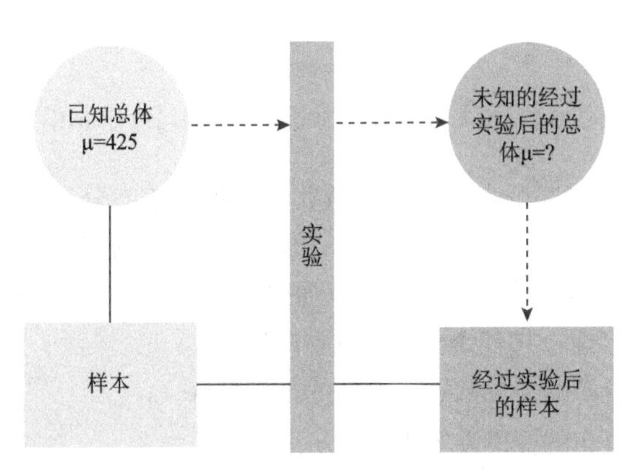

图 5.3　对中国英语学习者实施 *RfD* 外语教学模型的假设检验过程

问 *RfD* 外语教学模型是否能显著提高中国英语学习者的英语成绩，问的是一个关于总体的问题。但现在我们所掌握的信息只是接受过 *RfD* 外语教学模型实验后一个 $n=50$ 的样本的平均数，这就意味着如果要回答这个问题，就必须要实现从样本到总体，利用样本统计量对总体的参数进行估计。上文介绍过，可以使用 *pnorm*(*q*, mean, sd)函数来计算这个 n=50 的样本获得超过 455 分的概率，但问题是我们并不能像上面一样直接套用公式：1–*pnorm*(455, 425, 118/*sqrt*(50))。因为此总体非彼总体。这个 n=50 的样本平均数（455）是接受过 *RfD* 外语教学模型实验后的平均数，所有接受过实验后的样本构成的样本均值与从没有接受过实验的总体中抽取样本 n=50 的平均数的样本均值分布并不是同一个分布。所以，无法使用这个样本均值分布的信息去计算另外一个样本均值分布的信息，也就是说我们无法计算出超过 455 分的概率。

统计学家们找到了一个简单实用的解决办法，那就是零假设（null hypothesis），就是假设经过 *RfD* 外语教学模型实验后的总体与已知总体是同一个总体，即 *RfD* 外语教学模型没有带来任何效果，即效果是 0。这个时候就可以使用已知总体的信息去计算 n=50 的样本获得超过 455 分的概率。这就是统计假设检验的简单逻辑。Gravetter 和 Wallnau（2017: 231）把统计假设检验描述为以下四个步骤（引自吴诗玉，2019：102-103）：

第一步，陈述关于总体的假设。此时会提出两个相互对立的假设，一个叫零假设（null hypothesis），简写为 H_0，一个叫备择假设（the alternative hypothesis），简写为 H_1。简单来说，零假设就是陈述说实验干预的效果为 0，即没有任何效果，自变量不会对因变量造成任何影响。备择假设则相反，陈述说实验干预会带来影响，即自变量会对因变量造成显著的影响。要特别强调的是，零假设和备择假设，陈述的都是关于总体的假设。这个步骤可以简单表述如下：

$$H_0: \mu_{\text{实施}RfD\text{外语教学模型后}}=425 \qquad H_1: \mu_{\text{实施}RfD\text{外语教学模型后}}\neq 425$$

第二步，设定做决断的标准。最终，研究者需要使用样本的数据去评估零假设的真伪。上文介绍过，正态分布是连续变量的概率分布，任何一个具体的值发生的概率是无限小，即为 0。因此，研究者不可能像离散型的概率分布一样，去计算经过 *RfD* 外语教学模型后实验样本获得均值正好为 M=455 分的概率。相反，研究者是通过设定一个区域，判断 455 分出现在这个区域的概率。这个区域就称作**关键区**（critical region）。

关键区就是，在零假设为真的情况下，样本均值“几乎不可能”出现的区域。因此，如果样本均值出现在这个区域，就可以拒绝零假设。这个区域是由研究者设定的一个 α 值决定的，这个 α 值也称作**显著水平**（the significance level），它是一个小概率值，常规设定为 α=0.05，α=0.01，或者 α=0.001。如果样本均值落在这个由 α 值所定义的关键区，就可以拒绝零假设，即“实验干预没有造成任何效果是极不可能的”。研究者可以使用前面介绍的函数（如 *qnorm*(p, mean, sd)等）计算出

α=0.05，α=0.01，或者 α=0.001 所对应的 z 值。图 5.4 展示了 α=0.05 时对应的关键区和相应的 z 值：

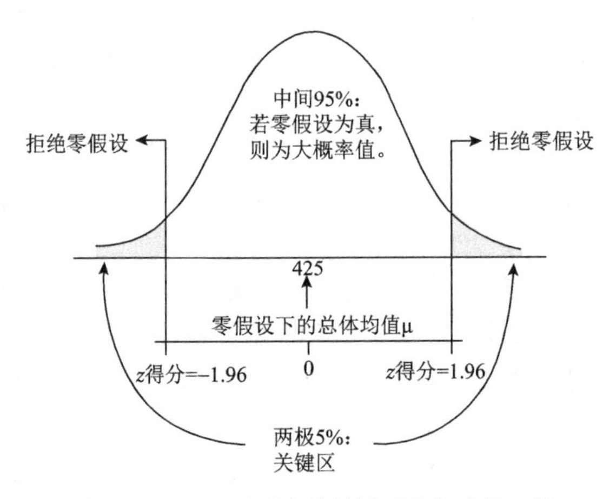

图 5.4　α=0.05 时对应的关键区和相应的 z 值

需要注意的是，正态分布围绕着平均数呈两端对称，并逐渐变细。因此，当计算 α=0.05 时对应的 z 值的时候，需要使用的 p 值应该是 p=0.05/2=0.025 和 p=1−0.05/2=0.975，如下：

```
qnorm(0.025) #left side
## [1] -1.959964
qnorm(1-0.025) #right side
## [1] 1.959964
```

可见，当 α=0.05 时对应的关键区应该是在 z 值大于 1.96 或小于−1.96 的区域。如果 z 值落在这两个值之间，则不能拒绝零假设。读者可以使用相同的办法计算当 α=0.01 或者 α=0.001 时的关键区域。

第三步，开展实验，收集数据，并计算样本统计量。根据样本信息，计算出相应的统计量，即 z 值：

$$z=\frac{x-\mu}{\sigma}=\frac{x-\mu}{\frac{\sigma}{\sqrt{n}}}=\frac{455-425}{\frac{118}{\sqrt{50}}}=1.80$$

请注意在这里 z 值计算公式的变化，读者需要清楚的是，这个时候 z 值计算公式的分母是 $\sigma/\sqrt{n}$，而不是 σ。正如前面已经介绍过的，这个计算之所以可能，是因为利用了样本均值分布的属性和零假设，假定实验干预没有造成任何效果，故可使用原来总体的信息（μ=425），代入公式，计算 z 值。

第四步，做出决断。根据前面第二步设定的标准以及第三步计算出的统计结果对零假设做出决断，即是否拒绝零假设。

由于 z=1.80 并不在设定的 α=0.05 时对应的关键区域内，即 z 值大于 1.96 或小于 −1.96 的区域，故不能拒绝零假设，因此，"*RfD* 外语教学模型"并没有对中国大学英语学习者的英语成绩造成显著差别。

之前，研究者一般都要根据收集的样本数据，在第三步计算出 z 值，再看 z 值是否落在关键区，以决定是否拒绝零假设。但是在 R 里，研究者也可以使用前面介绍过的函数（如 *pnorm( )*等）直接计算出 z 值对应的概率，根据这个概率值是否大于或小于设定的 α 值来决定是否拒绝零假设，而不用直接计算 z 值。相应的，所谓的关键区的概念似乎也就没那么重要了，如下：

```
1-pnorm(455,425,118/sqrt(50))

## [1] 0.03610997
```

从计算的结果看 p=0.03610997 是一个小概率，小于设定的 α=0.05 的显著水平，这看起来不是跟上面的不能拒绝零假设这一结果相矛盾吗？需要注意的是，使用公式 1-*pnorm*(455,425,118/*sqrt*(50))计算出的概率是样本平均数大于 455 的概率，也就是说，是指正态分布图中 455 分右侧的累积概率。但是，零假设陈述的是"实验干预的效果为 0，即没有任何效果"；相反，备择假设陈述的是"达到显著的干预效果"，不仅指右侧的极端值，也指左侧的极端值。用统计学的概念讲，是否拒绝零假设应该进行的是双尾检验（two-tailed test），而不是单尾检验（one-tailed test）。不带方向性的假设检验叫作双尾检验，而带方向性（大于或小于）的就叫单尾检验。如果进行双尾检验，最终计算出的概率值为：

```
(1-pnorm(455,425,118/sqrt(50)))*2

## [1] 0.07221995
```

这个值大于研究者设定的 α=0.05 的显著水平，跟上面计算出的 z=1.80 落在关键区之外的结果相一致，故不能拒绝零假设，即如果零假设为真的话，样本均值 M=455 的概率是有可能的（p=0.07）。因此，根据上面的结果，可以得出以下结论：

RfD 外语教学模型显著提高了（有方向性）中国大学生的英语成绩（z=1.80，p=0.036，单尾检验）或者 *RfD* 外语教学模型并没有给中国大学生英语成绩带来显著区别（没有方向性）（z=1.80，p=0.072，双尾检验）。

从这个结果可以看出，单尾检验，更容易获得显著的结果（读者可以根据上面的介绍思考这是为什么）。正因为这个原因，是进行单尾检验还是双尾检验就变成了一个非常敏感的问题，在某些时候，甚至变成一个科学伦理问题。笔者认为最基本的原则是，不能因为想获得显著的结果就把双尾检验换成单尾检验。

关于统计假设检验还有两个重要概念，那就是统计假设检验的错误问题。相信不需要介绍，读者也可以猜测到进行假设检验的过程可能犯两类错误，即①实验效果实际没有差别或没有干预效果，却得出有差别或有显著区别或有干预效果的结论；②实验产生了差别或有干预效果，却得出没有差别或显著区别或没有干预效果的结论。前一类错误称作**统计的一类错误**（type Ⅰ error），而后一类错误称作**统计的二类错误**（type Ⅱ error）。从定义就可以看出，统计的一类错误是非常严重的，没有实验效果却认为有实验效果在现实生活中可能会带来严重的后果。想一想，如果某种药品本来不会对治疗某种疾病有任何效果，但是却错误地认为有效果，会造成什么后果呢？（吴诗玉，2019）一类错误可以通过改变代表显著水平的α值来减少，如把 α 值从原来的 α=0.05 设置为 α=0.01 或 α=0.001，可能出现的问题是，这么做也可能造成人力、物力的浪费，因为要获得显著的效果将变得非常困难。相比之下，研究者却无法控制犯二类错误的概率，因为它跟很多因素相关联，研究者可能做的就是尽量确保实验过程的严谨，测试工具设计的信度、效度可靠等。

在结束这一节之前，还需要回到前面提到过的一个重要概念，那就是**标准误**（SE）。上文介绍中心极限定理的时候提出，样本均值分布的标准差等于$\sigma/\sqrt{n}$，它代表了每个样本的平均数与样本均值分布的平均数的距离，而样本均值分布的平均数等于总体的平均数，所以，样本均值分布的标准差代表了样本的平均数与总体的平均数的距离，正因为如此，在正态分布里，**样本均值分布的标准差也称作标准误**。从它的定义就可以知道，标准误是一个极其重要的概念，因为统计推断的目的就是要通过样本的统计量去推断关于总体的参数，而标准误代表了样本均值与总体均值的误差。

从标准误的计算公式（$\sigma/\sqrt{n}$）可知，当样本量（n）增加的时候，标准误将会减少，也就是说样本平均数将更加接近总体的平均数，从 z 值的计算公式（$z=\frac{x-\mu}{\sigma}$）也可以知道，z 值也越大。正是因为这个原因，研究者在开展实验的时候，有充足的理由要尽可能选取一个更大的样本。样本越大也越具有代表性，详细请参见**大数定律**（law of large numbers）。

跟标准误紧密相关联的另一个概念是**置信区间**（CI，confidence intervals）。简单来说，置信区间是由样本统计量所构造的对**总体参数**的区间估计。研究者常常使用 **95%的置信区间**这个概念，它表示所估计的总体的参数（如平均数、模型的斜率等）的真实值有 95%的概率会落在这个测量结果的周围。从正态分布看，通过 z 值计算公式进行推导（$z=\frac{x-\mu}{\sigma/\sqrt{n}}=\frac{x-\mu}{SE}$），如果要计算平均数 95%的置信区间，做法是让平均数加减 1.96 倍标准误的距离。也就是说平均数 95%置信区间的下边界是平均数减去 1.96×*SE*，上边界是平均数加上 1.96×*SE*。第 7 章还将进一步介绍置信区间的概念，包括它的计算方法和统计学意义等。

5.2　*t* 分布、*F* 分布以及 X^2 分布视域下的 *NHST*

基于连续变量的 *t* 分布、*F* 分布以及 X^2 分布视域下的 *NHST* 的原理和过程，跟上文介绍的正态分布的原理和过程是一样的。只不过根据各个不同分布的特点，各个统计量的计算存在一些细节上的差别。

首先，介绍 *t* 分布视域下的 *NHST*。前面已经介绍过，基于标准正态分布进行假设检验时必须要知道总体（population）的标准差（详见 *z* 值的计算公式），这就形成了一个悖论（a paradox）：假设检验的目的是要利用样本统计量对总体的参数进行估计，但现在要求必须先知道总体的标准差，才能进行假设检验。因此，使用 *z* 分数进行假设检验存在局限性，而使用 *t* 分数则可以克服这个问题，因为计算 *t* 值的方法，跟计算 *z* 值不同，是使用样本的标准差，如下：

$$z=\frac{M-\mu}{\sqrt{\sigma^2/n}}\qquad t=\frac{M-\mu}{\sqrt{s^2/n}}$$

此处，先以单样本为例，用 Gravetter 和 Wallnau（2017: 293）介绍过的一个案例作为实例来介绍基于 *t* 分布的 *NHST* 的过程和原理：

有一位心理学家设计了一个“乐观主义测量量表”（optimism test），用来测量每年毕业的大学生对未来的信心指数。分数越高说明这一届毕业生对未来越有信心。去年班级所获得的平均值为 μ=15。今年从毕业班里抽取了一个 *n*=9 的样本进行测试。所获得的测试分数分别为 7，12，11，15，7，8，15，9 和 6。这个样本的平均数 *M*=10，*SS*[①]=94。根据这个样本的结果，这位心理学家是否可以下结论认为今年毕业班的学生的乐观水平跟去年不同?

由于这个样本 *n*=9 比较小，而且已知信息只有去年班级的平均值，并没有标准差等信息，不可能使用 *z* 分布进行假设检验，因此，需要使用 *t* 分布并利用样本信息进行 *t* 检验。仍然按照跟 *z* 分布一样的四个步骤进行假设检验：

第一步，陈述关于总体的假设：

H_0：μ=15（今年跟去年没有区别）

① *SS* 即 sum of squares，或 sum of squared deviations，总平方差和或总平方和，计算方法参考吴诗玉（2019）。

H_1：μ≠15（今年跟去年有区别）

第二步，设定做决断的标准，即设定显著水平 α 值，并确定关键区。设定 α=0.05，进行双尾检验。根据第 4 章关于 t 分布的介绍，当 α=0.05，自由度 $df=n-1=9-1=8$ 时，对应的关键值应该是：

```
qt(0.025,8)
## [1] -2.306004
qt(1-0.025,8)
## [1] 2.306004
```

即关键区对应的临界 t 值为 $t=\pm 2.306$。如果所获得的 t 值落在这两个关键值之外，就可以拒绝零假设，否则不能拒绝零假设。

第三步，计算统计量。上文已经介绍过，t 值的计算公式与 z 值的计算公式非常相似，唯一的区别就在于分母，z 值计算公式的分母需要利用总体标准差，而 t 值计算公式使用的是样本标准差（s），如下：

$$t = \frac{M - \mu}{\sqrt{s^2 / n}}$$

在这个公式中，样本均值 $M=10$，根据零假设，$\mu=15$。$s^2 = \frac{SS}{n-1}$，已知 $SS=94$，故可以计算出 t 值计算公式中的分母 $\sqrt{s^2 / n}$ 的值，即标准误，如下：

$$\sqrt{s^2 / n} = \sqrt{11.75 / 9} = 1.14$$

故：

$$t = \frac{10 - 15}{1.14} = -4.39$$

第四步，做出决断。获得的 t 值（$t=-4.39$）位于关键区。因此，这个样本的数据足以在显著性水平 α=0.05 基础上拒绝零假设，即如果零假设为真的话，样本均值 $M=10$ 的概率是极不可能的。结论就是：

今年和去年的毕业生在乐观主义水平上存在显著区别（$t(8)=-4.39, p<0.05$）。

可以使用 *pt()* 函数计算出以 $t=\pm 4.39$ 为界的累积概率（双尾检验）：

```
pt(-4.39,8)*2
## [1] 0.002317547
```

上面是以一个单样本作为实例介绍基于 t 分布的假设检验（*NHST*）的过程。但是在具体应用的时候，大部分的 t 检验都是基于两组或两种不同实验条件之间的比较，此时，计算 t 值的过程会更为复杂一些，而且在计算时还跟具体的实验设计紧密相关（独立测量 vs. 重复测量），但其原理和逻辑并无太大不同，根本上 t 值要表达的都是两个均值之差（可视为实验干预的效果）与误差之间的比值。更多实例和介绍请参看本书第 7 章。

接下来，再介绍 F 分布视域下的 *NHST*。跟 z 分布存在局限一样，t 分布也存在局限，t 检验仅限于两组或两种不同实验条件之间进行比较，当超过两组时，就必须使用 F 检验，进行方差分析（ANOVA）。而且在很多情况下，一个实验可能会存在多个自变量，此时就无法再使用 t 分布进行假设检验。

所谓**方差**（variance），本质上就是差异（variability），方差分析的目的就是考察所获得的分数能呈现出的总差异当中，有多少差异是由实验干预造成的，有多少差异是实验误差造成的，即没有实验干预也会出现的误差。用于 F 检验的 F 值本质上就是一个比值，即实验干预造成的差异与没有实验干预也会出现的误差之间的比值，这个比值越大，结果就越可能显著。**可见，方差分析中的分析的含义，用通俗的话来说，就是一个切割差异的过程**，把总差异切割成实验干预造成的差异和不经实验干预也会存在的差异，然后求它们的比值，而这个比值符合 F 分布。

但是，在实际的假设检验的过程中之所以称作方差，而不是差异，是由于差异的计算过程和方式造成的。简单来说，差异的计算方法是让一组分数中每个分数减去这一组分数的平均数，然后再把所有的差异加起来。但是一组分数中，肯定有一些分数高于平均数，一些分数低于平均数，如果简单地把每个数与平均数之差加起来的话，总和肯定等于 0。为了避免这个问题，简单地把每个数与平均数之差加起来是不可取的，而是先把每个数与平均数之差（亦称离均差，deviation）求平方，然后再加起来。每个数与平均数之差求平方后加起来所获得的值，就称作总平方差和或总平方和。*SS* 是一个在统计学上具有重要意义的概念，许多跟统计相关的重要计算都要使用到 *SS*。比如，*SS* 除以自由度所获得的结果就称作（样本）**方差**，方差求平方根所获得的结果就是**标准差**（*SD*，standard deviation）。

这里以一个笔者课题组先前开展的一项独立测量的实验为例。在这个实验里，课题组试图比较三种词汇学习方法对提高英语词汇学习的效果，即①词典背诵法（简称 dic），就是直接让学生背词典，上面有英语单词，同时有中文注解，并提供相应的句子作为例子；②词汇—图片关联法（简称 pic），上面有英语单词，配有图片解释单词的意思，并提供相应的句子作为例子；③词族学习法（简称 doc），把所有属于同一个语义域的近义词放在一块儿学习，上面有英语单词，配有释义，并提供相应的句子作为例子。三组不同的被试参加了实验，表 5.2 是在实验结束后，三组被试在一次标准化词汇测试中获得的分数：

表 5.2　三种不同词汇学习方法实验的效果

词汇学习方法			
dic	**pic**	**doc**	
42	98	68	
56	65	61	
51	43	70	
43	93	54	
45	80	62	
68	63	67	
66	94	68	
45	25	50	
30	52	47	
51	37	81	N=69
63	21	60	G=3761
37	54	55	ΣX^2=225363
29	49	50	
40	66	49	k=3
30	83	61	
43	48	57	
25	49	68	
29	81	65	
44	82	44	
32	58	62	
36	56	61	
31	76	49	
43	62	38	
T_1=979	T_2=1435	T_3=1347	
SS_1=3270	SS_2=9811	SS_3=2192	
n_1=23	n_2=23	n_3=23	
M_1=43	M_2=62	M_3=59	

注：表格中 k 表示实验干预（组）数量，n 表示样本量，T 表示在每一个条件下（组）的分数总和，N 表示总样本量，G 表示所有分数的总和，SS 表示总平方和，ΣX^2 表示总样本量每个分数的平方和。

下面简单介绍如何在 F 分布视域下进行假设检验。同样，也把这个过程分成四个步骤：

第一步，陈述关于总体的假设：

H_0：$\mu_1=\mu_2=\mu_3$（三组的词汇测试分数没有区别）。

H_1：三组之间至少存在两组之间有区别。

第二步，设定做决断的标准，即设定 α 值并确定关键区。设定 α=0.05。在 F 检验中，必须要确定自由度才能确定关键区。第 4 章介绍过，F 检验有两个自由度：

组间平方和的自由度：$df_{between}=k-1=3-1=2$，

组内平方和的自由度：$df_{within}=22+22+22=66$。

当 α=0.05，df=2，66 时，对应的关键值应该是：

```
qf(1-0.05,2,66)
## [1] 3.135918
```

因此，F 值大于 3.14 的区域就构成了这个检验的关键区。如果所获得的 F 值大于 3.14，就可以拒绝零假设，否则不能拒绝零假设。

第三步，计算统计量。上文已经介绍过，进行基于 z 分布和 t 分布的假设检验时，有一个关键步骤，那就是必须计算出 z 值和 t 值。同样，要基于 F 分布进行假设检验也必须计算 F 值。概括起来，要获得最终的 F 值，进行一次方差分析，一共要进行 9 次不同的计算（Gravetter & Wallnau, 2017），包括：①三个平方和，即所有分数的总平方和（SS_{total}），实验干预造成的平方和即组间平方和（$SS_{between-treatments}$）和实验干预内平方和即组内平方和（$SS_{within-treatments}$）；②跟这三个平方和关联的三个自由度（df）；③两个方差（即：分子代表的组间方差和分母代表的组内方差）以及最后的 F 值。下面以本研究所获得的数据为例，详细介绍这些计算：

- 总平方和以及相关联的自由度计算公式，过程如下：

$$SS_{total}=\Sigma X^2-\frac{G^2}{N}=225363-\frac{3761^2}{69}=20361$$

$$df_{total}=N-1=69-1=68$$

此处，所谓总平方和，表示各观测值与总均值的离均差求平方，再求和，但是为了避免在运算中碰到太多不能整除的问题，可对总平方和的运算公式稍作调整，其结果如上所示。实际上，也可以使用 R，自己写一个计算总平方和的简单函数：

```
compute_SS <- function(x){
  sum((x-mean(x))^2)
}
```

这个函数的具体应用，读者可以查看随书代码。

- 组内平方和（$SS_{within-treatments}$）以及相关联的自由度的计算公式和过程如下：

$$SS_{within-treatments}=SS_1+SS_2+SS_3$$

$$=3270+9811+2192$$
$$=15273$$

$$df_{within}=N-k=69-3=66$$

所谓组内平方和，表示各组的观测值与该组的组均值的离均差求平方，再求和，然后再对所有组求和。组内平方和体现了各组内部的变异，即不经实验干预也存在的差异，即误差。

- 组间平方和，即实验干预间平方和的计算公式和过程如下：

$$SS_{between-treatments}=SS_{total}-SS_{within-treatments}$$
$$=20361-15273$$
$$=5088$$

$$df_{between}=k-1=3-1=2$$

组间平方和计算的核心是要忽略各组内部的误差，毕竟此时计算的只是各个实验干预造成的变异，理所当然要忽略由误差带来的组内变异。在计算上可以用该组的组均值来表示该组的每一个观测值，求得组均值与总均值的离均差的平方，乘以该组的观测值数量，再求和。但最简单的方法是如上所示，总平方和减去组内平方和。

- 组间方差的计算公式和过程如下：

$$MS_{between-treatments}=\frac{5088}{2}=2544$$

让组间平方和除以自由度，所获得的结果就是组间方差，又称作组间均方差（*MS*，mean squares），它将作为计算 *F* 值的分子。

- 组内方差的计算公式和过程如下：

$$MS_{within}=\frac{15273}{66}=231.42$$

让组内平方和除以自由度，所获得的结果就是组内方差，又称作组内均方差，它将作为计算 *F* 值的分母。

- 最终的 *F* 值为：

$$F=\frac{2544}{231.42}=10.99$$

从上述的计算过程相信读者已经理解了方差分析本质过程，其实就是一个切割差异的过程，切割成实验干预造成的差异和不经实验干预也会存在的差异，然后求它们的比值，这个比值符合 F 分布。

第四步，做出决断。获得的 F 值（F=10.99）位于关键区，因此，足以在显著性水平 α=0.05 基础上拒绝零假设，即：

如果零假设为真的话，三个样本均值（M_1=43，M_2=62，M_3=59）出现的概率是“非常不可能的”。结论是：词典背诵法(dic)、词汇—图片关联法(pic)以及词族学习法(doc)之间所造成的词汇学习效果存在显著区别（$F(2, 66)=10.99, p<0.05$）。

可以使用 *pf( )* 函数计算出 F 值（df=2, 66）大于 10.99 的累积概率：

```
1-pf(10.99,2,66)

## [1] 7.590655e-05
```

从结果看，p 值很小，小于 0.0001。要理解 F 检验（或称方差分析）的核心问题是要理解 F 值的计算过程，以上仅以独立测量的单自变量为例介绍了 F 值的计算过程，但跟 t 值的计算类似，针对不同的实验设计 F 值的计算细节也不一样。关于实验设计的内容，请读者参看第 7 章的相关内容。比如，重复测量的 F 值的计算，还需要考虑在分母去除被试的个体差异造成的差异。但是总体上，不管是 z、t 或者 F 值，计算的思路和逻辑都大致相同，它们都是一个比值，可概括为：

$$\text{统计量的值（}z\text{、}t\text{或}F\text{）}=\frac{\text{可解释的、系统的差异}}{\text{不可解释的、不系统的差异}}$$

从一个实验的角度看，可解释的、系统的差异就是**实验造成的效果**，而不可解释的、不系统的差异则可视作没有经过实验的处理也存在的差异或者随机导致的**误差**（error term）。F 值与 z 值或 t 值不同的地方就在于它的分子里也包含了分母的内容，即它的分子等于可解释的、系统的差异+不可解释的、系统的差异，如下：

$$F\text{值}=\frac{\text{可解释的、系统的差异}+\text{不可解释的、不系统的差异}}{\text{不可解释的、不系统的差异}}$$

因此，F 值一般大于或者等于 1，当 F 值等于 1 的时候，意味着“可解释的、系统”的差异等于 0，即不存在“可解释的、系统”的差异，从一个实验的角度讲就是实验没有造成任何效果（吴诗玉，2019：98）。正如第 4 章介绍的，F 分布以 0 为临界点，在 1 周围积聚，然后向右逐渐变小。关于 F 检验（方差分析）更多的内容，请参看第 7 章。

最后，再介绍基于 X^2 分布的统计假设检验。第 4 章介绍过，不像 t 检验和 F 检验都是用于检验关于总体（population）的参数（如平均数、标准差等）的假设，卡方检验是非参数检验（nonparametric test）。卡方检验的数据不是数值型分数（numerical scores），而是表示频率（frequency）或者比例（proportion）的分类数据。另外，也不像 t 检验和 F 检验需要满足正态分布的要求，卡方检验不需要考虑分布的问题。

卡方检验一般应用于两种情形（吴诗玉，2019：99-100）。一种叫作**拟合度检验**（test for goodness of fit），另一种叫作**独立性检验**（test for independence）。拟合度检验的目的是检验样本的数据，即比例，可以在多大程度上拟合由零假设所陈述的总体的比例。比如，随机抽取样本 n=50 的年轻人，调查他们在选择网上购物时，是偏好使用淘宝、京东还是拼多多，此时就可以使用拟合度检验。而独立性检验则是使用样本的频率数据去评估总体中两个变量之间的关系。独立性检验在语料库数据分析中的应用比较常见。比如，如果想检测某个词的使用是否受到口语和书面语这两种语域（register）的影响，就可以分别考察这个词在口语语料库和书面语语料库中的使用频率，然后使用独立性检验评估这个词的使用是否与语域相关联。

试举例。假设随机抽取一个 n=50 的年轻人作为样本，调查他们在选择网上购物时，会选择哪家网店进行购物。下面的数据显示了每一家网店选择的人数：

京东：18 人，淘宝：17 人，拼多多：7 人，其他：8 人。

请问，在上述 4 种可能的网上购物的选择网店中，年轻人是否表现出某种偏好？下面简单介绍如何在卡方检验分布视域下进行假设检验，同样，也把这个过程分成四个步骤：

第一步，陈述关于总体的假设。陈述如下：

H_0：（所有的）年轻人在选择网店购物时，并没有特别的对某家网店的偏好。也就是说，他们对这四种不同的网店的喜好以及做出的选择是一样的，因此总体的分布可以描述成如下的比例：

京东：25%，淘宝：25%，拼多多：25%，其他：25%。

H_1：（所有的）年轻人在选择网店购物时有一定的偏好，会更喜欢选择当中的某一家网店。

第二步，设定做决断的标准，即设定 α 值并确定关键区。设定 α=0.05。在 χ^2 检验中，也必须要确定自由度才能确定关键区。第 4 章介绍过，χ^2 检验只有一个自由度，在这个实例里，这个自由度是：

$$df=C-1=4-1=3$$

在 α=0.05，df=3 时，对应的 χ^2 的关键值是 7.81：

```
qchisq(1-0.05,3)
## [1] 7.814728
```

因此，在 χ^2 值大于 7.81 的区域就构成了这个检验的关键区。如果所获得的 χ^2 值大于 7.81，就可以拒绝零假设，否则不能拒绝零假设。

第三步，计算统计量。通过计算，所获得的 χ^2 值为 χ^2=8.08（计算过程从略）。

第四步，做出决断。结果，获得的 χ^2 值（χ^2=8.08）位于关键区。因此，样本的数据足以在显著性水平 α=0.05 基础上拒绝零假设，即如果零假设为真的话，所获得的样本统计量是非常不可能的。结论是：年轻人在选择网店购物时有一定的偏好，会更偏好于选择当中的某一家网店（$\chi^2(3, n=50)=8.08, p<0.05$）。

可以使用 *pchisq()* 函数计算出 χ^2 值（df=3）大于 8.08 的累积概率：

```
1-pchisq(8.08,3)
## [1] 0.04438696
```

5.3　总　　结

前面两节概要式地介绍了在多种连续变量的概率分布基础上，统计假设检验（*NHST*）的原理和过程，目的是让读者理解在语言实验研究过程中，如何实现从样本到总体，如何基于样本统计量对总体参数进行估计。尽管在实际的统计分析过程中，研究者甚至不会意识到使用了统计假设检验的原理和过程，在论文写作或实验报告中，也无需交代假设检验的过程，最多只需要交代进行假设检验时设定的显著性水平（α=0.05 或者 α=0.01 或者 α=0.001），汇报假设检验的结果，如 z 值，t 值和 F 值等统计量或者相应的 p 值等。但理解统计假设检验的逻辑、原理和过程，对提升语言数据科学知识和实验研究能力，还是大有裨益的。

但概要式、提纲挈领式的介绍，也留下了关于统计假设检验的很多空白。其中最重要的一点是：上文在介绍假设检验的第三步“计算统计量”时，并没有非常详细地交代 z 值，t 值，F 值或 χ^2 的计算过程。一般统计学入门书都会非常厚，原因就在于这些书籍基本上都会用大量篇幅介绍这些重要统计量的计算过程和其背后逻辑。本书没有大篇幅地介绍这些，原因有两个：①大篇幅介绍这些重要统计量的计算过程的目的主要是帮助读者理解当中的逻辑，即一步一步到底是怎么来的，并能实现或便于手动计算。但是，在高度智能化的时代，尤其是使用 R 的某个函数就能轻松获得这些统计量的时候，再耗时费力地去了解这些详细的、一步一步的计算过程，意义可能并不大。②这些统计量的计算过程确实非常复杂，尤其是 t 值和 F 值的计算过程，其复杂往往并不只在计算过程本身，而在于当中所涉及的实验设计问题。比如，独立测量的被试间设计和重复测量的被试内设计的 t 值和 F 值的计算方法和逻辑都不一样。这些内容远非一个章节所能完成，关于实验设计的内容将在第 7 章再做介绍。总体来看，“统计量的计算”这些内容尽管重要，但便利的统计工具就可以轻易获得这些值的时候，笔者认为没必要大篇幅地对其计算过程和逻辑详细进行介绍，尤其这对以统计应用作为目标的读者来说，用处不大。相比它们的计算过程和逻辑，笔者认为理解这些值的含义要更有意义，而这却要简单得多。

通过前面概要式的介绍，大家都会注意到 z 值，t 值，F 值和 X^2 值这些统计量的一些共同的特征，如：①这些值越大，统计结果就越可能显著，虽然还要取决于自由度等问题；②所有这些值都是一个比值（ratio），即由分子除以分母而获得。分子可以简单地理解为实验组和对照组的平均数之差，这个差越大可简单地理解为实验效果越好，统计结果也越可能显著，相反也成立；而分母则可简单地理解为实验误差，误差越大，则实验噪音越大，结果越不可能显著。

正是因为这些统计量都是一个比值，所以**效应量**（effect size）的概念被提了出来。因为获得显著的统计结果取决于两个因素。一个是分子很大，即实验效果很大，这是最理想的、研究者都想看到的情况。还有一个因素是分母很小，即实验效果并不大，但是结果仍然显著。可是这个显著的结果却说明不了多大的问题，可能也是研究者都不愿意看到的情况。正是因为这个原因，统计学家提出采用标准化的指标来衡量实验效果的大小，这就是**效应量**。之所以要重视效应量的另外一个原因还在于 p 值或者说假设检验存在潜在的缺陷。从上面的多个例子读者会发现，当拒绝零假设的时候，笔者实际上只是对样本数据的概率进行了陈述：

这个显著的结果（$p<0.05$），可以得出结论："如果零假设为真的话，这个样本均值是非常不可能的"。

但是这个陈述并没有基于非常可靠的证据对零假设本身（关于总体的假设）的概率做出估计（参见 Gravetter & Wallnau, 2017），比如，并没有说零假设为真的概率低于5%。而且，当 p 值小于设定的显著水平（如 α=0.05 或 0.01 或 0.001）就认为实验结果有显著意义，而大于设定的显著水平就认为没有显著意义的两分做法也受到了很多非议，尤其是在实验效果并不明显的时候。

在假设检验的过程中，p 值表示的含义经常被误解。有很多人误认为 p 值表示的是零假设为真的概率，其实并不是如此。只要仔细阅读假设检验的详细过程并理解其逻辑就可以明白，**它实际表示的是样本出现的概率**。尽管零假设是假设检验的起点，但是它的真伪是不可能知道的。

效应量的计算方法有很多，针对不同的统计假设检验（z 值，t 值，F 值），又有多种不同的效应量指标，比如在 z 检验中，最简单、最直接衡量效应量大小的指标是 Cohen's d，它的计算公式如下：

$$\text{Cohen's } d = \frac{\text{平均数之差}}{\text{标准差}} = \frac{\mu_{\text{实验干预}} - \mu_{\text{未经实验干预}}}{\sigma\text{（标准差）}}$$

从上面的计算公式可以看出，使用 Cohen's d 来衡量效应量，本质上就是对实验干预的效果（两个平均数之差）进行标准化，从而避免干预效果受到分母，如样本量的影响。Cohen（1988）曾讨论过一条"大拇指规则"来界定效应量的大小，那就是绝对值分别为0.2、0.5和0.8，分别代表效应量的小、中和大。

其他概率分布的效应量包括 t 检验的 estimated Cohen's d，r^2 以及方差分析的 η^2（希腊字母 eta squared），等等，笔者将在后续章节通过一些具体的研究案例再做介绍。另外，笔者认为在使用回归模型来拟合数据时，在汇报统计结果的时候，会同时汇报斜率和标准误等指标，因此，效应量似乎也就显得没那么重要了。

第 6 章　ggplot2 作图

现在，数据可视化已经被广泛使用。在一些重要的学术期刊上，以往经常用表格来呈现的统计结果现在基本都已被图形所取代。同时，研究者还经常使用图形来辅助解释统计分析的结果，尤其是在多个变量之间存在交互效应的时候，如果要用文字解释清楚这些变量的交互效应可能会非常麻烦，而借助图形则可能一目了然。因此，掌握数据可视化的技术已经成为学术训练的重要环节。

下面是从一些国际上重要的网站上摘录的关于为何要进行数据可视化以及数据可视化的作用的观点，它们很有代表性：

> 我们需要数据可视化，与查看电子表格中的数千行（数据）相比，一个可视化的信息摘要能让（数据中存在的）规律和趋势一目了然。这是人脑工作的方式。数据分析的目的是获取见解，因此在数据被可视化时，其价值将大大提高。（摘自：tableau.com，*What is data visualization? A definition, examples, and resources*）

> 可视化是用于创建图像、图表或动画以传达消息的技术。自人类诞生以来，通过视觉图像进行可视化一直就是传达抽象和具体思想的有效途径。（摘自：Import.io，*What is Data Visualization and Why Is It Important?*）

> 每个人都知道他们需要数据，但是一旦拥有了数据，他们会怎么做？……数据可视化弥合了数字处理与利用数字来创建解决方案之间的鸿沟。可视化用于交流和展示信息，以便做出决策。（摘自：qlik.com，*Visual Analytics: What it is and Why it's Important*）

> 数据可视化把数据整理成易于理解的形式，突出趋势和异常值，能把故事讲好。良好的可视化能消除数据中的干扰并突出显示有用的信息，讲述一个美好的故事。……有效的数据可视化是一种形式和功能之间的微妙平衡。（摘自：SAS，*Accelerating the Path to Value with Business Intelligence and Analytics*）

数据可视化的前提是数据，它不同于艺术家铺开画布，想画什么就画什么。数据科学中的可视化是指在数据的基础上通过视觉图像传递信息。在对数据进行可视化之前，我们必须确保数据符合第 1 章介绍的“干净、整洁”的数据框的标准，否则可视化不过是一句空话。

R 语言中已经存在很多可用的绘图工具，比如使用 R 的基础绘图函数（如 *plot( )* 等）就能画出精巧、准确的图形。但 ggplot2 却因其“好用、优雅、功能全面”而备受推崇。本章将基于一些具体的语言研究案例，介绍 ggplot2 作图的一些基础知识。主要从两方面进行介绍，一是与实验数据关联的作图知识，二是实验数据之外的作图知识。

6.1　与实验数据关联的作图知识

6.1.1　基础图形语法

ggplot2 作图的基础语法是：数据（data）+图层（layers）+映射（mapping），表现为以下代码：

```
ggplot(data=<DATA>)+ geom_function(mapping=aes(x=displ,y=hwy))
```

这个最基础的语法的**第一个要件是数据**。很容易理解，数据可视化的前提是数据。如上所述，数据分析中的可视化可不是艺术家作图，可以按照自己的想法想画什么就画什么，数据可视化的根本目的是用图形来展现数据，从而让读者更容易看出数据中存在的规律或模式，所以数据总是作图的第一个要件。**第二个要件是图层**，它决定着在作图完成后，我们会看到什么，比如是点、线、条形图，还是直方图，等等。在 ggplot2 作图当中，图层是通过一个以 geom 作前缀的函数来实现的，即 *geom_function( )*，比如想呈现的是点，那么就使用 *geom_point( )*，想呈现线就使用 *geom_line( )*，而想呈现箱体图就使用 *geom_boxplot( )*，等等。在 ggplot2 作图当中大约有 40 多个不同的 geom 可供使用，呈现出来的图样很丰富。需要注意的是，在一张图里，并不是只能显示一个图层，而是可以往里面增加多个图层，比如既显示点又显示线，等等，只要使用加号（+）把这些不同的图层连接起来就可以。但是需要注意的一个原则是，作图不是 more is better，即越多越好，很多时候正好相反，more is less，越多越糟。使用者应该根据实际需要确定使用什么图层，以及使用多少个图层。

这个最基础的语法的**第三个要件是映射**，即把数据中的变量映射到图形属性（aesthetic attributes）里，所谓图形属性就是指 x 轴、y 轴、颜色、大小、形状，等等。笔者在第 1 章里反复强调“变量”的重要性，并强调研究者要有“变量”意识，因为它们是统计建模和数据可视化的核心，这里的“映射”就充分体现了这一点。数据可视化的根本目的是用图形的方法来展现数据，更具体或更确切的说法应该是用图形的方法来展现“变量”。那如何展现变量呢？就是通过映射，比如，想在图形的 x 轴里看到汽车的排量（displ），那就把 x 轴映射给 displ，即设定 x=displ，并把它放在 *aes( )*函数里，aes 是 aesthetic 的缩写，表示“审美的”的意思。所有需要实现从数据中的变量映射到图形属性的元素，都放到 *aes( )*函数里。比如，想把 class 这个变量映射给颜色这个属性，就设定：color[①]=class，并把它放置在 *aes( )* 函数里，即 *aes*(color=class)。

为了更清楚地解释以上介绍的内容，我们先看基于 mpg 这个数据框的几个图形生成实例。我们可以使用?mpg 查看 mpg 这个数据框的详细介绍和各个变量代表的含义。下图左边呈现的是生成代码，右边呈现的是生成的图形。请先看图 6.1 和图 6.2：

图 6.1，完整代码：

```
ggplot(data=mpg)+
  geom_point(aes(x=displ,y=hwy))
```

简化代码：

```
ggplot(mpg)+
  geom_point(aes(displ,hwy))
```

图 6.1　R 可视化样例 7

那如何简化呢？熟练的 R 使用者都很清楚，所有函数的第一、二、三个参数都需要记住，也因此可以在使用时省略。ggplot2 作图函数的第一、二、三个参数分别是 data（用来作图的数据）x 轴和 y 轴，故可以省略。

图 6.2，完整代码：

```
ggplot(data=mpg)+
  geom_point(aes(x=displ,y=hwy))+
  geom_smooth(aes(x=displ,y=hwy),
              method="lm")
```

简化代码：

```
ggplot(mpg,aes(displ,hwy))+
  geom_point()+
  geom_smooth(method="lm")
```

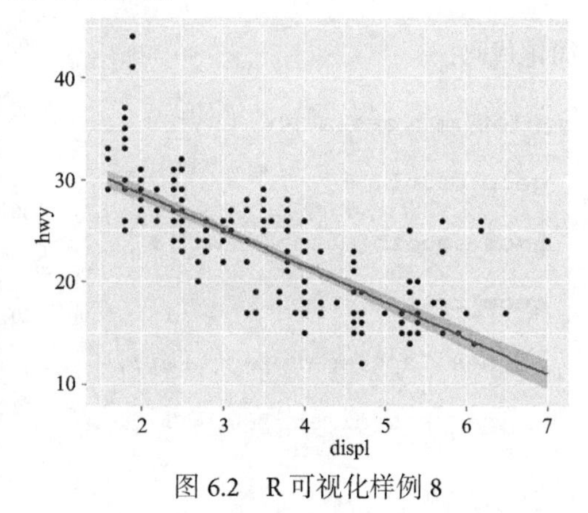

图 6.2　R 可视化样例 8

① 在 R 中，color 与 colour 通用。

那如何简化呢？图 6.2 相比图 6.1 增加了一个图层，图中不仅有点，也有线。简化代码时，研究者除了把函数中总是要记住的第一、第二、第三个参数（即数据、x 和 y 轴）省略外，还把分别属于两个不同的图层 *geom_point( )*和 *geom_smooth( )*的映射（*aes( )*）统一放在 *ggplot( )*函数里。这是因为两个函数映射（*aes( )*）的内容完全一样，因此，可以统一放在 *ggplot( )*函数里，这也是因为 *ggplot( )*函数中定义的所有内容都是默认用于图形全局的内容，即在所有图层都是有效的，除非每个图层重新定义这些内容。这个图也给我们三个重要启示：①就像上面介绍过的，一个图形里可以有多个图层（*geom_function( )*），在这个图形里就既有点，也有线，这是通过设置多个图层来实现的；②图层之间使用加号连接，而且聪明的写代码的方法总是在加号处进行换行，这会让代码显得连贯、美观；③把适用于所有图层的映射统一放到 *ggplot( )*函数中的 *aes( )*函数里，即设置默认的全局映射，这可以节省很多空间。

请看图 6.3 的完整代码：

```
ggplot(data=mpg)+
  geom_point(aes(x=displ,y=hwy))+
  geom_smooth(aes(x=displ,y=hwy),
              method="lm")+
  geom_text(aes(x=displ,y=hwy,
              label=manufacturer),
              check_overlap=TRUE)
```

简化代码：

```
ggplot(mpg,aes(displ,hwy))+
  geom_point()+
  geom_smooth(method="lm")+
  geom_text(
    aes(label=manufacturer),
    check_overlap=TRUE)
```

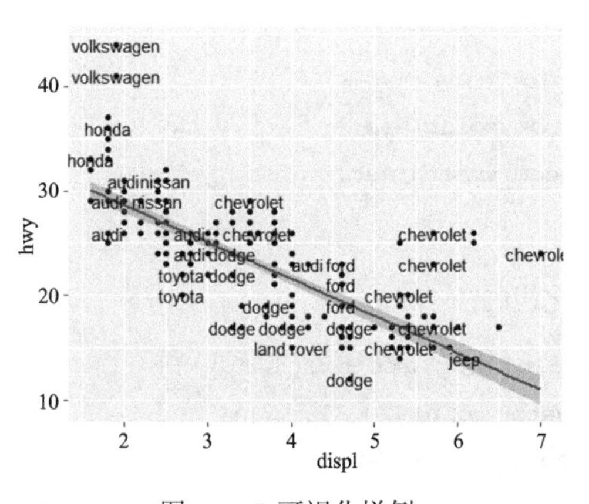

图 6.3　R 可视化样例 9

那如何简化呢？图 6.3 又在图 6.2 的基础上增加了一个图层，即显示了文本。在简化时，一共有三个要点：①除把函数中总是要记住的第一、第二、第三个参数（即数据、x 和 y 轴）省略外；②把分别属于各个图层（*geom_point( )*、*geom_smooth( )*、*geom_text( )*）的映射（*aes( )*）统一放在*ggplot( )*函数里，即放在图形的全局函数里，因为这些图层（*aes( )*）内容完全一样；③在上面图 6.2 基础上，增加了一个新的图层（*geom_text( )*），需要注意的是并没有把这个图层的*aes*(label=manufacturer)放到全局函数 *ggplot( )*里，因为这个映射内容只属于这个图层。这是读者需要掌握的新的内容：全局的放到全局，个体的仍然留在个体。

上面三个图形的生成代码清楚地展示了如何使用 ggplot2 的最基础语法来生成图形，从而对数据进行可视化。概括起来就是，在数据的基础上，生成各种不同的图层，在图层内部实现数据中的变量跟图形属性的映射。笔者始终认为，映射是 ggplot2 作图的关键，因为作图就是要展示变量之间的关系，而要实现这个目的只有通过把变量映射给图形属性才能实现，也只有理解这一点，才算理解了 ggplot2 作图的关键所在。通过把重要变量映射给不同的图形属性，也是 ggplot2 实现从多维视角展现数据的一个重要手段。比较下面两段代码和生成的不同图形（见图 6.4 和图 6.5）：

```
ggplot(mpg,aes(displ,hwy))+
  geom_point(size=2)
```

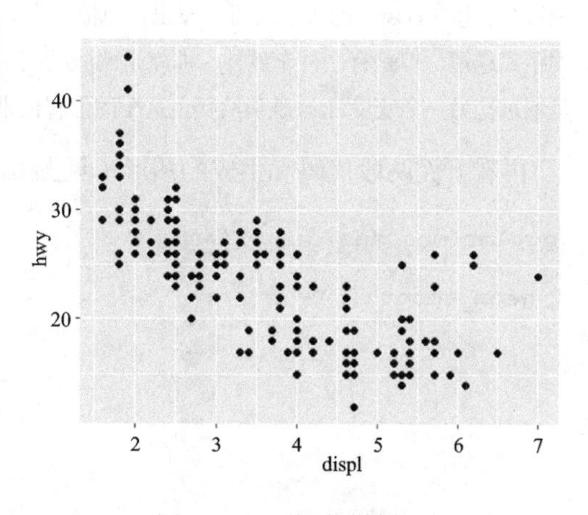

图 6.4　R 可视化样例 10

说明：通过这段代码生成的图形展示的是二维的关系，即 x 和 y 的关系，在这里也就是 displ 和 hwy 的关系，即汽车排量和每加仑汽油在高速路上可以跑的距离。可以看出，它们是一种负相关的关系，即总体来讲，汽车排量越大，每加仑汽油在高速路上可以跑的距离越短。

```
ggplot(mpg,aes(displ,hwy,color=class))+
 geom_point(size=2)
```

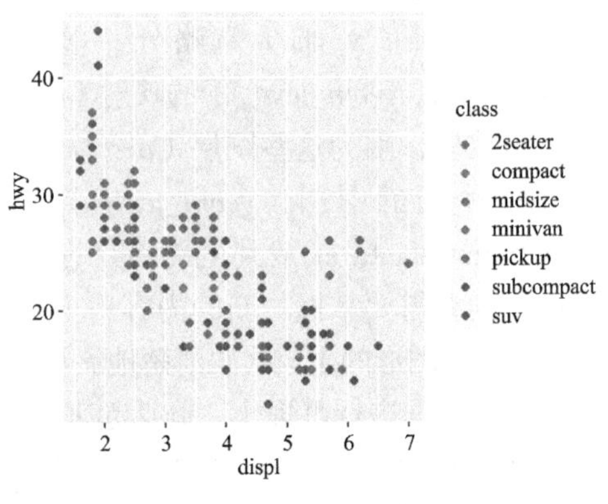

图 6.5　R 可视化样例 11

说明：这段代码跟上面的那段代码非常相似,但是它展现的却是三维关系，即 x、y、z 的关系，在这里就是 displ、hwy 和 class 的关系，即汽车排量、每加仑汽油在高速路上可以跑的距离以及汽车类型（class）的关系。可以看出，总体上汽车排量越大，每加仑汽油在高速路上可以跑的距离越短，但是有一种车例外，那就是两座的汽车（2seater），可能是跑车。这个三维关系是通过把另一个变量 class 映射给颜色这个图形属性来实现的。

再看下面两段代码和生成的图形（见图 6.6 和图 6.7）：

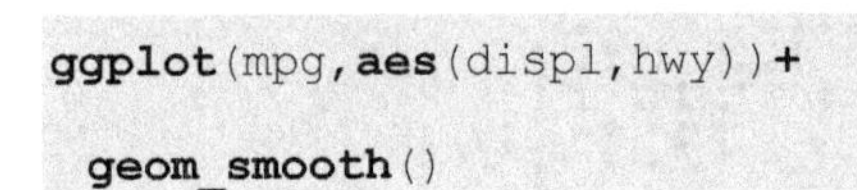

```
ggplot(mpg,aes(displ,hwy))+
 geom_smooth()
```

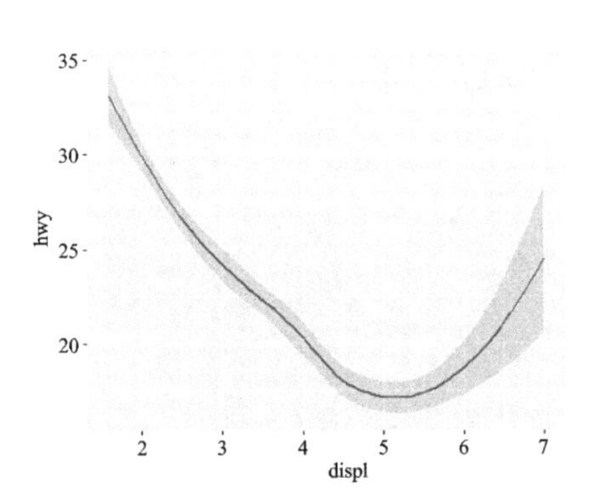

图 6.6　R 可视化样例 12

说明：通过这段代码生成的图形展示的也是二维的关系，即 x 和 y 的关系，在这里就是 displ 和 hwy 的关系，即汽车排量和每加仑汽油在高速路上可以跑的距离。可以看出，总体上它们是一种负相关的关系，即汽车排量越大，每加仑汽油在高速路上可以跑的距离越短。

```
ggplot(mpg,aes(displ,hwy,color=drv))+
 geom_smooth()
```

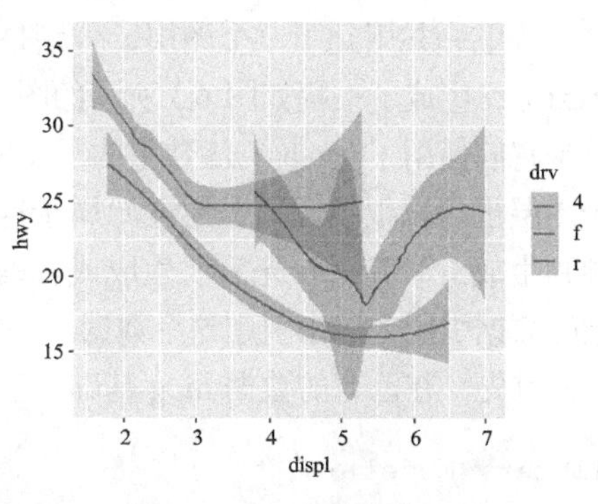

图 6.7　R 可视化样例 13

说明：这段代码跟上面的那段代码也非常相似，但是它展现的却是三维关系，即 x、y、z 的关系，在这里就是 displ、hwy 和 drv 的关系，即汽车排量、每加仑汽油在高速路上可以跑的距离以及汽车的驱动类型（drv）的关系。通过这个图可以看出更多的细节，对不同的汽车的驱动类型，排量和每加仑汽油在高速路上可以跑的距离的关系也不一样。对四轮驱动的汽车来说，排量越大，每加仑汽油在高速路上可以跑的距离越短，但是对前轮驱动（f）和后轮驱动（r）的车来说，这两个变量的关系要更加复杂。

通过以上的例子，我们可以看出，**映射**让 ggplot2 作图变得非常强大，正如笔者前面说的，它是 ggplot2 作图的关键，灵活使用可以实现从多维视角展现数据。

但是，在 ggplot2 作图的最基础的语法三部件中，**最复杂的问题应该是图层的生成问题**，即 *geom_function( )*函数的设置问题。笔者甚至认为，ggplot2 作图本质上可以概括为就是“图层+图层”的过程，也就是说 ggplot2 的图就是通过“一个图层加一个图层”最后形成的。笔者之所以认为图层是最复杂的，原因在于图层的生成涉及许多细节，图层本身就可以视作由 5 个组成部分，即数据、映射、geom、统计转换（stat）和位置调整。下文将分别介绍。

首先是数据。每一个图层都必须有与之关联的数据，这个数据既可以是与 *ggplot( )*函数，即全局函数，相同的数据，也可以是不同的数据。如果是与 *ggplot( )*函数相同的数据，那么在这个图层里就无须再定义数据，否则就必须清楚地指明这个图层所使用的数据是什么，即 data=<DATA>。比如上面使用的这段代码：

```
ggplot(mpg,aes(displ,hwy))+
  geom_point()+
  geom_smooth(method="lm")+
  geom_text(
    aes(label=manufacturer),
        check_overlap=TRUE)
```

这里一共用到了三个图层，分别是：点（point）、密度曲线（smooth）和文本（text），生成了一幅如图 6.3 所示的图。在这三个图层里，都没有专门定义数据，也就是它们使用了 *ggplot( )*函数里的默认用于全局的数据，即 mpg。需要注意的是，每个图层也可以根据需要，定义专属于这个图层的数据。为了让每个图中的专属数据顺利生成，研究者首先需要生成或者确定专属于这个图层的数据，然后使用上面介绍的数据引用方法来引用这个数据。举例如下：

首先，在已有的数据 mpg 基础上生成新的相关数据：

```
library(modelr)
mod_one <-lm(hwy~displ,data=mpg)
attach(mpg)
data_preds <-mpg %>%
  data_grid(displ)
```

上面的第一行代码是使用 *lm( )*函数，构建一个 displ 和 hwy 之间的线性模型，这将在后面的章节详细介绍。然后使用 *data_grid( )*函数，生成包含 displ 变量的新的数据框。

```
grid_data <-data_preds%>%
  add_predictions(mod_one) %>%
  rename(hwy=pred)
grid_data
```

在前面构建的线性模型基础上，上面的代码再使用 *add_predictions( )*函数，生成对因变量 hwy 的预测值，模型的一个重要功能就是预测。接着，利用下面的代码生成基于模型的异常值（outliers），即残差值大于或等于 2.5 个标准差的值：

```
data_outlier <-filter(mpg,abs(scale(resid(mod_one)))>=2.5)
```

最后，使用以上生成的数据，作图（见图 6.8）：

```
ggplot(mpg,aes(displ,hwy))+
  geom_point(size=2)+
  geom_smooth(data=grid_data,
              colour="blue",
              size=2)+
  geom_text(data=data_outlier,aes(label=model),color="red")
```

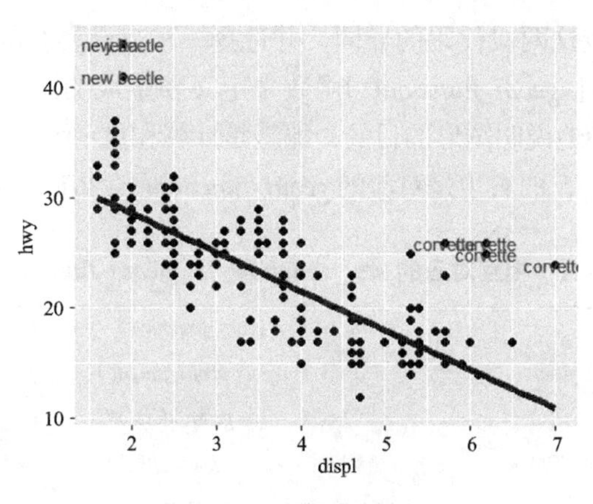

图 6.8　R 可视化样例 14

上面的图形成功地显示了汽车排量和每加仑汽油在高速路上可以跑的距离之间的关系，是一个线性的负相关的关系，更重要的是这个图还显示了什么模型的车（model）不符合这个线性模型的预测，即不符合负相关的预测关系。

其次是映射和 geom。映射不需要做过多讲解，它跟上文介绍的映射是相同的意思，即把数据的变量映射给图形属性。需要注意的是，这里的数据是指图层中新定义的数据，如果使用全局的默认数据，变量则也是全局的默认数据的变量。图层里的映射也是通过 *aes( )*来实现的。如果图层函数里 *aes( )*的映射内容跟 *ggplot( )*函数内的 *aes( )*全局映射是一样的，就无须再设置。这里重要的是确保专属于每个图层内部的映射能够设置好。geom 也无须做过多解释，它已经通过图层函数 *geom_function( )* 进行了定义。之所以这里再次提及 geom，是因为在生成图层的时候，有两套函数可以使用，一套是大家已经熟悉的 *geom_function( )*函数，还有一套是 *stat_summary( )*函数。如果使用 *geom_function( )*函数来生成的图层，只需要把 function 换成需要的图形就可以，如 point，line，bar，smooth 等等。而如果使用 *stat_summary( )*函数，则需要在这个函数里定义 geom，比如下面两段代码生成的图形是完全一样的：

```
ggplot(mpg,aes(trans,cty)) +
  geom_point() +
  geom_point(stat="summary",fun="mean",colour="red",size=4)

ggplot(mpg,aes(trans, cty)) +
  geom_point()+
  stat_summary(geom="point", fun="mean",colour="red",size=4)
```

请读者仔细比较这两段代码的异同，并选择一种自己喜欢的代码。笔者比较喜欢前者，即直接通过 *geom_function( )*函数来定义要生成的图层，也有的人喜欢后者，认为后者更清楚地说明图形的目的，那就是计算和显示统计摘要。表 6.1 左边使用的是 *stat_function( )*，而右边是对应的 *geom_function( )*（Wickham, 2016: 102）：

表 6.1　相互对应的 ***stat_function( )***和 ***geom_function( )***

stat_bin( )	*geom_bar( )*，*geom_freqpoly( )*，*geom_histogram( )*
stat_bin2d( )	*geom_bin2d( )*
stat_bindot( )	*geom_dotplot( )*
stat_binhex( )	*geom_hex( )*
stat_boxplot( )	*geom_boxplot( )*
stat_contour( )	*geom_contour( )*
stat_quantile( )	*geom_quantile( )*
stat_smooth( )	*geom_smooth( )*
stat_sum( )	*geom_count( )*

此外，还有一些函数只应用于 *stat_function( )*，没有与之对应的 *geom_function( )*：

stat_ecdf( )：计算累积分布图。
stat_function( )：根据 x 值的函数计算 y 值。
stat_summary( )：在不同的 x 值上汇总 y 值。
stat_summary2d( )，*stat summary hex( )*：汇总各分组（binned）的值。
stat_qq( )：执行分位数图的计算。
stat_spoke( )：将角度和半径转换为位置。
stat_unique( )：删除重复的行。

正如上面所介绍过的，要么使用 *stat_function( )*，要么使用 *geom_function( )*来生成想要的图层，大家根据自己的喜好进行选择。

再次是统计转换（stat）。每个图层都会使用到统计转换，上面的表 6.1 显示的就是如何通过统计转换生成不同的 geom。一般情况下，ggplot2 的使用者可能不会意识到在作图时进行了统计转换，因为函数在后台已经使用了默认转换。但有些时候，使用者需要根据需要进行设置，明确定义进行何种转换。比如，运行下面的代码就会提示出错：

```
ggplot(mpg,aes(drv,hwy))+
  geom_bar(fill="steelblue")
```

在这段代码里，*geom_bar( )*要呈现的是每种不同的汽车驱动类型（drv）在高速路上可以跑的距离（hwy）的统计摘要，但是并没有在 *geom_bar( )*函数里进行定义使用何种统计摘要。再看下面的代码：

```
ggplot(mpg,aes(drv,hwy))+
  geom_bar(stat="summary",fun=mean,fill="steelblue")
```

这段代码通过 stat="summary"指定了要生成统计摘要，同时通过定义 fun=mean，明确要生成的统计摘要是平均数，生成图 6.9。

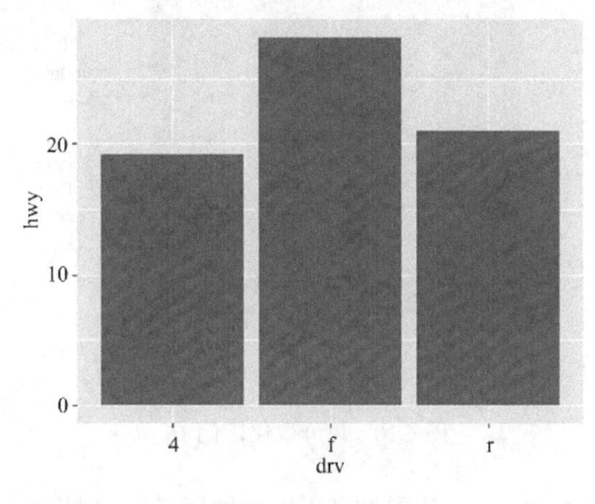

图 6.9　R 可视化样例 15

上文也已经介绍过，要生成这个图也可以使用 *stat_summary( )*函数，这个时候就要定义生成何种图层（geom="bar"）：

```
ggplot(mpg,aes(drv,hwy))+
  stat_summary(geom="bar",fun=mean,fill="steelblue")
```

通过定义 geom="bar"，使用 *stat_summary( )*函数生成了跟上面相同的图形。在图层里如何进行统计转换是一个比较复杂的问题，尤其是涉及在进行统计转换的过程中会生成新的变量，如何对这个新生变量进行引用需要很多经验的积累，有兴趣的读者可以参考（Wickham, 2016: 103-104）。

最后是位置调整。在图层中进行位置调整，就是使用一些微调的技术（tweaks）对图层里的一些元素，如点、条形图的槛等的位置进行调整。比如，针对条形图的槛等的调整一共有三种，分别是：*position_stack( )*，*position_fill( )*和 *position_dodge( )*。比如，下面的三段代码产生的条形图中的槛的位置就各不一样（见图 6.10，图 6.11 和图 6.12）。

```
library(readxl)
data_pron <-read_xlsx("data_final.xlsx")
glimpse(data_pron)
ggplot(data_pron,aes(type,choice,fill=pronoun))+
  geom_bar(stat="summary",fun=mean,position="stack")
```

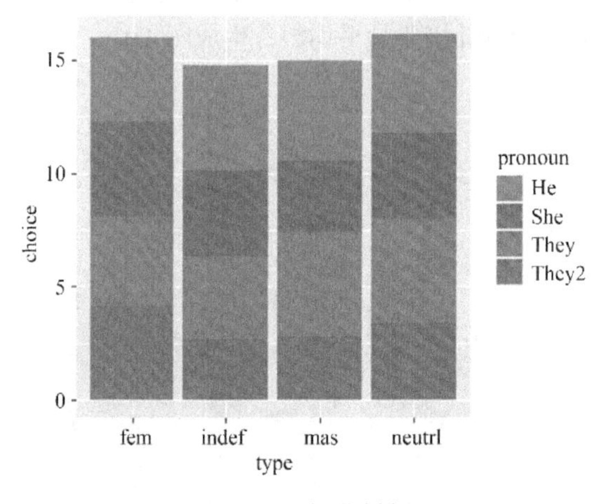

图 6.10　R 可视化样例 16

可以看出，图 6.10 中，stack 是把条形图里的属于相同类别的槛叠加在一起，通过各槛的高度显示各种类别的计数。

```
ggplot(data_pron,aes(type,choice,fill=pronoun))+
  geom_bar(stat="summary",fun=mean,position="fill")
```

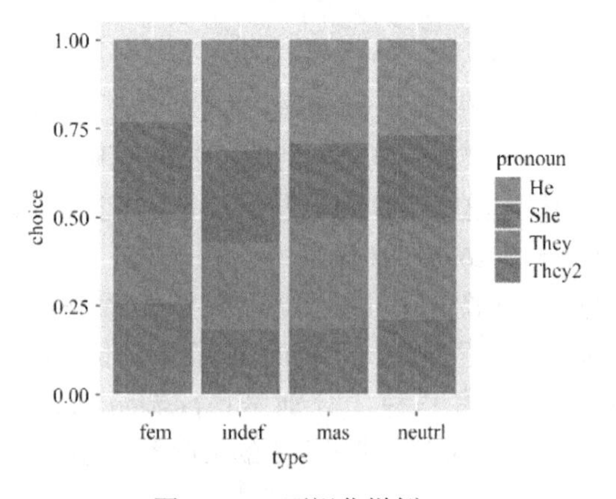

图 6.11　R 可视化样例 17

可以看出，图 6.11 中，fill 也是把条形图里的属于相同类别的槛叠加在一起，但是槛的顶端总是在 1 的位置，而内部呈现的则不是具体的计数，而是比例。

```
ggplot(data_pron,aes(type,choice,fill=pronoun))+
  geom_bar(stat="summary",fun=mean,position="dodge")
```

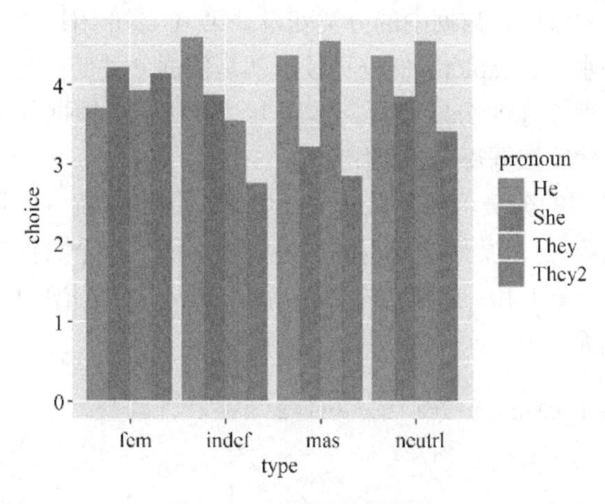

图 6.12　R 可视化样例 18

dodge 是“倚靠”的意思，可以看出，图 6.12 中，把条形图里的属于相同类别的槛“倚靠”在一起，而 y 轴显示各个不同类别的槛的计数（count）。

针对点这种图层的位置调整一共也有三种，分别是：*position_nudge( )*，*position_jitter( )*和 *position_jitterdodge( )*。它们的含义如下：

position_nudge( )：将点移动固定的偏移量。
position_jitter( )：向每个位置添加一些随机噪声。
position_jitterdodge( )：让组内的点分开一点位置，然后添加一些随机噪音。

读者可以运行以下代码，并查看和比较结果的异同：

```
ggplot(mpg,aes(displ,cty))+
  geom_point(position="jitter")
ggplot(mpg,aes(displ,cty))+
  geom_point(position=position_jitter(width=0.09,height=0.25))
ggplot(mpg,aes(displ,cty))+
  geom_jitter(width=0.09,height=0.25)
```

6.1.2 分页

上文介绍了通过把变量映射给不同的图形属性（颜色、大小、形状等），灵活地实现从多维视角展现数据的方法。另一种精彩的、多维的展现数据的方法就是分页（facet）。分页的依据是数据中的分类变量。第 1 章介绍过，每个分类变量都有两个或两个以上的水平，ggplot2 的分页技术就是依据分类变量的多个水平把图形分成多个页来显示，每个水平分成一页。本质上，这相当于根据分类变量的水平把数据分成多个子集，然后依据每个子集作图。

一共有两个可用的分页函数：*facet_wrap( )*和 *facet_grid( )*，下面分别介绍。首先，引进数据，用第 2 章案例二获得的最终数据举例。这个数据包含了两组中国英语学习者（Eng vs. non）和一组英语本族语者（native）对英语中广泛使用的 singular *they* 的可接受度判断：

```
data_sing <-read_xlsx("data_singular.xlsx",na="NA")
glimpse(data_sing)
by_subj <-data_sing %>%
  group_by(subj,type,pronoun,group) %>%
  summarize(scores=sum(scores))
```

上面的代码读入了数据，然后再根据变量 subj，type，pronoun，group 分组，计算出每一组的每名被试在每种先行词类型（type）条件下，对每一个代词所做评分的总和。先看如何使用 *facet_wrap( )*进行分页作图。

6.1.2.1 *facet_wrap( )*

*facet_wrap( )*能够生成长条格子，让图形以二维的方式显示在格子上。如果数据中有某个分类变量存在多个水平，使用这种方式来安排图形能让数据中可能存在的规律看起来一目了然，进而通过图形发现数据中各个变量之间形成规律的模式。*facet_wrap( )*一共有 4 个可用参数，通过对这些参数进行设置能让图形根据不同方式显示：

ncol：通过设定数字，控制图形以多少列显示。

nrow：通过设定数字，控制图形以多少行显示。

as.table：有两个参数选项，即 TRUE 和 FALSE。当设定 as.table=TRUE 时，让图形像一张表格一样显示，让最大的值显示在右下角；设定

as.table=FALSE 时，让最大值显示在左上角。这里的最大值和最小值，是按字母顺序对分类变量的水平进行排序，最大值就是指按字母顺序排最后的值。

dir：控制着分布的方向，是横向还是纵向（垂直）排列。

请看下面的代码和图 6.13：

```
base <-ggplot(by_subj,aes(group,scores,fill=pronoun))+
  geom_bar(stat="summary",fun=mean,position="dodge")
base+facet_wrap(~type)
```

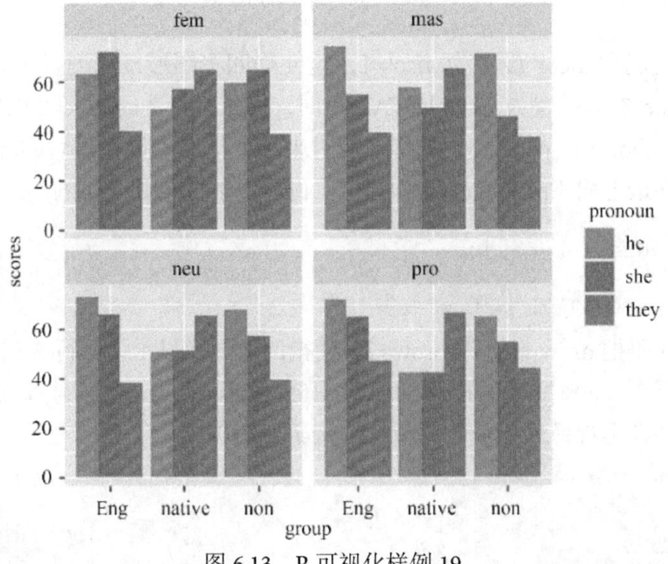

图 6.13　R 可视化样例 19

数据中用于分页的变量 type 一共有 4 个水平（fem，mas，neu，pro），从分页的结果可以看出，facet_wrap（~type）按默认的 2 行 2 列的方式分页。通过分页，可以让我们清楚地看到在每一种先行词类别（type）的条件下，三组被试对英语中三个代词（he，she，they）的可接受度。

再看下面的代码和图 6.14：

```
base+facet_wrap(~type,ncol=1)
base+facet_wrap(~type,ncol=1,as.table=FALSE)
```

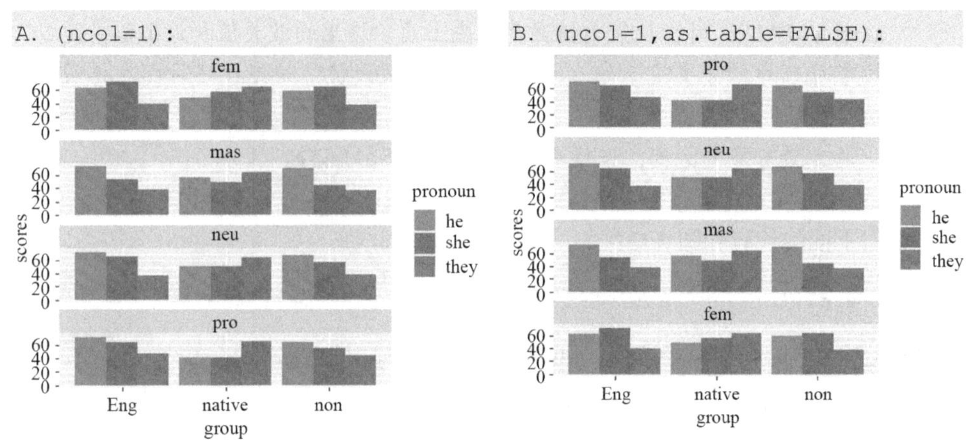

图 6.14　R 可视化样例 20

上面的代码把 ncol 设置为 ncol=1，这使得四个图形按一列显示，但显示在四行。把 as.table 参数设置为 as.table=FALSE 时，原来默认（as.table=TRUE）按字母先后顺序排列（fem-mas-neu-pro）的图形反过来了，把原来排在最后的 pro 这个水平的数据显示在最上面（pro-neu-mas-fem）。再看以下代码和产生的图 6.15：

```
base+facet_wrap(~type,nrow=2)
base+facet_wrap(~type,nrow=2,dir="v")
```

上面的代码把 nrow 设置为 nrow=2，使得四个图形显示为 2 行 2 列。把 dir 参数设置为 dir="v"，原来按横向排列的图形（fem-mas-neu-pro）变成按纵向（垂直方向）排列。现在再看另外一个分页函数：*facet_grid( )*。

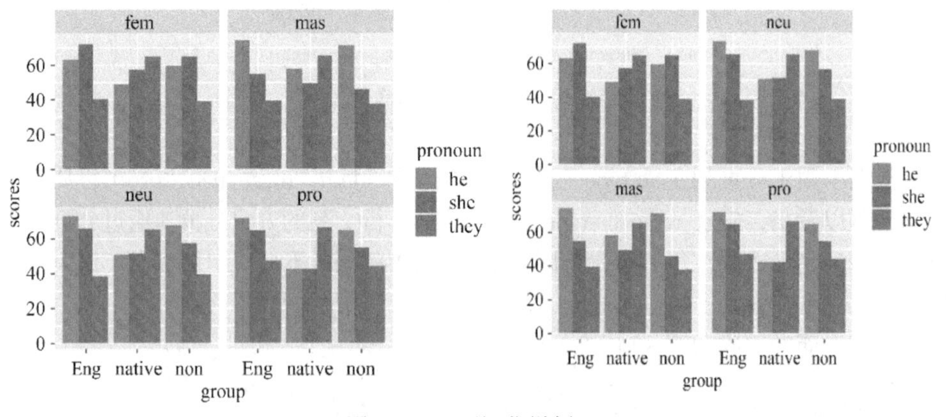

图 6.15　R 可视化样例 21

6.1.2.2　*facet_grid( )*

*facet_grid( )*通过多种不同的公式，按二维的方式来布局图形，请看图 6.16：

```
base+facet_grid(.~type):
```

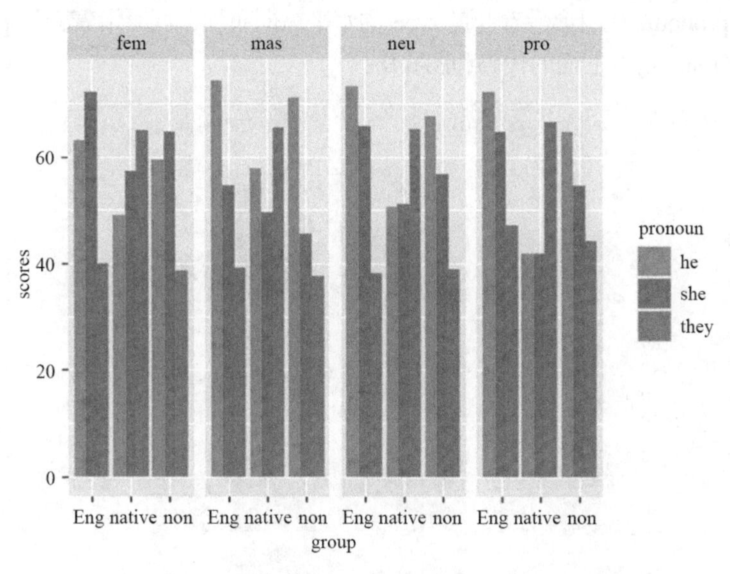

图 6.16　R 可视化样例 22

.~type 让图形按变量 type 横向摊开，这种图形呈现方式便利于比较数据中各个不同代词（type）的 y 值。

与此相反，type~.让图形按变量 type 纵向摊开，这种图形呈现方式方便比较 x 轴的位置，所以特别适合于比较各种不同的分布。请看下面的代码和图 6.17：

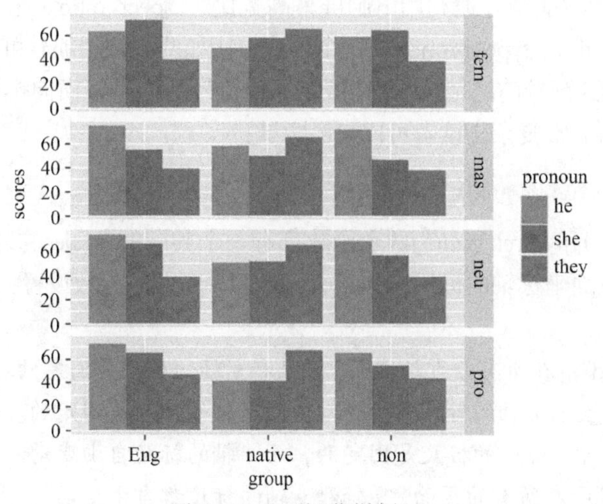

图 6.17　R 可视化样例 23

```
base+facet_grid(type~.):
```

type~pronoun 让图形沿着变量 type 的水平纵向布局，同时沿着变量 pronoun 的水平横向布局。请看下面的代码和图 6.18：

```
base+facet_grid(type~pronoun)
```

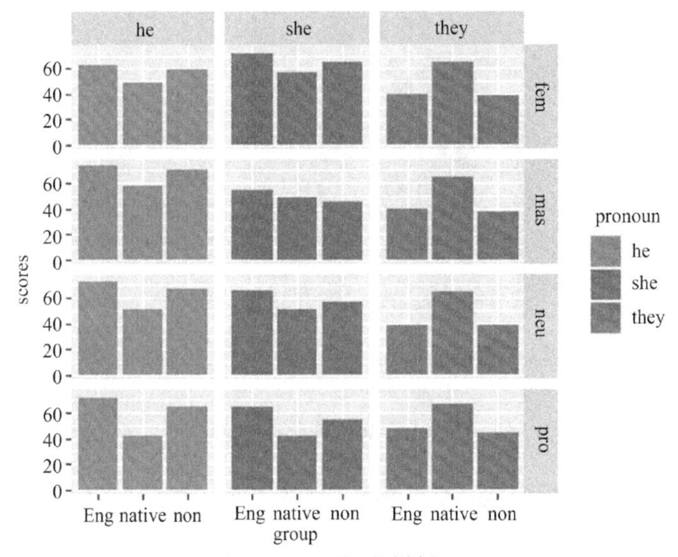

图 6.18　R 可视化样例 24

在进行这种图形布局的时候，常规的原则是把具有更多水平的变量放在前面，如这里的 type，就能很好地利用电脑屏幕高宽比（aspect ratio）来呈现图形。实际上，还可以充分扩展 type~pronoun 这个公式，比如两端使用加号可以增加变量，只需要记住的就是~符号前的是按纵向排列，而~符号后的是按横向排列。这个时候生成的图形将变得非常复杂，读者可以自己尝试：

```
base+facet_grid(group+type~pronoun)
```

*facet_wrap( )*和 *facet_grid( )*两个函数都有一个共同的 scales 参数，对它进行设置，可以控制页面坐标轴的标尺，一共有以下四种不同的参数设置：

scales="fixed"：在所有分页的页面，x 轴和 y 轴的标尺是固定的。

scales="free_x"：x 轴的标尺自由变动，而 y 轴的标尺是固定的。

scales="free_y"：x 轴的标尺是固定的，而 y 轴的标尺自由变动。

scales="free"：在所有的页面，x 轴和 y 轴的标尺都自由变动。

举一个文本挖掘的实例。先读入数据：

```
Dickens <-read_csv("Dickens.csv")
Dickens_sentiment <-Dickens %>%
  group_by(book) %>%
  inner_join(get_sentiments("bing")) %>%
  count(book,index=linenumber %/%80, sentiment) %>%
  spread(sentiment,n,fill=0) %>%
  mutate(sentiment=positive-negative)
Dickens_sentiment
## # A tibble: 654 x 5
## # Groups:   book [2]
##    book                    index negative positive sentiment
##    <chr>                    <dbl>  <dbl>    <dbl>     <dbl>
##  1 A Tale of Two Cities      0       28       29         1
##  2 A Tale of Two Cities      1       27       13       -14
##  3 A Tale of Two Cities      2       17       12        -5
##  4 A Tale of Two Cities      3       13       11        -2
##  5 A Tale of Two Cities      4       17       17         0
##  6 A Tale of Two Cities      5       25       18        -7
##  7 A Tale of Two Cities      6       23       17        -6
##  8 A Tale of Two Cities      7       11       26        15
##  9 A Tale of Two Cities      8       26       22        -4
## 10 A Tale of Two Cities      9       19       27         8
```

上面的代码读入 Dickens 数据，对 Dickens 两本小说（*A Tale of Two Cities* 和 *Pickwick Papers*）按每 80 行进行分段，具体表示为 index 变量。然后，基于 Bing 词典提取这两本小说的情感词，并对其进行量化，具体表示为 sentiment 这个变量。展现两本小说情感走势的最佳途径就是对其进行可视化，请看下面的代码和图 6.19：

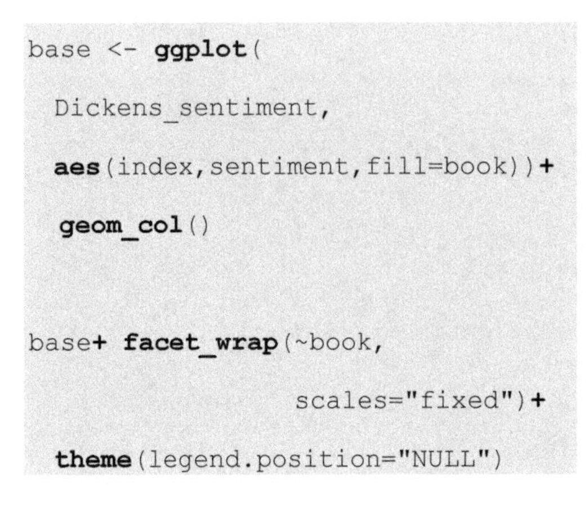

```
base <- ggplot(
  Dickens_sentiment,
  aes(index,sentiment,fill=book))+
  geom_col()

base+ facet_wrap(~book,
                 scales="fixed")+
  theme(legend.position="NULL")
```

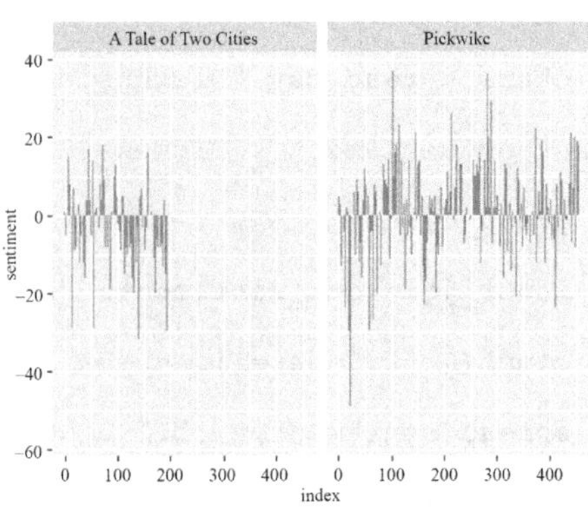

图 6.19　R 可视化样例 25

上面的代码在 *facet_wrap* 函数里设置 scales="fixed"，使得两个分页面的 x 轴和 y 轴的标尺固定。从结果看，上面的图形不够灵活和美观，比如，左半边页面留下了很长一段空白，没有把这两本小说在长度上不一样而导致的在分段指标上的个体差异灵活显示出来。试比较以下代码和图 6.20：

```
base+facet_wrap(~book,scales="free_x")+
  theme(legend.position="NULL")
```

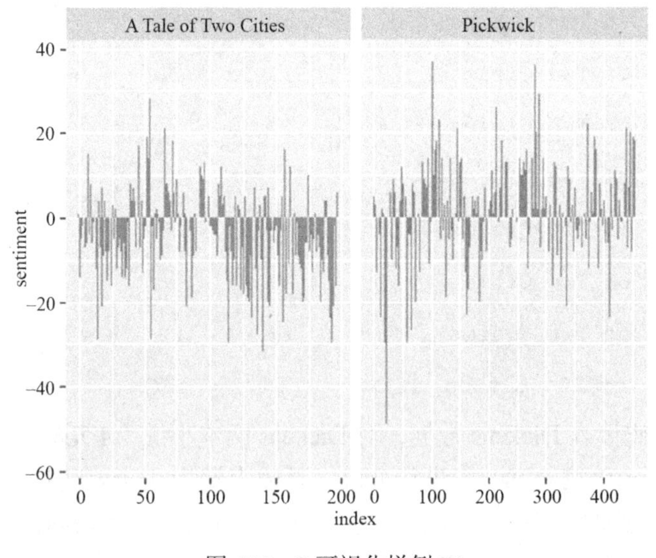

图 6.20　R 可视化样例 26

上面的代码设置 scales="free_x"，允许 x 轴的标尺在两个页面上自由变动，比较灵活全面地呈现了两本小说的情感走势。再看下面的代码和图 6.21：

```
base_line <-ggplot(Dickens_sentiment,
                   aes(index,sentiment,color=book))+
  geom_line()
base_line+
  facet_wrap(~book,scales="free_x",ncol=1)+
  theme(legend.position="NULL")
```

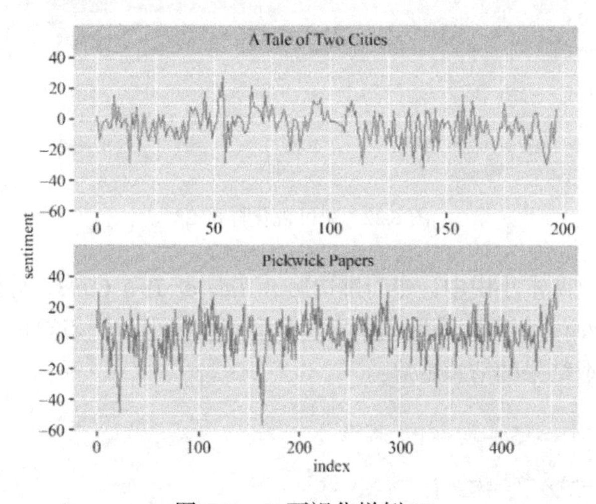

图 6.21　R 可视化样例 27

上面的代码在 facet_wrap 函数里对两个重要参数进行了设置，即 scales="free_x" 和 ncol=1，生成了信息量丰富同时兼具审美喜悦的两幅图。而下面这幅图则添加和备注了更多的信息，请看下面的代码和图 6.22：

```
ggplot(Dickens_sentiment,aes(index,sentiment,color=book))+
  geom_line()+
  geom_point()+
  facet_wrap(~book,scales="free_x",ncol=1)+
  theme(legend.position="NULL")+
  geom_hline(yintercept=0,color="white",size=2)+
  annotate("rect",xmin=100,xmax=120,ymin=-25,ymax=25,
           alpha=.1,fill="blue")
```

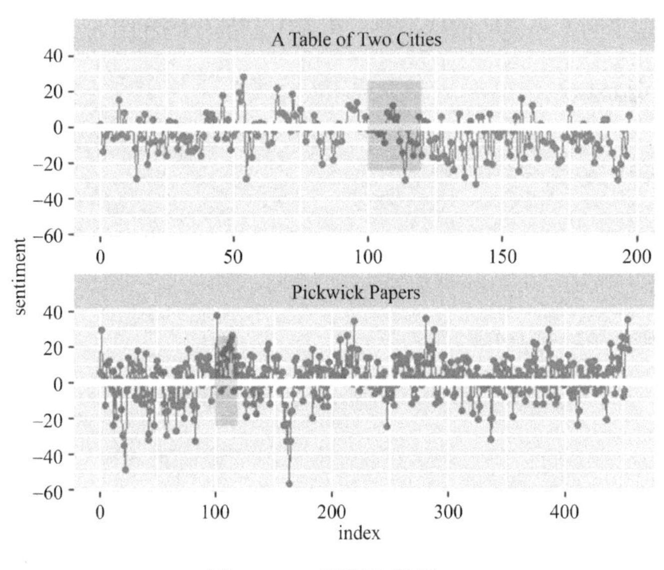

图 6.22　R 可视化样例 28

接下来，从这两本小说中，专门挑选出 *A Tale of Two Cities*，分别用 3 种不同的情感词典对这本小说的情感词进行提取，然后，通过图形比较这部小说基于 3 种不同情感词典的提取结果的情感走势：

```
tale_of_twocities <-Dickens %>%
  filter(book=="A Tale of Two Cities")

afinn <-tale_of_twocities %>%
  inner_join(get_sentiments("afinn")) %>%
  group_by(index=linenumber %/%80) %>%
  summarize(sentiment=sum(value)) %>%
  mutate(method="AFINN")
bing_and_nrc <-bind_rows(
  tale_of_twocities %>%
  inner_join(get_sentiments("bing")) %>%
  mutate(method="Bing et al."),
  tale_of_twocities %>%
```

```
  inner_join(get_sentiments("nrc") %>%
             filter(sentiment %in%c("positive",
                                    "negative"))) %>%
  mutate(method="NRC"))
bing_and_nrc <-bing_and_nrc %>%
  count(method,index=linenumber %/%80, sentiment)%>%
  spread(sentiment,n,fill=0) %>%
  mutate(sentiment=positive-negative)
total_data <-bind_rows(afinn,
                       bing_and_nrc)
```

最后生成的数据 total_data 合并了三个情感词典的数据。上述代码使用了在第 1 章介绍过的表格合并等函数，包括 *inner_join( )*和 *bind_rows( )*等。数据成功生成后,就可以进行可视化，正如上面所说，可视化是呈现文本挖掘结果的利器。请看下面的代码和图 6.23：

```
ggplot(total_data,aes(index,sentiment,fill=method))+
  geom_col(show.legend=FALSE)+
  facet_wrap(~method,ncol=1,scales="free_y")
```

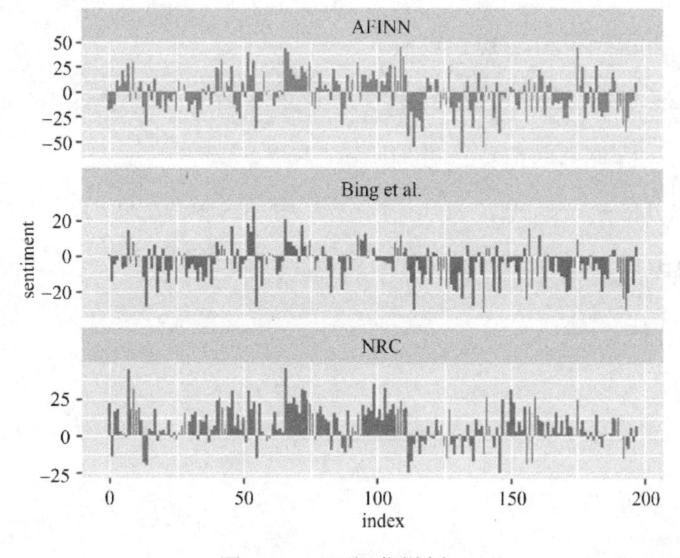

图 6.23　R 可视化样例 29

上面的代码在 facet_wrap 函数里也对两个重要参数进行了设置，即 scales="free_y"和 ncol=1。free_y 让 y 轴可以在不同页面自由变动，同样生成了信息量丰富同时兼具审美喜悦的三幅图，并方便比较。

通过上面的多幅图形可以看出，每当在呈现线性变化的时候，比如展现时间的变化或历经多次不同的测量的时候，把 scales 设置为 free（free_x，free_y 或 free），是一个非常好的选择，能够历时地展现丰富的信息。

为了更进一步解释 scales 参数的功能，我们最后再看下面的代码和生成的图 6.24：

```
bing_word_counts <-Dickens %>%
  inner_join(get_sentiments("bing")) %>%
  count(word,sentiment,sort=TRUE) %>%
  ungroup
bing_word_counts %>%
  group_by(sentiment) %>%
  top_n(10) %>%
  ungroup() %>%
  mutate(word=reorder(word,n)) %>%
  ggplot(aes(word,n,fill=sentiment))+
  geom_col(show.legend=FALSE)+
  facet_wrap(~sentiment,scales="free_y")+
  labs(y="Contribution to sentiment",
       x=NULL)+
  coord_flip()
## Selecting by n
```

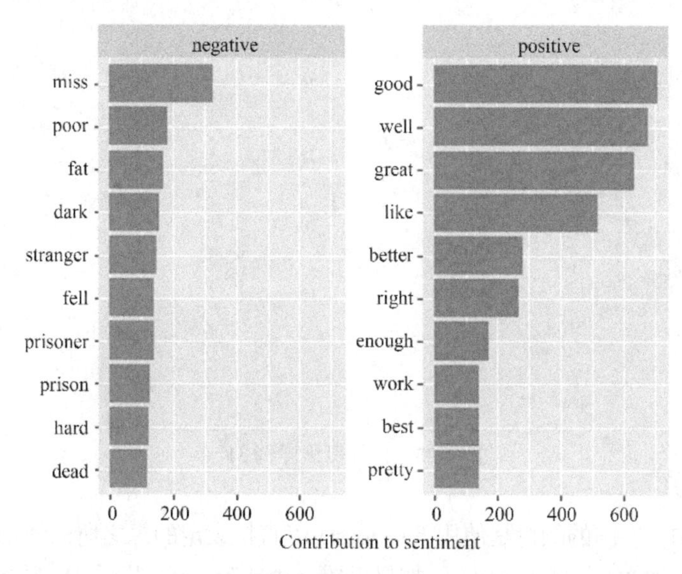

图 6.24　R 可视化样例 30

上面的代码和图形成功地呈现了 Dickens 两本小说排在最前面的 10 个积极和消极情感词。分页函数 *facet_grid( )*还有一个 space 参数，它的可取值跟 scales 是一样的。因为它的实际应用在语言研究中较少，本书不做介绍，感兴趣的读者可以参考 Wickham（2016）。

6.1.3　着色

精彩灵活的着色，是 ggplot2 作图的特色和亮点。但是，着色，或者更准确地说颜色控制，在 ggplot2 中是比较复杂的，本书只做简要介绍，有兴趣的读者还可以进一步查阅其他相关书籍。在使用颜色的时候，读者需要明白两个概念：一个是设置（setting）颜色，另一个是通过把变量映射（mapping）给颜色来控制颜色。除此之外，还要明白着色时的两个关键词：一个是 fill，一个是 color。当使用 fill 的时候，强调填充的意思，即填充颜色，因此，图层对象一般是一个区域（area），而 color 则一般是指边框或者点，是面积很小的区域。请看下面的代码和生成的图 6.25：

```
ggplot(mpg,aes(drv,hwy))+
  geom_boxplot(fill="tomato1",notch=TRUE)
mpg %>%
  filter(class%in%c("midsize","2seater","suv","pickup")) %>%
ggplot(aes(drv,hwy,fill=class))+
  geom_boxplot(notch=TRUE)
```

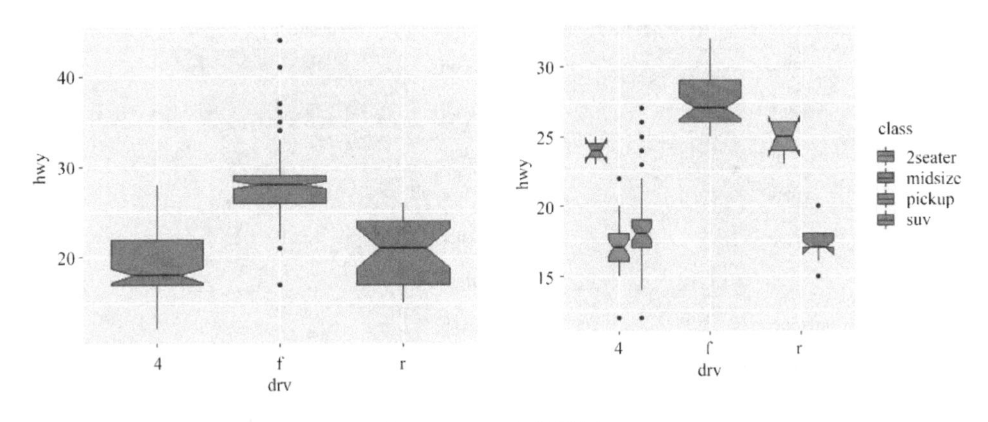

图 6.25　R 可视化样例 31

图 6.25 中，左图的颜色是使用 fill="tomato1"直接设定的，之所以使用 fill 就是因为箱体图是一个大的区域（area），如果设置 color="tomato1"只会让箱体图的边框的颜色被设定为"tomato1"。而右图的颜色则是在映射函数 *aes( )*里通过变量映射而设定的，即 *aes*(drv, hwy, fill=class)。这两种颜色设定的思路完全不同，直接设置颜色的目的纯粹就是为了颜色，而通过变量映射来设定颜色，则还可以实现从多个维度来展示数据信息，这在上面已经介绍过。

如果在设定颜色的时候，不知道该选择何种颜色，可以运行 *colors( )*函数，它会显示一共 600 多种可选颜色：

```
colors()
##[1] "white"                "aliceblue"          "antiquewhite"
##[4] "antiquewhite1"      "antiquewhite2"      "antiquewhite3"
##[7] "antiquewhite4"      "aquamarine"         "aquamarine1"
##[10] "aquamarine2"       "aquamarine3"        "aquamarine4"…
```

着色最复杂的是在把变量映射给颜色以后，如何把映射形成的颜色修改成自己需要的颜色。这个时候涉及两个关键问题：①映射给颜色的变量是连续变量，还是分类变量；②使用 fill 还是使用 color 设定颜色。由于大部分时间研究者只需要考虑对分类变量的颜色进行修改，因此本书不介绍连续变量的颜色修改问题，感兴趣的读者可以自己查阅相关书籍。要对分类变量映射后形成的颜色进行修改，可以从表 6.2 里选取合适的函数来进行（Chang, 2018: 362）：

表 6.2　分类变量着色可选函数

Fill scale	Colour scale	描述
scale_fill_discrete( )	*scale_colour_discrete( )*	让颜色围绕色轮均匀分布（跟 hue 相同）。
scale_fill_hue( )	*scale_ colour _hue( )*	让颜色围绕色轮均匀分布（跟 discrete 相同）。
scale_fill_grey( )	*scale_ colour _grey( )*	灰色调调色板
scale_fill_viridis_d( )	*scale_ colour _viridis_d( )*	翠绿色调色板（对色盲友善）
scale_fill_brewer( )	*scale_ colour _brewer( )*	配色调色板
scale_fill_manual( )	*scale_ colour _manual( )*	人工设定颜色

表 6.2 的函数有一个共同的特征：都是以 scale 开头，即作为前缀。表格中的第一列和第二列的区别就在于第二个词是 fill 还是 colour。两者的区别上面已经解释过，如果着色的图层涉及较大的面积，就用 fill，否则就用 colour。函数的第三个词是把这些函数区分开来的关键词。下面分别对这些函数进行简单介绍。

首先，读入在上文已经介绍过的笔者课题组收集的两组中国英语学习者（Eng vs. non）和一组英语本族语者（native）对英语中广泛使用的 singular *they* 的可接受度数据。

```
singular <-read_excel("data_singular.xlsx",na="NA")
glimpse(singular)
```

第一，介绍 *scale_fill_viridis_d( )*和 *scale_color_viridis_d( )*。在把变量映射给图形属性的时候，自动生成的颜色经常出现红色或者绿色，尽管这些颜色很鲜亮而且区分度高，但是对有红绿色盲的读者来说可能就会带来读图问题。这两个函数则可以生成对红绿色盲读者也很友善的颜色。请看下面的代码和生成的图 6.26：

```
pp_sig <-ggplot(singular,aes(type,scores,fill=pronoun))+
  geom_bar(stat="summary",fun=mean,position="dodge")+
  facet_wrap(~group)
pp_sig+
  scale_fill_viridis_d()
pp_mpg <-ggplot(mpg,aes(displ,hwy,color=class))+
  geom_point(size=2.5)
pp_mpg+
  scale_color_viridis_d()
```

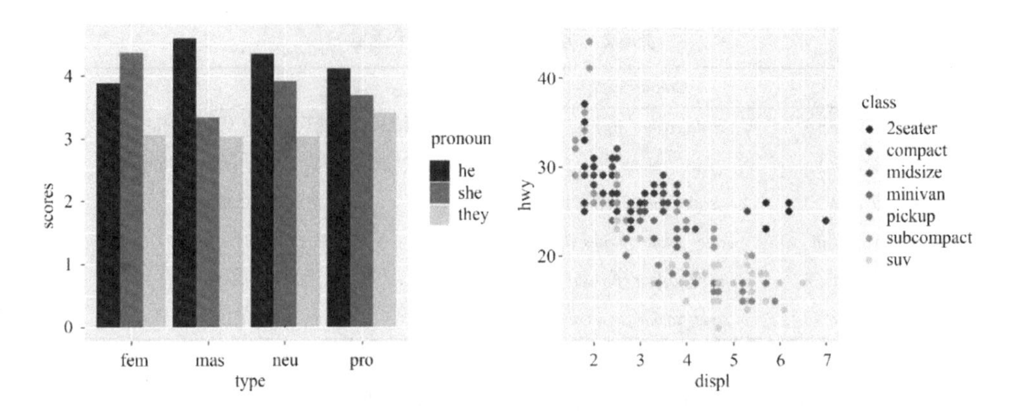

图 6.26　R 可视化样例 32

可以使用?scales::viridis_pal 来查看更多关于 viridis 调色板的信息。

第二，介绍 *scale_fill_hue( )*和 *scale_colour_hue( )*。hue 是 R 默认的调色板，当使用这两个函数着色的时候，它的默认亮度（lightness）是 65（范围：0—100）。如果着色的是一个比较大的区域，使用这个默认值可能正好，但是如果着色的是点或者线等比较小的区域，亮度 65 则可能显得太淡，读者可根据要求对这个关键参数进行调整。请看下面的代码和生成的图 6.27：

```
pp_sig+
  scale_fill_hue(l=80,c=100)
pp_sig+
  scale_fill_hue(h=c(20,90))
pp_mpg+
  scale_color_hue(l=30)
pp_mpg+
  scale_color_hue(h=c(270,360))
```

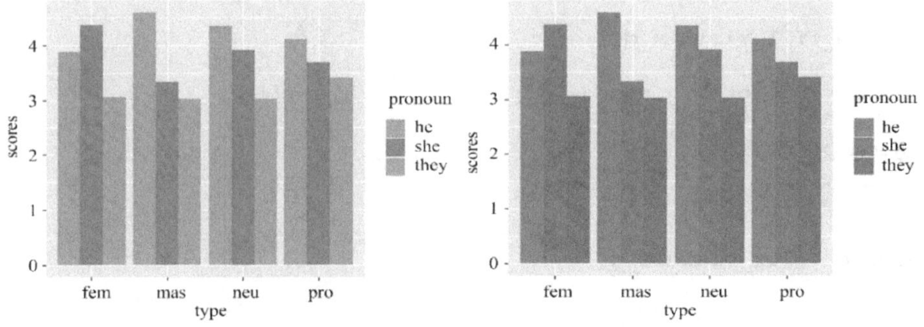

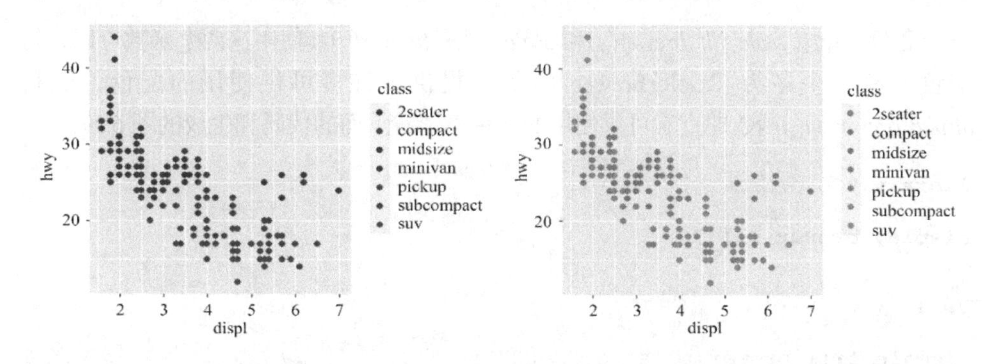

图 6.27　R 可视化样例 33

*scale_fill_hue( )*和 *scale_colour_hue( )*这两个函数的关键参数，除了有 l（亮度）以外，还有 h 表示色度，可选范围为[0, 360]，以及 c（chroma），表示颜色饱和度，它的最大值是根据 l 和 c 的组合发生变化。

第三，介绍 *scale_fill_grey( )*和 *scale_ colour _grey( )*。使用这两个函数着色比较适合产出黑白颜色，适合于打印。这两个函数里面有两个关键参数分别是 start 和 end。它们的取值范围在 0 与 1 之间，默认值是：start=0.2，end=0.8。通过修改这两个值，会显示黑白不一的图。请看下面的代码和生成的图 6.28：

```
pp_sig+
  scale_fill_grey(start=0.1,end=0.4)

pp_mpg+
  scale_color_grey(start=0.1,end=0.9)
```

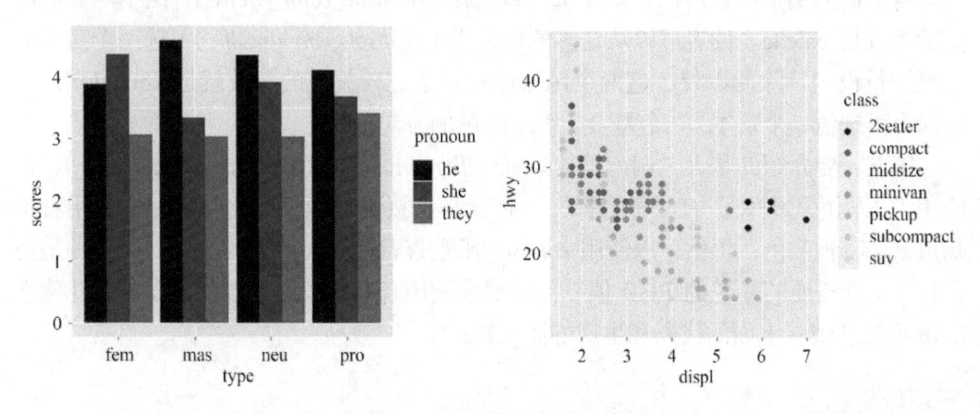

图 6.28　R 可视化样例 34

第四，介绍 *scale_fill_brewer( )*和 *scale_color_brewer( )*。使用这两个函数可以自行配色。有一个名为 RColorBrewer 的包，提供了许多可供使用的配色，运行 *display.brewer.all( )*函数即查看可供使用的配色。请看下面的代码和生成的图 6.29：

```
library(RColorBrewer)

display.brewer.all()

pp_sig+

  scale_fill_brewer(palette="Set2")

pp_mpg+

  scale_color_brewer(palette="PuOr",direction=-1)
```

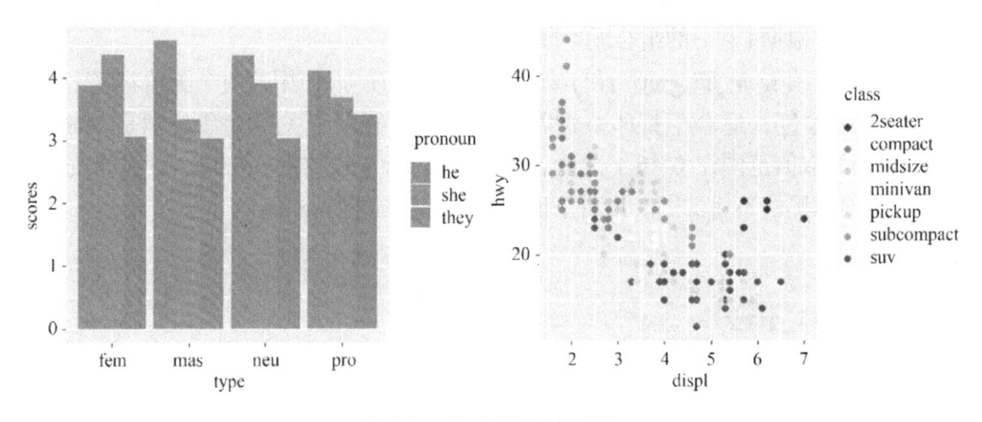

图 6.29 R 可视化样例 35

从上面的例子可以看出，*scale_fill_brewer( )*和 *scale_color_brewer( )*两个函数的最关键参数是 palette。读者可以从众多的调色板中（*display.brewer.all( )*）选一个需要的颜色进行设定。除此以外，这两个函数还有一个比较关键的参数就是 direction，它有两个可选值一个是 1，一个是-1，表示颜色的方向。

第五，要介绍的是人工调色函数 *scale_fill_manual( )*和 *scale_color_manual( )*。在使用人工调色的时候，有两种选择，一种就是直接给定颜色。此时，如果使用者不知道该选哪种颜色，仍然可以使用 *colors( )*函数查看并获得可选的颜色。另一种是完全自行定义需要的颜色的 RGB 值，而这要求使用者有比较熟悉颜色的设置，并熟悉 RGB 系统。请看下面的代码和生成的图 6.30：

```
pp_sig+

 scale_fill_manual(values=c("wheat4","yellow3","turquoise4"))
```

```
pp_sig+
  scale_fill_manual(values=c("#CC6666","#7777DD","#DFE725FF"))
pp_mpg+
   scale_color_manual(values=c("wheat4","yellow3","turquoise4",
                              "grey50","red1","red2","red4"))
```

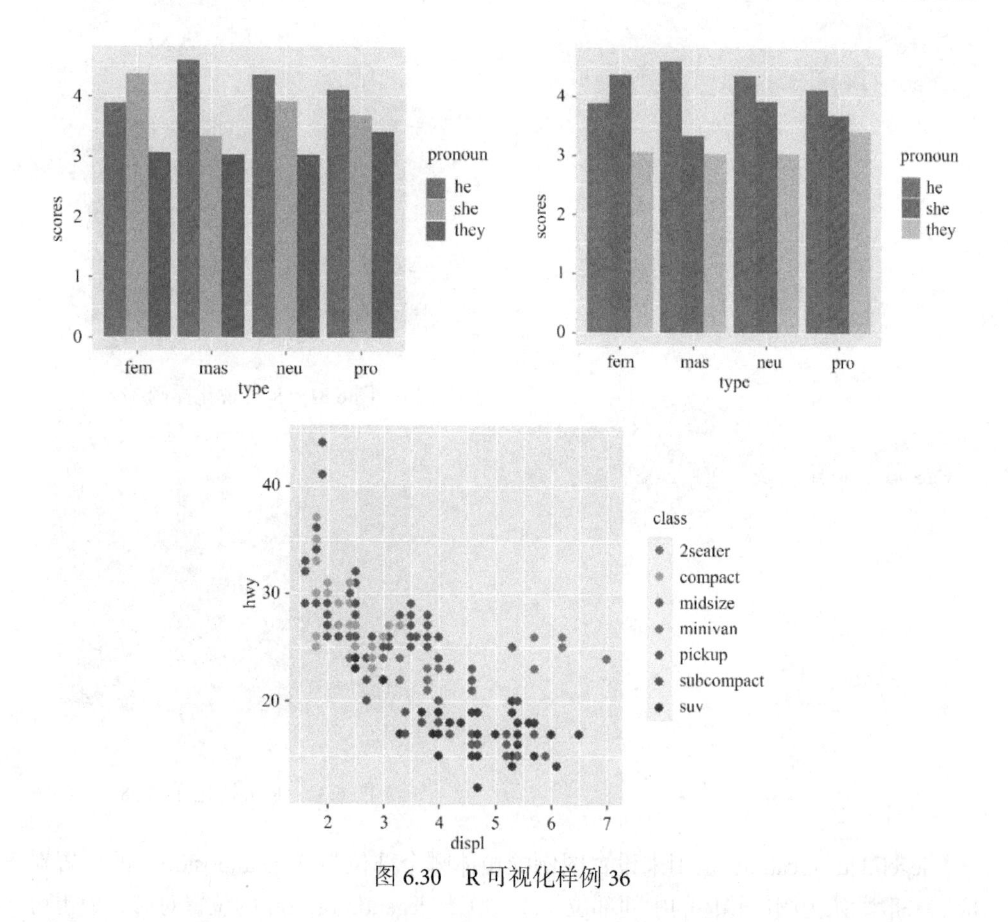

图 6.30　R 可视化样例 36

6.1.4　图例修改

图例（legend）虽小，但用处却大，是读图和用图所借助的工具。本书无意对其进行详细介绍，仅从实用角度来看，关于图例比较重要的内容包括：①图例的位置；②图例的标签，包括标签的内容以及标签的显示方式；③图例的标题（title）。下面主要从这三点进行介绍。

首先，图例的位置。一般图例会默认显示在图的右边，但是可以根据需要修改它的位置。修改位置的两个关键参数是 legend.position 和 legend.justification。可以把 legend.position 的值设定为表示位置的英语单词，如：top，bottom，left 等，也可以使用数值型向量来设定图例的具体位置，如 legend.position=c(x, y)。如果 x 和 y 都设置为 0（c(0, 0)），则图例出现在底部左边；而如果都设置为 1（c(1, 1)），则出现在顶部右边，以此类推，来设定具体位置。请看下面的代码和生成的图 6.31 和图 6.32：

```
pp_sig+
  theme(legend.position="top")
```

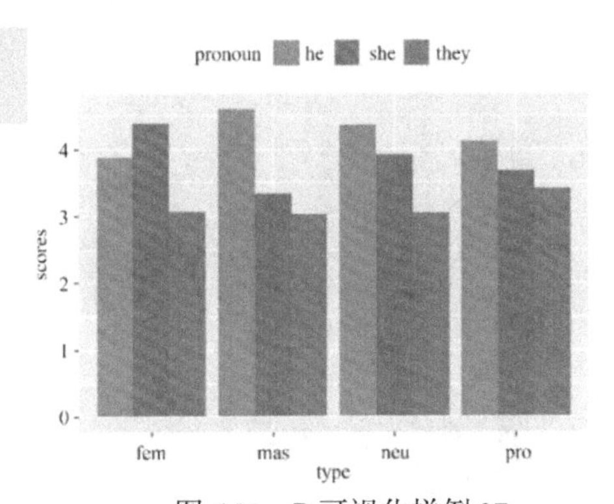

图 6.31　R 可视化样例 37

```
pp_sig+
  theme(legend.position=c(.95,.88))
```

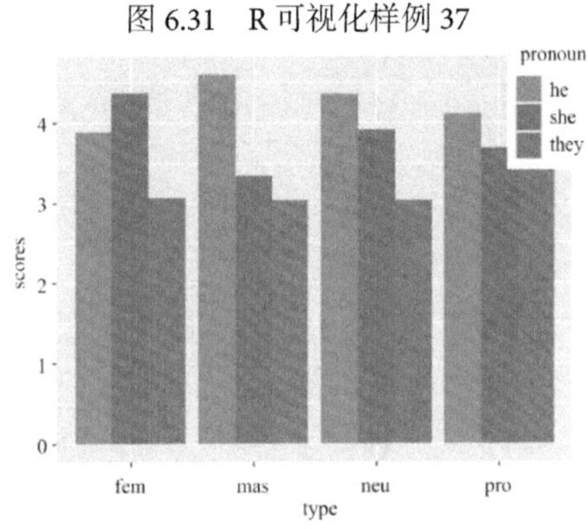

图 6.32　R 可视化样例 38

legend.justification 是用来设置图例的箱体哪个部位与 legend.position 的位置对应。一般默认为图例箱体的中间部位（.5, .5）与 legend.position 的位置对应，但也可以根据需要进行设置，如 legend.justification=c(1, 0)是让图例箱体的右下角与 legend.position 对应。请看下面的代码和生成的图 6.33：

```
pp_sig+
  theme(legend.position=c(1,0),legend.justification=c(1,0))
```

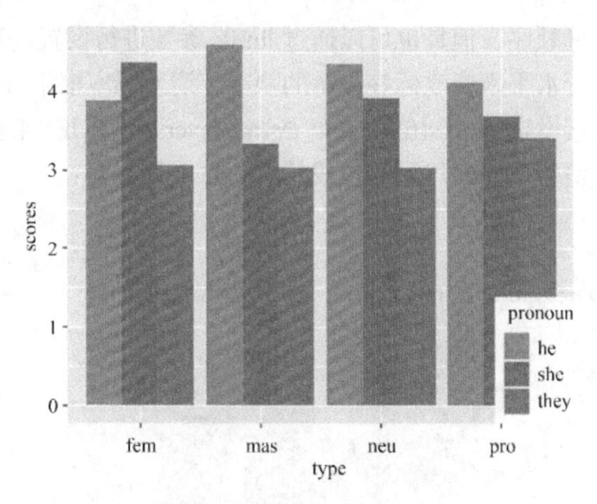

图 6.33　R 可视化样例 39

上图是让图例的右下角与作图区域的右下角对应。需要注意的是，上述设置都必须要放在 *theme( )*函数里才会生效，下文会对 *theme( )*进行更多介绍。

其次，图例的标签，包括标签的内容以及标签的显示方式。先看标签的内容的修改和设定。标签的内容，本质上反映的是数据中体现在标签这个变量的各个水平，比如 pronoun 这个变量中的 he，she 和 they。但是，也可以根据需要，直接修改它们，方法是通过 *scale_fill_discrete( )*函数，设置 labels 的参数值。请看下面的代码和生成的图 6.34：

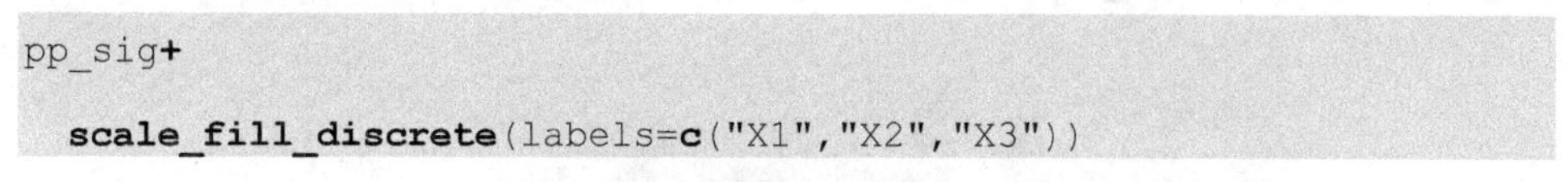

```
pp_sig+
  scale_fill_discrete(labels=c("X1","X2","X3"))
```

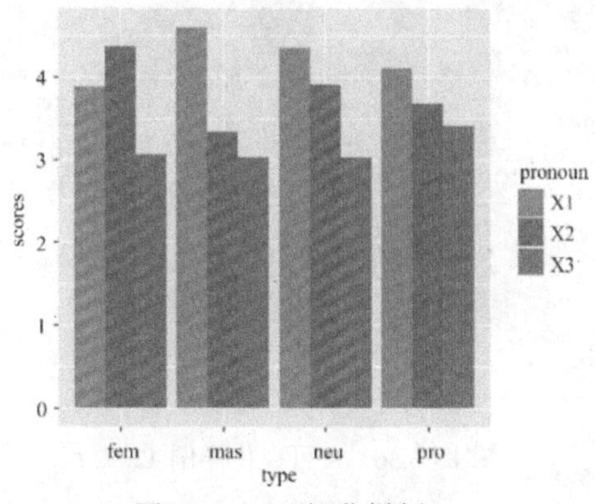

图 6.34　R 可视化样例 40

再看图例中标签的显示顺序问题。上文已经介绍过，图例中所显示的所有标签，实际上代表的是数据中这个变量的水平，图例中标签显示的顺序默认为是这个变量各个水平的字母顺序，但是也可以通过 limits 参数进行设置。当然，也可以通过调节这个变量的因子水平来修改标签显示的顺序（请参照本书第 1 章和第 2 章相关内容），还可以直接设定 *guides*(fill=*guide_legend*(reverse=TRUE))来把标签的显示顺序彻底首尾换过来。请看下面的代码和生成的图 6.35 和图 6.36：

```
pp_sig+
  scale_fill_discrete(limits=c("they","he","she"))
```

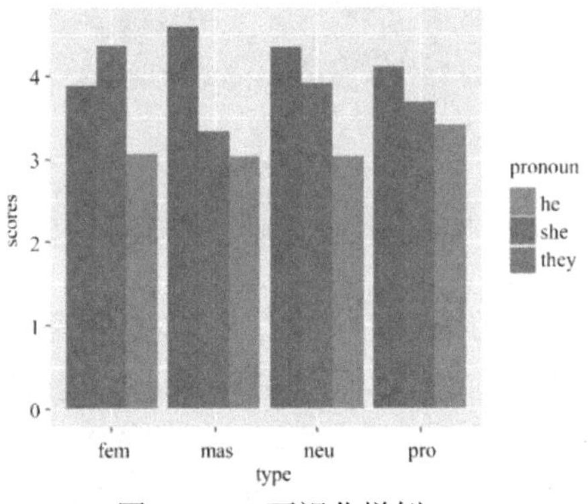

图 6.35　R 可视化样例 41

```
pp_sig+
  guides(fill=guide_legend(reverse=TRUE))
```

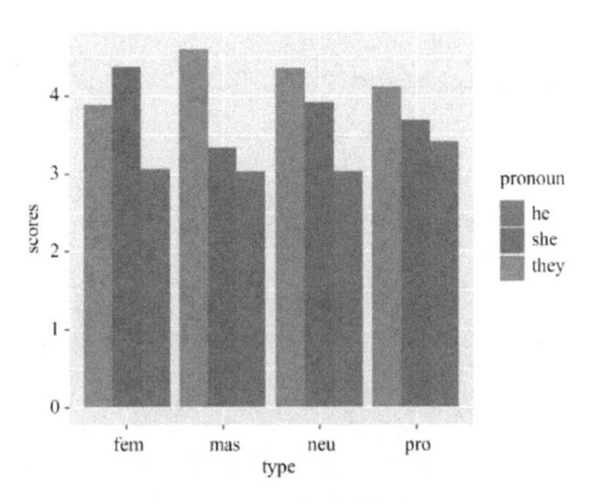

图 6.36　R 可视化样例 42

再次，修改图例的标题（title）。可以有两种方式修改图例的标题：①通过 *labs*( )函数的 fill 参数来修改；②通过 *scale_fill_discrete*( )函数中的 names 参数来修改。请看下面的代码和生成的图 6.37 和图 6.38：

```
pp_sig+
  labs(fill="Pron")
```

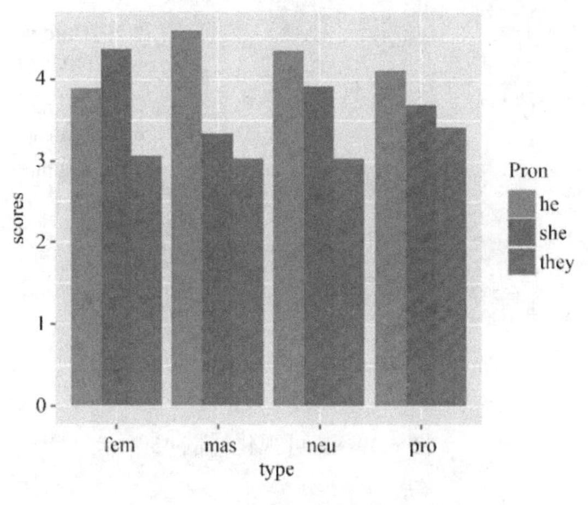

图 6.37　R 可视化样例 43

```
pp_sig+
  scale_fill_discrete(name="PRON")
```

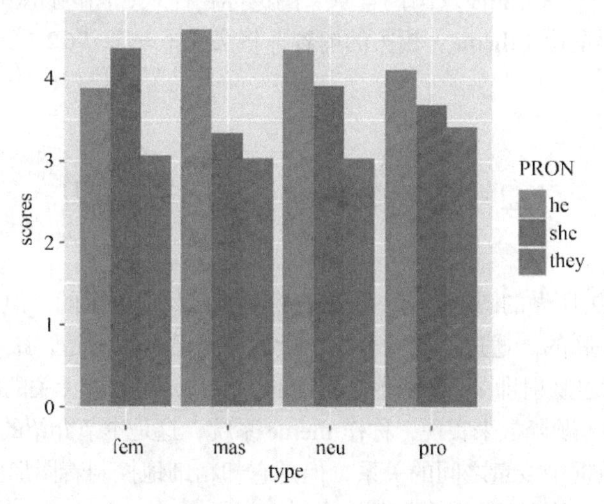

图 6.38　R 可视化样例 44

还可以使用换行符号（\n）对长的标题进行换行。请看下面的代码和生成的图 6.39：

```
pp_sig+
  scale_fill_discrete(name="Third-person\npronoun")
```

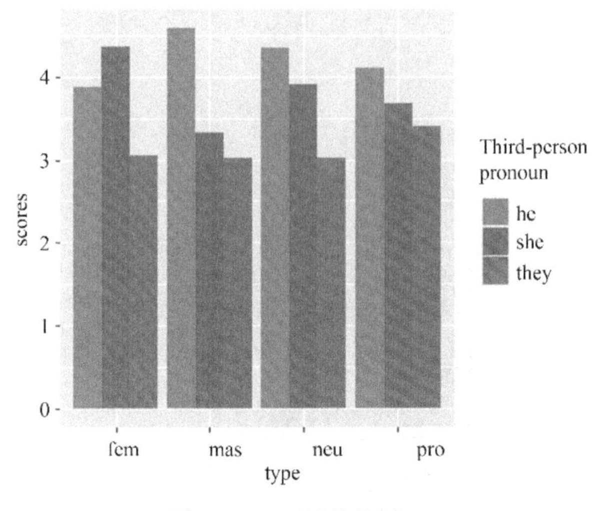

图 6.39　R 可视化样例 45

在某些时候，图例会显得多余，可以移除它，有三种办法：①使用 *guides( )*函数，即 *guides*(fill=FALSE)；②使用 *scale_fill_discrete( )*函数，即 *scale_fill_discrete*(guide=FALSE)；③在 *theme( )*中设置 legend.position 参数，即 *theme*(legend.position="none")。限于篇幅，读者可以自己尝试。

此外，还有一些功能涉及图例背景、图例标题样式、图例标签的样式的修改。这些都是与图形主题（theme）相关的内容，将会在下一节"6.2 实验数据之外的作图知识"里讲解。

6.2　实验数据之外的作图知识

通过 ggplot2 所做的图形，有一部分内容是直接反应数据的，但也有一部分内容与数据是没有关联的。通过上面的介绍，读者应该已经很清楚，跟数据直接关联的内容主要都是通过映射即 *aes( )*函数来实现的。但是，跟数据无关的内容，主要是通过 *theme( )*，即主题函数来实现，称作 theme 系统，这是本节介绍的重点。theme 系统尽管不体现数据中变量之间的关系，但是它却精细地控制着图形的外表，使得图形更具审美愉悦，并表现出某种风格。

跟实验数据无关的图形内容，除了 theme 系统以外，还包括 coord 和 annotation 等，本节也将进行简要介绍。先介绍 theme 系统。

6.2.1　theme 系统

theme 系统由主题元素组成，有 40 个左右主题元素。每个元素都关联着特定的元素函数（element function），通过设置或修改元素函数的参数来实现对主题元素的控制，而所有的元素函数又都放置在主题函数之中。概括起来，主题系统由以下四个主要成分组成：

（1）主题元素（theme elements）。如上所述一共有 40 多个独特的主题元素，它们跟数据没有关联，共可分成五个类别：plot，axis，legend，panel 和 facet。

（2）元素函数（element function）。上述 40 多个独特的主题元素正是通过元素函数来控制，控制的结果展示了它们的视觉效果。比如，*element_text( )*就是一个常见的元素函数。

（3）主题函数（theme function），即 *theme( )*。主题函数通过调用元素函数来设置和体现主题元素的视角属性。说白了，就是把元素函数放置于 *theme( )*函数里，再在元素函数里通过参数设置来展现主题元素的属性。

（4）全局主题（themes）。共包含 6 个嵌套主题，分别是 *theme_grey( )*，*theme_bw( )*，*theme_linedraw( )*，*theme_light( )*，*theme_dark( )*和 *theme_minimal( )*，下面将逐个介绍。

首先，介绍全局主题中的 6 个嵌套主题，分别是：*theme_grey( )*，*theme_bw( )*，*theme_linedraw( )*，*theme_light( )*，*theme_dark( )*和 *theme_minimal( )*。它们的应用非常简单，容易操作。使用者只要挑选这 6 个主题当中的一个，使用加号（+）连接，放在绘图代码的最后即可。这 6 个主题当中，*theme_grey( )*为默认主题，表现为淡灰色背景加一些白色格子线。这种主题背景让创建的图形显得自然，清新，而布局在上面的白色格子线便于读图时进行比较和参照。另外两个使用比较多的主题是 *theme_bw( )*和 *theme_classic( )*。前者可视作默认主题（*theme_grey( )*）的变体，使用的是白色背景和灰色格子线；而后者称作经典主题，是传统上大家画图已经习惯使用的主题，只显示 x 轴和 y 轴，没有格子线。请看下面的代码和生成的图 6.40 和图 6.41：

```
pp_sig+
  scale_fill_discrete(name="Third-person\npronoun")+
  theme_bw()
pp_sig+
  scale_fill_discrete(name="Third-person\npronoun")+
  theme_classic()
```

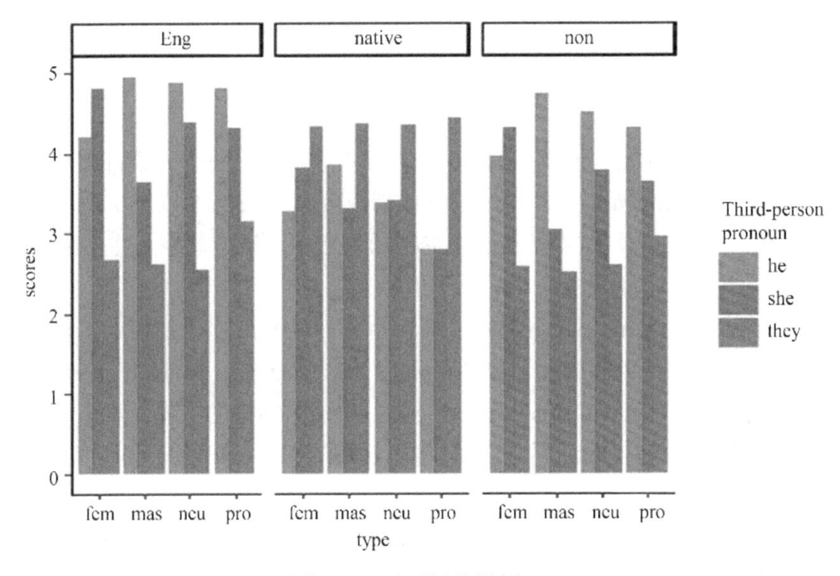

图 6.41　R可视化样例 47

认识这些主题最好的办法是读者亲自逐个尝试，以获得最直接的使用经验，这样也就能在未来自己作图时选择所需要的主题。除了上述 6 个 R 自带的嵌套主题以外，读者可以使用 ggthemes 包中带的 *theme_tufe( )*，*theme_solarized( )*和 *theme_excel( )*等主题。它们的用法跟这 6 个主题完全一样，但风格不同。使用者要先安装 ggthemes 这个包，在后面每次使用时加载。

接下来，将分别介绍上面提到的 40 个左右主题元素以及如何使用元素函数和主题函数对它们进行修改。

第一，介绍图形元素（plot elements）。一个包含 3 个元素，见表 6.3：

表 6.3　图形元素控制图形中的各种细节

元素	元素函数	功能介绍
plot.background	*element_rect()*	设置图形背景
plot.title	*element_text()*	设置图的标题
plot.margin	*margin()*	设置图的周围边缘

图的标题有三种设置方式：①使用 *ggtitle( )*设置；②使用 *labs*(title="title")设置；③使用 *labs( )*设置，也可以加副标题：*labs*(title="title", subtitle="subtitle")。但是，要修改图的标题格式等属性就必须通过表 6.3 的相关函数，请见下面的代码和生成的图 6.42：

```
singular <-read_excel("data_singular.xlsx",na="NA")
glimpse(singular)
pp_sig <-ggplot(singular,aes(type,scores,fill=pronoun))+
  geom_bar(stat="summary",fun=mean,position="dodge")+
  facet_wrap(~group)
pp_sig+
  ggtitle("Native speakers showed a different pattern of results")+
  theme(plot.title=element_text(colour="blue",
                               size=12,
                               face="bold.italic"),
        plot.background=element_rect(fill="lightblue", colour="grey50"),
        plot.margin=margin(1,2,1,2))
```

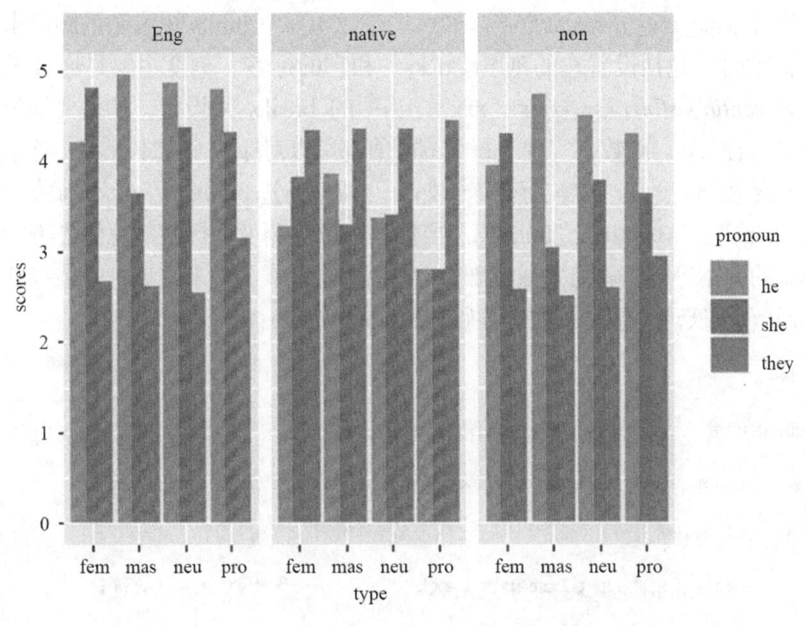

图 6.42 R 可视化样例 48

第二，坐标轴元素（axis elements）。坐标轴是图形的重要组成部分，但是它的设置和修改比较复杂，涉及 9 个元素，见表 6.4：

表 6.4 坐标轴元素控制图形中坐标轴的各种细节

元素	元素函数	功能介绍
axis.line	*element_line( )*	平行于轴的线（隐藏的默认主题）
axis.text	*element_text( )*	坐标轴刻度标签
axis.text.x	*element_text( )*	x 轴刻度标签
axis.text.y	*element_text( )*	y 轴刻度标签
axis.title	*element_text( )*	坐标轴标题
axis.title.x	*element_text( )*	x 轴标题
axis.title.y	*element_text( )*	y 轴标题
axis.ticks	*element_text( )*	坐标轴刻度标记
axis.ticks.length	*unit( )*	坐标轴刻度标记的长度

坐标轴的界限有两种设置方法：①使用 *xlim( )*或 *ylim( )*设置；②通过 *scale_x(y)_continous(limits=c(*number1, number2*))*设置。如果坐标轴是分类变量，也可以通过修改 *scale_x(y)_descrete(limits=c(*"x", "y", "z"*))*当中 limits 里参数的顺序来更改。设置坐标轴时，包括设置它的刻度（ticks）和它的标签。刻度主要是通过设置函数 *scale_x(y)_continous(breaks=c(*x, xx, xxx...*))*当中的 breaks 来设定，如果要均匀设置的话，可以结合 *seq( )*函数来实现。每个刻度值都可以对应一个文本标签，这个时候需要同时设置刻度和文本标签，如：*scale_x(y)_continous(breaks=c(*50, 56, 60, *labels=c(*"Tiny", "Medium", "Tallish")。要修改坐标轴刻度和标签的总体外表，以及坐标轴标签的文本等等，就需要通过表 6.3 中相关的元素函数来完成，并最终通过主题函数 *theme( )*来实现。请看下面的代码和生成的图 6.43：

```
pp_sig+
  theme(axis.line=element_line(colour="grey0",size=1.25),
        axis.text=element_text(color="darkblue",size=13,
                               face="bold"),
        axis.text.x=element_text(angle=-45,vjust=-0.5),
        axis.ticks.length=unit(0.1,"inches"))+
  xlab(NULL)+
  ylab(NULL)
```

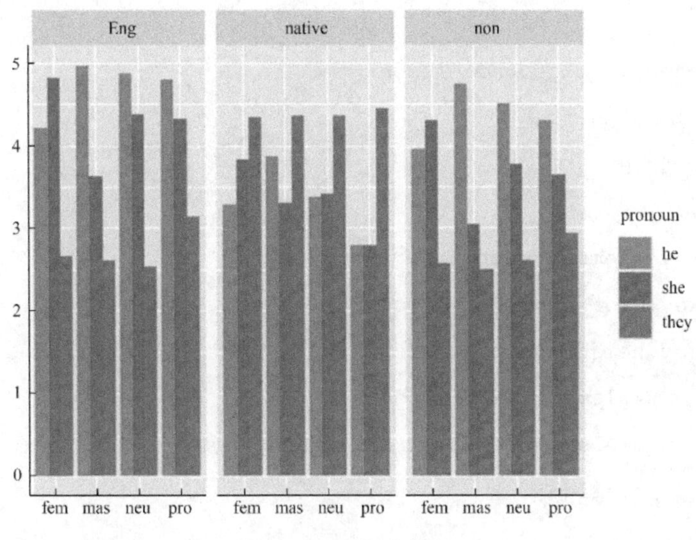

图 6.43　R 可视化样例 49

第三，图例元素（legend elements）。如表 6.4 所示，一共有 10 个图例元素。在前面的 6.1.4 小节已经对图例的一些相关属性的设置方法进行了介绍，但是对图例相关元素如何进行修改并没有交代，要对这些元素进行修改就必须通过表 6.5 的相关函数：

表 6.5　图例元素控制图例呈现的各种细节

元素	元素函数	功能介绍
legend.background	*element_rect( )*	图例背景
legend.key	*element_rect( )*	图例钥匙背景
legend.key.size	*unit( )*	图例钥匙大小
legend.key.height	*unit( )*	图例钥匙高度
legend.key.width	*unit( )*	图例钥匙宽度
legend.margin	*unit( )*	图例边缘
legend.text	*element_text( )*	图例标签
legend.text.align	0-1	图例标签对齐（0=右，1=左）
legend.title	*element_text( )*	图例名字
legend.title.align	0-1	图例名字对齐（0=右，1=左）

本书在 6.1.4 小节已经对图例的一些相关属性的设置做过介绍，故这里不再重复，主要通过下面这个应用实例来展现表 6.4 里相关函数的应用。请看下面的代码和生成的图 6.44：

```
pp_sig+
  theme(legend.background=element_rect(
    fill="lemonchiffon",
    colour="grey50",
    size=1.5),
  legend.key=element_rect(color="grey40"),
  legend.key.width=unit(0.5,"cm"),
  legend.key.height=unit(0.6,"cm"),
  legend.text=element_text(size=14),
  legend.title=element_text(size=14,face="bold.italic"),
  legend.title.align=1)
```

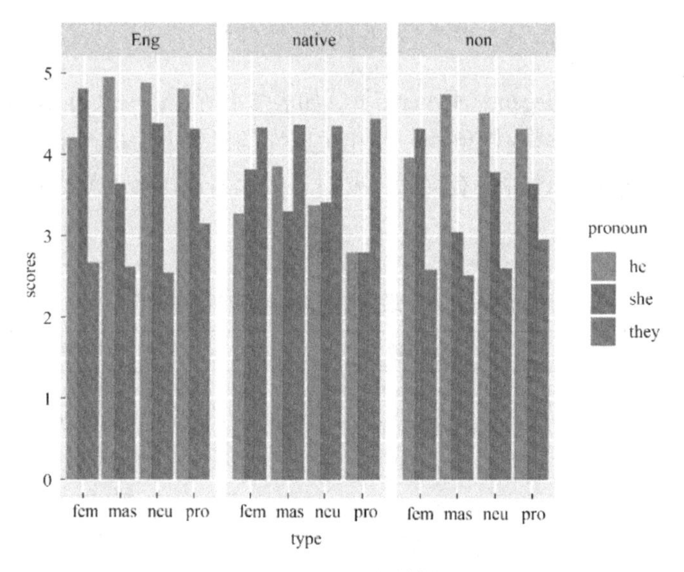

图 6.44　R可视化样例50

第四，面板元素（panel elements）。共有 9 个面板元素控制着图形面板的外貌，这9个元素以及它们的设置函数见表6.6：

表 6.6　面板元素控制面板图形的呈现

元素	元素函数	功能介绍
panel.background	*element_rect()*	设置面板背景（数据层下）
panel.border	*element_rect()*	设置面板边框（数据层上）

续表

元素	元素函数	功能介绍
panel.grid.major	*element_line()*	设置主网格线
panel.grid.major.x	*element_line()*	设置主网格线的横坐标
panel.grid.major.y	*element_line()*	设置主网格线的纵坐标
panel.grid.minor	*element_line()*	设置次网格线
panel.grid.minor.x	*element_line()*	设置次网格线的横坐标
panel.grid.minor.y	*element_line()*	设置次网格线的纵坐标
aspect.ratio	*numeric()*	设置宽高比

在使用上述元素的时候，需要区分 panel.background 和 panel.border（Wickham, 2016）。前者绘制于数据层之下，而后者绘制于数据层之上。因此，当不需要 panel.border 的时候就需要设置 fill=NA。请看下面的代码和生成的图 6.45：

```
pp_sig+
  theme(panel.background=element_rect(fill="steelblue"),
  #panel.border=element_rect(fill="lightgrey")
  panel.grid.major=element_line(color="grey80",size=.5),
  panel.grid.major.x=element_line(color="grey50",size=.8)
  )
```

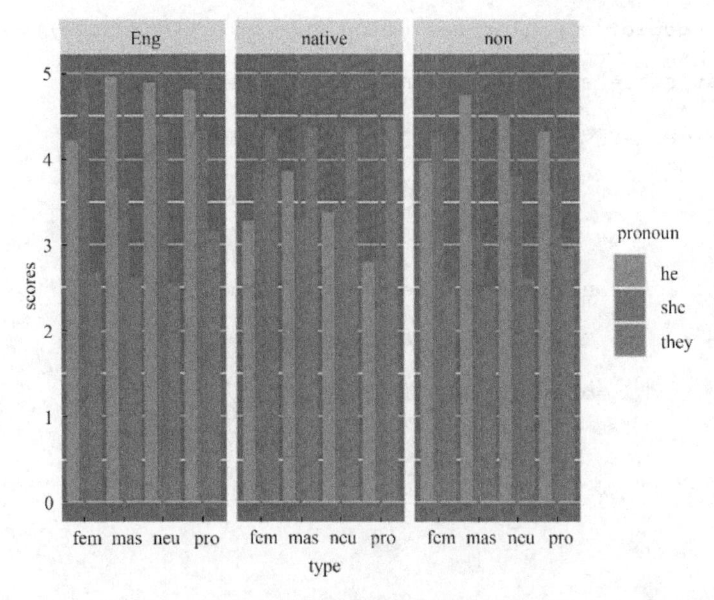

图 6.45　R 可视化样例 51

第五，分页元素（facetting elements）。6.1.2 小节虽然对 ggplot2 的分页功能进行了比较详细的介绍，主要介绍的是分页的理念、方法和一些应用，但是没有介绍如何对分页的一些元素进行修改和控制。这就需要使用到表 6.7 的函数，一个有 7 个分页元素：

表 6.7　分页元素控制各个分页呈现的细节

元素	元素函数	功能介绍
strip.background	*element_rect()*	设置面板分面标签背景
strip.text	*element_text()*	设置分面标签文本
strip.text.x	*element_text()*	设置横向分面标签文本
strip.text.y	*element_text()*	设置纵向分面标签文本
panel.margin	*unit()*	设置分面面板之间的边距
panel.margin.x	*unit()*	设置分面面板之间的横向边距
panel.margin.y	*unit()*	设置分面面板之间的纵向边距

在 6.1.2 小节介绍过，分页是一种精彩的、多维的展现数据的方法，但是要把这种“精彩和多维”发挥出来，就必须掌握对分页元素的控制技巧。请看下面的代码和生成的图 6.46：

```
singular <-read_excel("data_singular.xlsx",na="NA")
glimpse(singular)
pp_type <-ggplot(singular,aes(group,scores,fill=pronoun))+
  geom_bar(stat="summary",fun=mean,position="dodge")+
  facet_wrap(~type)
pp_type+
  theme(
    strip.background=element_rect(fill="lemonchiffon",
                                  colour="grey50"),
    strip.text.x=element_text(face="bold",
                              colour="darkblue"),
    panel.spacing=unit(0.25,"in")
  )
```

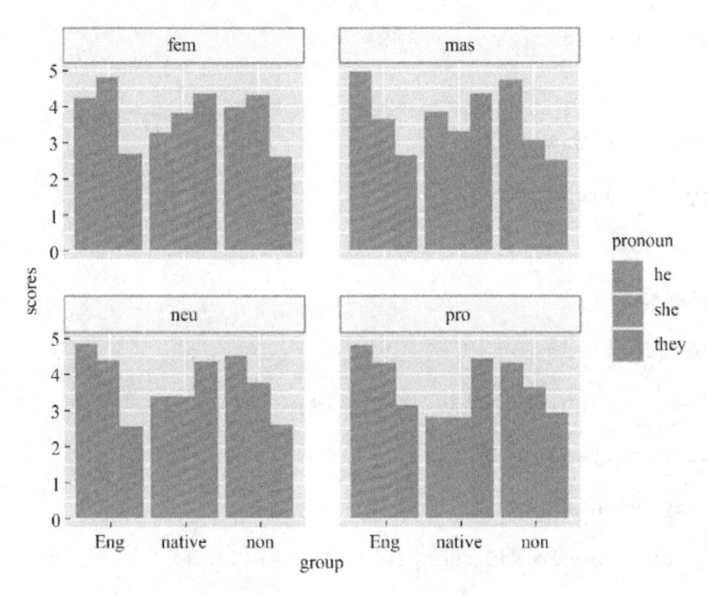

图 6.46　R 可视化样例 52

6.2.2　坐标体系、注解和绘制函数

首先，介绍坐标体系（coord systems）。一共存在两类坐标体系：线性坐标体系和非线性坐标体系。两者最大的区别就在于，前者会保留图层（geoms）的形状，而后者会改变图层的形状。研究者在语言研究中，很少使用到后者，故不做介绍。这里只简单介绍前者，线性坐标体系。

线性坐标体系一共有三种类别，分别使用下面 3 个函数设置和修改：

coord_cartesian( )：　ggplot2 默认的坐标体系（笛卡儿坐标系），它通过 x 和 y 的位置来决定 2d 位置。

coord_flip( )：翻转 x 轴和 y 轴的位置。

coord_fixed( )：固定长宽比例的坐标体系（笛卡儿坐标系）。

这三种坐标体系当中，*coord_cartesian( )*为 R 默认的，大家已经很熟悉，而*coord_fixed( )*很少使用，故不再介绍。*coord_flip( )*使用较多，实际在前面已经使用过。请看下面的代码和生成的图 6.47：

```
Dickens <- read_csv("Dickens.csv")
bing_word_counts <-Dickens %>%
  inner_join(get_sentiments("bing")) %>%
```

```
  count(word,sentiment,sort=TRUE) %>%
  ungroup
bing_word_counts %>%
  group_by(sentiment) %>%
  top_n(10) %>%
  ungroup() %>%
  mutate(word=reorder(word,n)) %>%
  ggplot(aes(word,n,fill=sentiment))+
  geom_col(show.legend=FALSE)+
  facet_wrap(~sentiment,scales="free_y")+
  labs(y="Contribution to sentiment", x=NULL)+
  coord_flip()
```

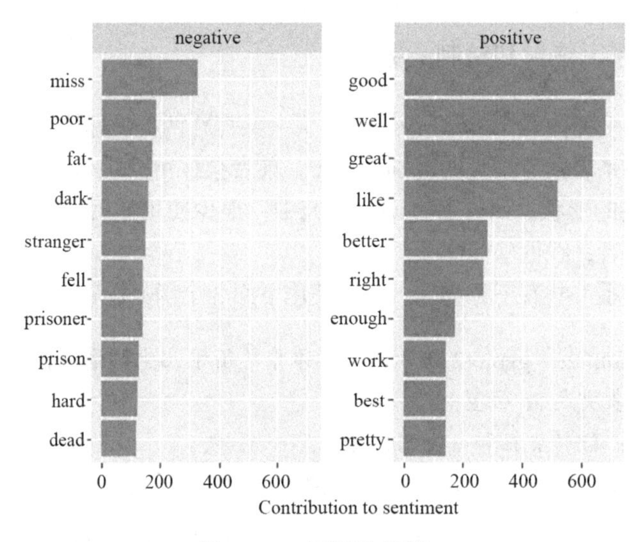

图 6.47　R 可视化样例 53

接着，介绍 ggplot2 作图的注解（annotate）功能。要往图形里添加注解，需要使用 *annotate( )*函数。从生成的图形看，往图形里添加注解，与在图形中添加图层（geoms）有类似之处，不过就像上文已经介绍的，要往图形里添加图层，需要通过映射变量来实现，但 *annotate( )*跟变量无关，以下是一个具体应用实例，更多用法，可以使用 *annotate( )*函数的帮助功能查看。请看下面的代码和生成的图 6.48：

```
plot1 <-ggplot(mpg,aes(displ,hwy))+
  geom_point()+
  geom_smooth(method="lm")+
  annotate("text", x=3, y=35, label="r^2=0.59")
plot2 <-ggplot(mpg,aes(displ,hwy))+
  geom_point()+
  geom_smooth(method="lm")+
  annotate("text",x=3,y=35,label="r^2==0.59", parse=TRUE)

library(patchwork)

plot1+plot2
```

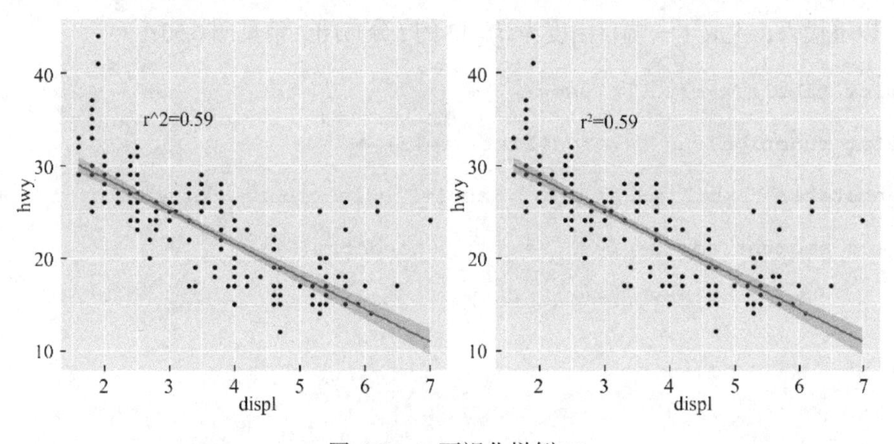

图 6.48　R 可视化样例 54

最后，也可以使用 ggplot2 绘制函数。第 4 章在介绍正态分布的时候，已经使用过这一功能，是通过使用 *stat_function( )*函数来实现的。

以下代码，可以生成一幅标准正态分布图形，请见图 6.49：

```
ggplot(tibble(x=c(-3,3)),aes(x))+
  stat_function(fun=dnorm)+
  annotate("text",x=-1.9,y=0.3,
           label="standard\nnormal(mean=0,sd=1)")+
  geom_segment(aes(x=0,y=0,xend=0,yend=dnorm(0)),
               linetype="dashed")
```

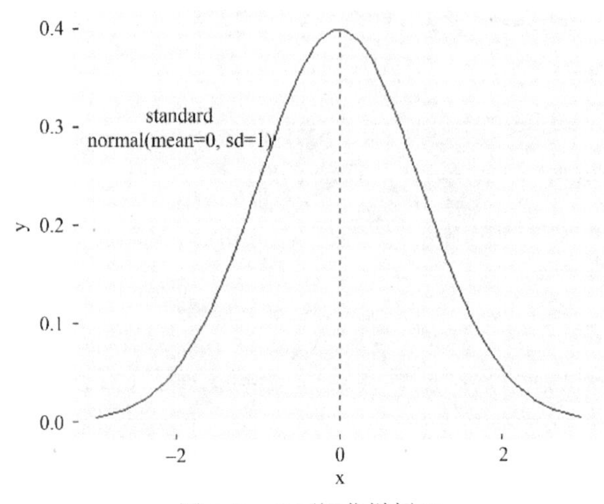

图 6.49　R 可视化样例 55

以下代码，生成了一幅自由度为 *df*=13 的 *t* 分布图，请见图 6.50：

```
ggplot(tibble(x=c(-3,3)),aes(x))+
  stat_function(fun=dt,args=list(df=13))+
  annotate("text",x=-1.5,y=0.3,label="t-distribution\n with df=13")+
  geom_segment(aes(x=0,y=0,xend=0,yend=dnorm(0)),
               linetype="dashed")
```

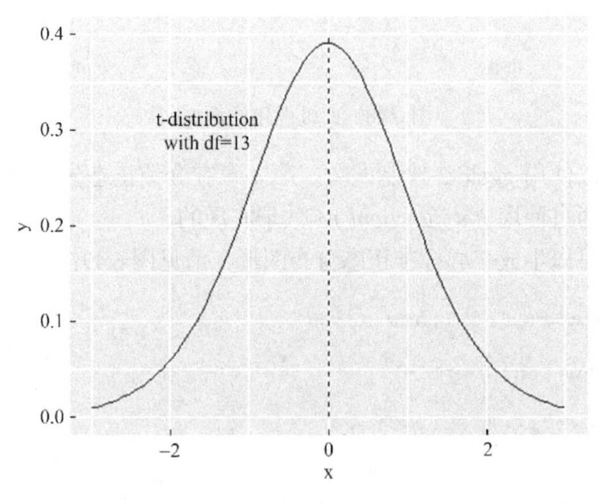

图 6.50　R 可视化样例 56

以下代码，在生成一幅标准正态分布图时，还突出了一部分区域，请见图 6.51：

```
limit_norm<-function(x) {
  y <-dnorm(x)
  y[x <0.5|x >1.96] <-NA
  return(y)
}

ggplot(tibble(x=c(-3,3)),aes(x))+
 stat_function(fun=dnorm)+
 annotate("text",x=1.9,y=0.3,label="standard\n normal(mean=0,sd=1)")+
 geom_segment(aes(x=0,y=0,xend=0,yend=dnorm(0)),
              linetype="dashed")+
  stat_function(fun=limit_norm,geom="area",fill="blue",alpha=0.2)
```

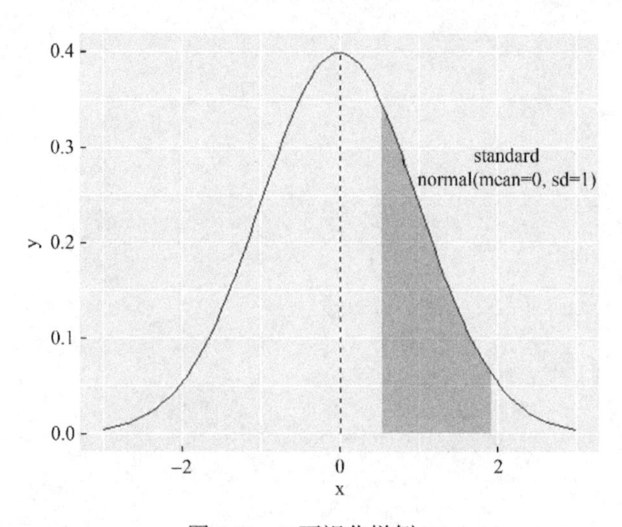

图 6.51　R 可视化样例 57

第 7 章　实验设计、t 检验、方差分析和回归模型

在写作本书的时候，笔者一直在犹豫是否需要写作第 4 章和第 5 章。因为在实际的应用中，研究者几乎不会意识到使用了概率分布或假设检验的基本原理等知识，而且还有一个很大的顾虑就是，过多介绍这些知识，很容易打消学生和读者的学习热情，可能让他们产生畏难情绪。他们抱着好好来学习 R 语言知识的目的，怎么书里面介绍了一大堆看起来毫无用处，毫无关联，又非常枯燥的东西？若真是如此，罪莫大焉！这种顾虑不仅在写作这本书时有，在笔者上 R 语言相关课程时也一直有。

不过大多时候，笔者都会咬牙把这部分内容讲完，一旦讲完以后，就感觉长舒了一口气，终于可以想干什么就干什么了！不然总觉得欠了一笔账，心虚得很。因为第 4 章和第 5 章在笔者看来回答了一个非常基本的问题，那就是：为什么我们可以从样本到总体？此问题若不解决则始终让笔者觉得心存疑虑。

长舒了一口气之后，那就结合 R 语言，来比较从容地介绍一些更为具体的应用吧！本章将通过一些具体的语言研究实例，介绍如何使用 R，基于 t 分布或者 F 分布的属性，进行假设检验，或者简单地说，进行 t 检验和 F 检验。同时，本章最后还将介绍如何通过构建线性模型的方法，来进行推断统计，从而让读者更为深入地认识和理解统计推断的内在逻辑和过程。

不过在这之前，笔者有必要介绍几个非常重要的问题，包括三种不同类型的研究：相关研究（correlational method）、实验研究（experimental method）和非实验研究（non-experimental method），以及跟实验设计相关的内容。

7.1　实验研究和实验设计

7.1.1　描述性研究

总体上，可以把所有研究分成两大类：①对一个一个独立的变量进行考察和描述的研究；②对两个或者两个以上变量之间的关系进行考察的研究（Gravetter & Wallnau, 2017）。

有些研究纯粹就是描述性质，其目的就是对一个一个独立的变量进行观测并对

结果进行描述，它们属于上述第一类研究。比如，某所小学开展一项调查，了解每个学期入校的男女学生比例，身高体重以及饮食、睡眠和学习习惯。所获得的数据既有可能是数字型的分数，比如身高、体重、睡眠时长等，也有可能是非数字型的分数，比如近视的比例、体重超标的比例，等等。

7.1.2 相关研究

大部分研究属于第二类，即考察两个或者更多变量之间的关系，此时可以把研究分成三种类型：相关研究、实验研究和非实验研究。第一类，相关研究，考察两个变量之间是否存在相互关联的关系，即相关关系，这对语言研究者来说并不陌生，而且应该是语言研究中很常见的现象。在研究相关关系时，通常的做法是针对同一个个体同时测量两个不同的变量，然后考察这两个变量之间是否存在某种对应的关系。比如，一个外语研究者想考察学生的外语学习动机和他们的英语成绩之间的关系。那么，他可能使用一种科学的量表和标准化的语言测试手段分别去测试一组学生当中每个学生的外语学习动机和英语成绩，从而探寻所获得的这两组数据之间是否存在某种一致的对应关系。

在前面章节介绍过的 mpg 数据框当中，就有两个变量呈现出非常一致的对应关系，那就是 displ 和 hwy 之间，从图 7.1 可以清楚地看出：

```
ggplot(mpg,aes(displ,hwy))+
  geom_point()+
  scale_y_continuous(breaks=seq(5,44,2))
```

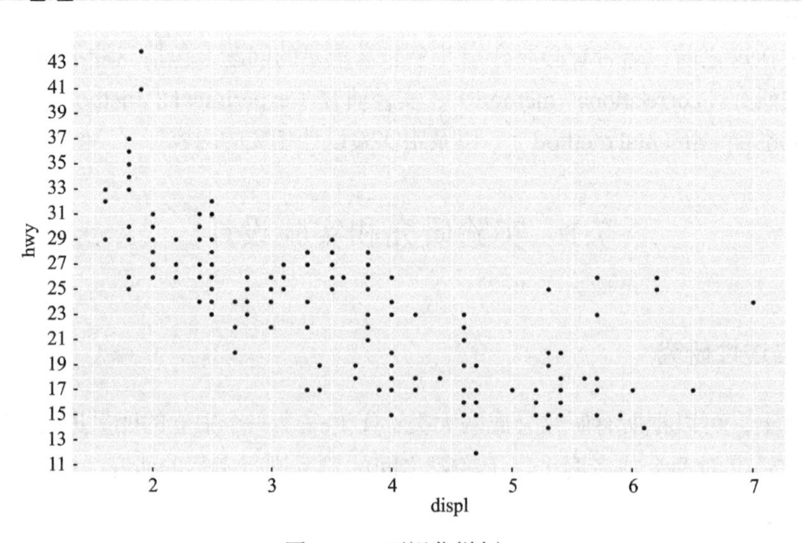

图 7.1　R 可视化样例 58

这两个变量之间的相关性也可以量化，使用 *cor.test( )*函数计算出来：

```
attach(mpg)
cor.test(displ,hwy)
##
##  Pearson's product-moment correlation
##
## data:displ and hwy
## t=-18.151, df=232, p-value < 2.2e-16
## alternative hypothesis: true correlation is not equal to 0
## 95 percent confidence interval:
##  -0.8142727 -0.7072539
## sample estimates:
##     cor
## -0.76602
```

从结果可以看到，这两个变量之间存在显著的负相关的关系（r=–0.77, p<0.001）。

相关研究可以展示两个变量之间是否存在某种一致的关系，但它的缺陷是无法展示因果关系。比如，研究者发现学生的外语学习动机和他们的英语成绩之间存在很强的相关关系，学习动机越高的学生，英语成绩越好，但是这种相关关系却可能有很多解释。从这个研究本身，研究者无从知道是什么原因导致学习动机越高的学生，英语成绩也越好。研究者尤其不能基于这个研究得出结论说，学习动机高会导致英语成绩更好，或者反过来，英语学习成绩更好会导致学习动机更高。

可能正是因为这个原因，更多语言研究者感兴趣的两个或两个以上变量之间的关系应该是因果关系，而要确立变量之间的因果关系则必须通过语言实验才能完成，这就涉及两种方法的对比，也就是上面提到的第二类和第三类研究，即实验研究（experimental methods）和非实验研究（non-experimental methods），两者最大的区别就是实验研究的目的就是要界定变量之间的因果关系，而非实验研究则无法界定变量之间的因果关系。

7.1.3 界定变量之间关系的研究

首先，介绍实验研究。在一项实验研究里，研究者试图观察的是某个变量的改变是否会导致另外一个变量的改变。在这个时候，研究者必须确保做好两件事情（参见 Gravetter & Wallnau, 2017: 14）：

> 第一，实验操控（manipulation）：研究者必须对当中的一个变量进行操控，具体做法是让它的值从一个水平变成为另外一个水平。比如，要考察 *RfD* 外语教学模型对学生外语词汇习得的影响，那么研究者就需要操控外语教学的方法，让一组学生接受 *RfD* 外语教学模型的教学，而另一组学生接受另外一种教学模型的教学，如传统方法。此外，研究者还需要观察和测量另外一个变量，那就是学生词汇学习的效果，从而确定前一个变量的实验操控是否导致了学生词汇知识的改变。
>
> 第二，实验控制（control）：为了确立两个变量之间的因果关系，研究者还必须对实验过程进行严格的控制，最重要的是确保不会有其他无关的、多余的变量影响要研究的变量之间的关系。如此，方能确保二者之间的因果关系。

可见，**实验研究的目的是通过对一个变量进行操控，同时对另一个变量进行观测或测量，从而确定两个变量之间的因果关系**。这个被操控的变量就称作**自变量**（independent variable），而被测量的变量就称作**因变量**（dependent variable）。与上面介绍的相关研究不同的是，在实验研究里，只对一个因变量进行测量。当然，在一个复杂的实验里，研究者也可能同时考察多个因变量，但目的也不相同。实验研究的典型特征就在于实验操控和实验控制，为了更好地解释这些典型特征，下面仍以外语教学实验为例。

为了验证学生词汇知识的改变是由外语教学方法导致的，研究者就必须排除任何别的可能导致词汇知识改变的影响因素，即控制任何可能影响词汇知识的变量。对语言研究来说，影响因素通常来自两个方面。第一个方面是参加实验的被试（participants）。实验的被试通常存在很大的个体差异，比如年龄、性别、智商、教育背景、语言学习经历，等等。尤其是像上面说的，选择两组学生（被试）参加教学实验，一组接受 *RfD* 外语教学模型教学，一组接受传统的方法教学，研究者就要确保这两组学生个体差异因素尽可能接近，或不存在显著差别，比如年龄接近、两组男女比例接近，等等。如果两组被试年龄差别显著的话，研究者就很难最后排除被试词汇知识的改变是否由于年龄不同导致，而并不是教学方法导致。男女比例也是如此，如果有一组大部分是男的，另一组大部分是女的，要界定教学方法和词汇知识之间的因果关系将变得非常困难或不可能。第二个方面就是环境变量。比如，在语言教学实验中，还必须确保两个班的教师最好是相同的，两个班最好是平行班级，在相同的教学环境里上课，教学时段等也接近，教学课外活动相似，等等。

Gravetter 和 Wallnau（2017: 14）一共列举了三种可用于控制无关变量产生干扰影响的方法，在英语中有一个专门的词来称呼这种影响，就是 confounding。第一种方法称作随机分配（random assignment），就是确保每一名被试分配到某种实验条件下的机会均等，这样就能确保最终形成的两组被试在各个方面比较均衡，不会有的组比较聪明，有的组年龄特别大或者男性特别多，等等。第二种方法称作匹配法（matching）。比如，如果无法做到两个实验班男女被试数量一样，那就确保每个班男女的比例一样，比如都是三七开。第三种方法就是让一些变量成为常量。比如只招 18 岁的男生作为被试，这样就让年龄、性别成为了常量。

研究者在开展实验的时候，还可能会增加一个**基准实验条件**（baseline）。在这个实验条件里，让一组被试不接受任何实验的干预。比较典型的就是考察某种药物的治疗效果的实验。比如，要研究针对 COVID-19 的某种疫苗的效果，科学家至少会选择两组被试，让一组被试接受疫苗的干预，而另一组被试不接受任何干预，如使用安慰剂（placebo），然后对这两组进行测试。这种研究的目的就是为了发现经过药物的治疗以后，接受了药物干预的组是否与没有接受的组显著不同。一般情况下，研究者把没有接受干预的条件称作**控制条件**（control condition），而接受了干预的条件称作**实验条件**（experimental condition）。

语言研究也经常有需要设置基准实验条件的情况。比如，在前面已经介绍过的翻译判断实验。为了考察学习者是否会受到词形干扰，课题组为一个英语单词同时提供了两对翻译词对，如：metal—奖章和 metal—漫画。前一对翻译词对是实验条件，而后一对翻译词对是控制条件，然后比较被试对这两种不同的翻译词进行翻译判断时的表现。在二语加工研究中，还经常需要提供参照组，作为比较的基准。比如，二语加工研究往往都还需要招募本族语者作为被试，以他们的表现作为二语学习者的参照，因为二语加工研究的一个重要目的就是研究二语学习者是否能像本族语者一样理解加工某个二语语法构式，是否能招募到理想的母语本族语者作为实验的参照，经常成为二语研究者所面临的难题。

在日常的交流中，大家习惯把所有的研究都统一称作实验研究，但实际上只有上面介绍的对自变量进行操控，同时对其他无关变量进行严格控制的研究才能称作实验研究，如果不满足这两个要求，即使也是以研究变量之间的关系为目的，也不能算作是真正的实验研究。Gravetter 和 Wallnau（2017: 16-17）举了两个非常典型而又常见的非实验研究的例子。比如，让男女两组参加某种测试，然后比较这两组的测试分数是否存在显著区别，这并不能算作严格的实验研究，因为在这个研究中，研究者无法对被试的分配进行操控，从而确保两组被试能够等效（equivalent）。另外一个例子就是前测—后测研究（pre-post study）。比如在对被试进行实验干预前进行一次词汇测试，在进行实验干预之后，再使用相同的测量工具对被试再进行一次词汇测试，然后比较前后两次的测试分数是否存在显著差异。这种研究中，研究者因为无法对随着时间变化的其他变量进行控制，所以无法影响因变量。这两种研究严格来说，只能称作准实验研究（quasi-experimental studies），性别和时间这两个变量也只能称作准自变量或独立变量。

7.1.4 实验设计

在进行统计分析时，研究者需要考虑的一个重要的问题就是每一组分数中各个分数之间是否存在很强的关联，或者说各数据点（data points）之间是否存在很强的关联。数据点之间彼此独立和数据点之间存在很强的关联的这两种不同的数据所使用的统计方法和思路并不一样。具体到每一项实验研究，笔者认为，数据点之间是否存在很强的关联在很大程度上要取决于数据收集时所采用的方法或者说实验的设计。

许多研究者都认同，在一项具体的实验研究中，**实验设计是研究的灵魂**。这个过程牵涉到许多重要的因素，包括对先前研究的借鉴、实验材料的设计和安排、数据收集时采用的方法以及实验过程的控制，等等。通常，人们把用于收集和获取数据的实验设计方法分成两个大类：①独立测量的实验设计（independent-measures research design）或称作被试间设计（between-subjects design）；②重复测量的实验设计（repeated-measures research design）或称作被试内设计（within-subjects design）。

关于这两种不同的获取数据的实验设计方法的讨论有很多，随意打开一本与实验研究相关的统计应用或研究方法相关的指南书，或者进行网上搜索，都能获得大量的相关资料，这足以说明这个问题的重要性。**独立测量的实验设计或称被试间设计**，顾名思义，是指安排不同组的被试，到自变量的不同水平之下或各实验条件之下接受测试。比如，研究者要研究外语教学方法对英语学习者词汇学习的影响。外语教学方法是一个自变量，它有两个水平，一个是 *RfD* 外语教学模型，一个是传统的外语教学模型。研究者招募两组不同的被试，把他们随机分配到这两种不同的外语教学模型中接受教学干预，之后对这两组被试进行词汇测试。很容易理解，通过这种方法所获得的两组被试的词汇测试成绩之间不会存在很强的关联性，比如学生A考了60分与学生B考了65分，并不存在系统的关联性。

重复测量的实验设计或称被试内设计，是指安排同一组被试，先后到自变量的不同水平之下或各实验条件之下接受测试。比如，研究者要研究（不同）代词

（he，she，they）的使用对读者进行句子的语法可接受度判断的影响（参见第 2 章，案例二），不同的代词是这个研究的自变量，它有三个水平，即 he，she 和 they。课题组让同一组被试既对 he，也对 she，还对 they 都进行判断。很容易理解，通过这种方法所获得的语法可接受度判断的分数之间存在较强的关联性，因为很多分数来自同一名被试。

独立测量的实验设计或称作被试间设计与重复测量的实验设计或称作被试内设计各有特点，也都分别有各自的强处和弱点。首先，就独立测量的实验设计来说，它的弱点非常明显，那就是被试间的个体差异，比如年龄、性别、智商，以及个性，等等。所有的这些个体差异都可能会影响实验的结果。其次，由于不同组的被试要分别被安排到自变量的不同水平之下接受测试，故所需要的被试数量也会比较大。它的优点则表现在不会受到顺序效应的影响，如先测、后测的影响，因为被试只需要在一种实验条件下进行测试。同样，这也就意味着可以使用完全相同的测试材料。

而对重复测量的实验设计来说，它的优缺点也非常明显。它的最大优点就是可以避免独立测量实验设计中被试个体差异的影响，因为不同的实验条件使用的是相同的被试。另外一个明显优点就是不需要那么多被试也可以获得想要的实验效果。但是，重复测量的实验设计也有它比较明显的缺点，可能导致自变量之外的别的因素会影响实验的结果。首先，因为重复测量经常是让被试在前后不同的时间接受测试，这就使得一些会随着时间改变而变化的因素可能影响实验的结果，比如天气变化、被试的情绪变化，等等。其次，也是最为重要的就是，重复效应或者额外的培训效应或顺序效应的影响，因为被试要在不同的实验条件下分别接受实验干预，这就使得被试可能在第一次实验干预之下获得了一些额外的经验或经历，这些都会干扰实验的结果。

总体上，重复测量的实验设计要比独立测量的实验设计应用更为广泛。人们在实践中也找到了一些实用、有效的方法来克服重复测量实验设计中的上述缺陷。其中，**平衡抵消法**（counterbalancing methods）[①]，是最常用来解决重复效应或者时间关联因素和培训效应干扰的方法。比如，在重复测量时，需要让同一组被试分别在实验条件 1 和实验条件 2 之下接受测试，那么就可以把被试随机分成两组，让一组被试先在实验条件 1 下接受测试，然后再在实验条件 2 下接受测试，同时，让另一组被试反过来，先在实验条件 2 下接受测试，再在实验条件 1 下接受测试，这就使得外界因素可能发生的影响平均地分配到了两个实验条件之下，从而控制掉它的干扰。举前面介绍过的翻译判断实验为例。为了考察学习者是否会受到词形干扰，必

① 笔者认为，counterbalancing methods 一词不管怎么翻译，总觉得词不达意或不够优雅，好在重要的不是翻译而是它表达的意思。

须让同一组被试接受两种实验条件下的测试，一种是词形相似条件（如：metal—奖章），另一种是词形控制条件（metal—漫画）。为了避免被试参加词形相似条件下的测试所形成的经验，或训练或重复对词形控制条件下的测试产生影响，安排一半被试先参加词形相似条件下的测试再参加词形控制条件下的测试，安排另一半被试先参加词形控制条件下的测试，再参加词形相似条件下的测试。在实验操作中，这一般是通过构建两套材料的方法来实现这个目的，让第一套材料前一半是词形相似，后一半是词形控制，然后，让第二套材料前一半是词形控制，后一半是词形相似，然后把被试随机分配到这两套材料中的一套进行实验。

上面介绍的都是只有一个自变量的实验设计，理解起来相对容易和简单。但是在实际的研究中，研究者可能对多个自变量进行操控，即一个实验中可能有两个或者更多自变量，这个时候事情就复杂多了。在有两个或多个自变量的时候，可能所有的自变量都是独立测量的被试间设计，也可能所有的自变量都是重复测量的被试内设计，但同时也可能有的自变量是独立测量的被试间设计，而有的自变量则是重复测量的被试内设计，称作混合设计。仍然以外语教学方法实验为例。研究者想比较两种不同的教学方法（*RfD* 外语教学模型 vs. 传统的外语教学模型），既考察它们对词汇习得的立即效果，也考察它们随着的时间变化的持续性效果，这个时候这个研究就会涉及两个自变量，如表 7.1 所示：

表 7.1　教学法比较混合实验设计

教学方法实验	教学干预前	教学干预后	教学干预 3 个星期后
RfD 外语教学模型（第一组）	第一组：教学干预前词汇知识测试分数	第一组：教学干预后词汇知识测试分数	第一组：教学干预 3 个星期后词汇知识测试分数
传统外语教学模型（第二组）	第二组：教学干预前词汇知识测试分数	第二组：教学干预后词汇知识测试分数	第二组：教学干预 3 个星期后词汇知识测试分数

从实验设计结构表 7.1 可以看出，这个研究有两个自变量（或称作因素），一个是独立测量的被试间变量（因素），另一个是重复测量的被试内变量（因素）：

（1）自变量 1：外语教学方法。这个变量有两个水平，招募两组不同的学生分别接受这两种不同的外语教学方法的干预，是独立测量的被试间设计。

（2）自变量 2：时间。每一组被试分别参加了 3 次不同的测试，是重复测量的被试内设计。

当涉及多个自变量，而每个自变量又可能在实验设计上各不相同的时候，研究者就需要综合考量，尽量做到扬长避短，发挥上面提到的每种实验设计的强处并避免它们的短处。拉丁方实验设计（Latin square design）是研究者在面对比较复杂的研究情形时经常采用的实验设计方法。

7.1.5　拉丁方实验设计

具体来说，拉丁方是一种以拉丁方格做辅助，为减少实验顺序对实验的影响，而采取的一种平衡实验顺序的技术。它是一种 n×n 的排列方阵，即包含 n 行 n 列，每个单元格中为含有 n 个符号集合的单个符号，每个符号在每行每列中都恰好出现一次，与训练思维的“数独”游戏非常相似。我们将这种含有 n 行 n 列的排序方式，称之为 n 阶拉丁方。通常，标准拉丁方的首行和首列为自然排序，比如研究者排序包含 3 个数字（1，2，3）的三阶标准拉丁方，第一行和第一列的顺序都为 1，2，3，如图 7.2：

1	2	3
2	3	1
3	1	2

图 7.2　标准拉丁方示例

本质上，拉丁方是一种正交数组排列（orthogonal array），拉丁方的每个单元格可以由一个三元组（r，c，s）定义，r 表示行（row），c 表示列（column），s 表示每个单元格中的符号（symbol）。比如，图 7.2 中的标准拉丁方可以通过 9（n^2）个三元组组成的正交数组（orthogonal array representation）表示，包含{(1，1，1)，(1，2，2)，(1，3，3)，(2，1，2)，(2，2，3)，(2，3，1)，(3，1，3)，(3，2，1)，(3，3，2)}。以(3，3，2）为例，这个三元组就表示第 3 行的第 3 列的值（符号）为 2。

拉丁方是一种常见的实验设计，它是区组实验设计[①]的升级版本，能够在区组实验设计的基础之上分离出两个无关变量，其中一个无关变量分配给行，另一个则分配给列。通常，这种拉丁方实验设计被称作传统的拉丁方实验设计或单因素拉丁方实验设计，其优势非常明显，研究者可以通过设计拉丁方实验而排除无关变量对于实验结果的影响，同时还能够通过精巧的设计来简化实验的次数。假设研究者想要检测三种英语教学法对于中国 EFL 学习者英语期末成绩的影响，现在有三个班级的学生可参与教学实验，每个班的授课老师不同，授课时间也不同，假设这三个班的学生英语水平没有差异，但此时授课教师和授课时间都有可能会影响学生最终的期

① 区组实验设计主要指通过将被试提前分组，将同一无关变量水平的被试放在同一区组，通过方差分析技术分离出无关变量带来的变异，以减少误差变异。

末考试成绩。比较理想的状态是考察每位教师在不同授课时间使用每种教学法后学习者的学习效果（即英语期末考试成绩）。然而，利用方差分析技术，只要每种教学法被三位授课老师使用过一次，或者在三个授课时间教授过一次便可以得到比较满意的结果。在这个例子中，一共有三位授课教师（I_1，I_2，I_3）、三种教学法（M_1，M_2，M_3）和三个不同的授课时间（T_1，T_2，T_3）。其中，教学法类型为自变量，英语期末成绩为因变量，授课教师的个体差异与授课时间为无关变量，因此研究者可以设计如图 7.3 所示的 3×3 的拉丁方，并将被试随机等量分配给拉丁方的方块中。然而，在实际的研究中，我们会发现这种实验设计出现的频率并不高，这主要是源于它的几个限制条件比较严格：首先，实验中有且只能含有三个因素（一个为自变量，两个为无关变量），且三个因素的水平数必须相当；其次，自变量各水平与无关变量各水平不能存在交互作用；最后，实验过程中不能出现缺失值。

此外，在被试内实验设计中，当自变量的水平数大于 2 时，研究者也常常使用拉丁方对实验材料，尤其是对不同的实验刺激呈现表（list）进行平衡抵消处理，这种设计与上文提到的传统拉丁方实验设计的目的不同，主要是用以消除顺序效应（sequence effect）或延滞效应（carryover effect），以弥补被试内实验设计的不足之处。请见图 7.3：

	I_1	I_2	I_3
T_1	M_1	M_2	M_3
T_2	M_2	M_3	M_1
T_3	M_3	M_1	M_2

图 7.3　排除授课教师个体差异和授课时间无关变量的传统拉丁方实验设计

平衡抵消处理的原理是使每种刺激在其他刺激之前和之后都出现一次，但标准的拉丁方格并不能帮助实验刺激呈现实现这一效果，Kantowitz et al.（2009: 245）提供了一种拉丁方处理方式，即首行按照“1，2，n，3，n–1，4，n–2...”排列，确定好首行后，各列则通过首行的数字或字母以自然顺序排列，这种拉丁方处理方式被称作“平衡拉丁方”（balanced Latin square）。通过平衡拉丁方，实验刺激可以实现两两平衡，从而真正抵消实验顺序带来的影响。值得注意的是，当自变量水平（n）为偶数时，研究者可以直接通过这种方法来安排实验刺激呈现顺序，而当自变量水平（n）为奇数时，拉丁方格内部仍旧无法实现两两抵消，需要通过另一个镜像拉丁方与原始平衡拉丁方共同实现两两抵消的效果。笔者将以两个实例，向大家展示实验刺激呈现表（list）的具体处理方式，分别展示 n 为偶数的情况和 n 为奇数的情况下，实验刺激呈现表的平衡拉丁方设计。

笔者先向大家展示 n 为偶数时，实验刺激呈现表的排列方式。以第 2 章中介绍过的一项汉语第三人称代词可接受度判断实验材料为例，课题组后续进一步考察了汉语使用者的汉语第三人称代词在线加工情况，这项在线加工实验为被试内实验设计，每名被试都需要加工 4 个汉语第三人称代词（他/她/他们/她们）。为了消除第三人称代词呈现顺序这个无关变量的影响，课题组设计了 4 组实验刺激呈现表，并进行了平衡抵消处理。根据平衡拉丁方对 4 个汉语第三人称代词进行排序，在这个例子中，1 代表“他”，2 代表“她”，3 代表“他们”，4 代表“她们”，首行的顺序便是“他、她、她们、他们”（1，2，n，3），每列通过首行代词进行自然排序，因此得到了表 7.2 这样的 4 个 list 排列顺序：

表 7.2　汉语第三人称代词的实验刺激呈现表（n=偶数）

List	呈现 1	呈现 2	呈现 3	呈现 4	……	呈现 63	呈现 64
List 1	他	她	她们	他们		她们	他们
List 2	她	他们	他	她们		他	她们
List 3	他们	她们	她	他	……	她	他
List 4	她们	他	他们	她		他们	她

然而，当 n 为奇数时，情况便稍微复杂一些。由于拉丁方阵内无法实现实验刺激的两两平衡，因此课题组需要先根据上文提到的平衡方式设计一个平衡拉丁方，然后再进行镜像处理，运用两个镜像的拉丁方实现平衡抵消效果。镜像的方法也非常简单，只需要将平衡拉丁方每一行的呈现顺序进行颠倒，便可以实现。以笔者课题组之前进行过的一项实验为例，第 3 章中提到，此前课题组通过翻译判断任务，利用 5 种英汉翻译词对（正确翻译、词形关联、词形控制、语义关联、语义控制）考察了中国英语学习者词汇与概念表征的发展。在这项实验中，排除填充材料（fillers）后，共有 50 对英汉翻译词对作为实验刺激。因此，课题组需要将实验材料分为 5 个 list（n=5），即设计一个 5×5 的平衡拉丁方（图 7.4 中第一个拉丁方），此时，以 A 代表正确翻译，B 代表词形关联，C 代表词形控制，D 代表语义关联，E 代表语义控制。随后，课题组需要设计另一个镜像平衡拉丁方，图 7.4 展示了原始平衡拉丁方的镜像处理过程：

A	B	E	C	D
B	C	A	D	E
C	D	B	E	A
D	E	C	A	B
E	A	D	B	C

D	C	E	B	A
E	D	A	C	B
A	E	B	D	C
B	A	C	E	D
C	B	D	A	E

图 7.4　五阶平衡拉丁方的镜像处理过程

最后，在 5 个 list 中，实验刺激呈现顺序的排列便应用了上述两个拉丁方格（原始平衡拉丁方格和镜像平衡拉丁方格），表 7.3 展示了 5 种英汉翻译词对在 5 个 list 中的呈现顺序：

表 7.3　英汉翻译词对的实验刺激呈现表（n=奇数）

	1	2	3	4	5	6	7	8	9	10	……	49	50
List1	A	B	E	C	D	D	C	E	B	A		B	A
List2	B	C	A	D	E	E	D	A	C	B		C	B
List3	C	D	B	E	A	A	E	B	D	C	……	D	C
List4	D	E	C	A	B	B	A	C	E	D		E	D
List5	E	A	D	B	C	C	B	D	A	E		A	E

在正式的实验材料中，实验刺激的呈现根据表 7.2 和 7.3 的排列情况循环呈现。

拉丁方被广泛、灵活地应用于各种语言实验，本书仅辟一小节做简要介绍。要更好地理解其使用细节及其优势，需要读者阅读更多的相关文献，并应用于自己的研究实践，实践才能出真知。

7.2　*t* 检　验

如果从一个更大的视角来看，笔者认为或许根本就不应该把统计方法进行各种分类，比如分作 *t* 检验，*F* 检验（或称方差分析）等等，因为这样分类很容易让读者误认为各种方法之间彼此独立，没有关联，各自应用于不同的情景或者场合。但实际上，所有这些看似不同的方法本质上都是回归分析的特例。不过，在刚开始学习时进行分类也有好处，只要使用正确，对初学者来说，分类更容易理解和接受。下面，逐个分类介绍，然后再解释为何说这些方法在本质上又是相同的。

7.2.1　单样本 *t* 检验

中国的大熊猫出生时的平均体重是 140 克吗？为了回答这个问题，不可能把所有的刚出生的大熊猫的体重都测量一遍，然后计算平均体重。解决的办法就是抽样，对一些刚出生时的大熊猫的体重进行测量，如 n=40，然后使用这个样本对总体进行估计。这个假设检验（*NHST*）的过程，第 5 章已经进行了详细的介绍。这个例子只涉及一个样本，因此，本质上就是进行单样本 *t* 检验，考察这个样本的均值是否显著高于或低于 140 克。

第 5 章 5.2 小节介绍 *t* 分布视域下的 *NHST* 时所举的例子也是一个典型的单样本

t 检验。再看这个实例（参见 Gravetter & Wallnau, 2009: 293）：

有一位心理学家设计了一个“乐观主义测量量表”（optimism test），用来测量每年毕业的大四学生（即每一届毕业班）对未来的信心指数。分数越高说明这一届毕业班对未来越有信心。去年班级所获得的平均值为 $\mu=15$。今年从毕业班里抽取了一个 $n=9$ 的样本进行测试。所获得的测试分数分别为 7，12，11，15，7，8，15，9 和 6。这个样本的平均数 $M=10$，$SS=94$。根据这个样本的结果，这位心理学家是否可以下结论认为今年毕业班的学生的乐观水平跟去年不同?

这个例子里只有一个样本（$n=9$），然后把这个样本的均值与一个特定的值进行比较，以检验该均值是否与这个特定的值存在显著差异。这是一个非常典型的单样本 t 检验实例。第 5 章 5.2 小节已经详细展示了整个假设检验的全过程。对初学者来说，详细了解 *NHST* 的整个过程和逻辑是非常有必要的，尽管在实际的研究过程中，研究者并不会严格地按照 *NHST* 的步骤一步一步进行检验，尤其是在使用统计软件轻易就能计算出 t 值和对应的 p 值的时候，这种一步一步的假设检验的过程就更没有必要了，但这并不是说理解 *NHST* 的逻辑及其过程并不重要。

在 RStudio 里一般直接使用 *t.test( )*函数进行单样本 t 检验：

```
df <- tibble(scores=c(7,12,11,15,7,8,15,9,6))
df
t.test(df$scores,mu=15)
##
##  One Sample t-test
##
## data:df$scores
## t=-4.3759, df=8, p-value=0.002362
## alternative hypothesis: true mean is not equal to 15
## 95 percent confidence interval:
##   7.365139 12.634861
## sample estimates:
## mean of x
##       10
```

从上述结果可以看到，所获得的 t 值（$t=-4.38$）与第 5 章 5.2 小节获得的 t 值非常接近，所获得的 p 值也几乎完全一样。基于这个结果，可以做出如下结论：

单样本 t 检验结果显示，今年毕业班的学生的乐观水平与去年毕业班的学生的乐观水平存在显著区别（$t(8)=-4.38$，$p=0.002$）。

上文介绍过，t 检验有一个重要参数就是自由度，基于这个自由度，可以计算出对应的某个区间的概率：

```
pt(-4.38,8)*2
## [1] 0.002348788
```

结果跟上面所获得的 p 值几乎一模一样。正因为自由度是 t 检验的重要参数，所以在报道结果的时候，一般会附上它。在很长一段时间里，人们在报道统计结果的时候，只要报道 p 值是否大于或小于设定的显著水平（如 $\alpha=0.05$）就行了，但是现今越来越多的期刊要求必须写出具体的 p 值（actual p values），而不只是大于或小于设定的 α 值，如上所示。这个 p 值可以理解为当零假设为真时，获得 t 为 $t=-4.38$ 的概率。正如第 5 章已经介绍过的，p 值表示的含义经常被误解。有很多人误认为 p 值表示的是零假设为真的概率，其实并不是，它表示的是样本出现的概率。

在语言研究中，也可能经常碰到需要进行单样本 t 检验的情况。比如，笔者曾在一项研究中调查了中国英语学习者对英语元音的感知能力（吴诗玉和杨枫，2016），研究一共调查了 10 组英语元音对比音（vowel contrasts）的感知，使用 A'分数来量化学习者的元音感知能力，A'分数在 0 和 1 之间。一般认为，如果 A'低于 0.5，我们就认为学习者对这组元音对比音的感知能力低下，仍然停留在运气水平；相反，若显著高于 0.5，则认为学习者对这组元音对比音的感知能力已经达到一定的水平。先读入数据：

```
vowel <- read_csv("VOWpercept.csv")
glimpse(vowel)
## Rows: 330
## Columns: 8
## $ SUBJ     <dbl> 1, 1, 1, 1, 1, 1, 1, 1, 1, 1, 2, 2, 2, 2, 2, 2...
## $ VOWCONTR <chr> "bad-bed", "bad-bud", "bade-bead", "bade-bid",...
## $ change   <dbl> 2, 6, 5, 1, 6, 6, 4, 8, 6, 0, 0, 2, 1, 0, 5,...
## $ nochange <dbl> 8, 7, 8, 6, 8, 8, 6, 7, 8, 8, 8, 8, 8, 8, 8,...
## $ FALSECH  <dbl> 0, 1, 0, 2, 0, 0, 2, 1, 0, 0, 0, 0, 0, 0, 0,...
## $ H         <dbl> 0.250, 0.750, 0.625, 0.125, 0.750, 0.750, 0.50, ...
## $ FA       <dbl> 0.000, 0.125, 0.000, 0.250, 0.000, 0.00, 0.25, 0...
```

```
## $ ASCORE <dbl> 0.8125000, 0.8869048, 0.9062500, 0.339, 0.93, 0.9...
unique(vowel$VOWCONTR)
## [1] "bad-bed" "bad-bud" "bade-bead" "bade-bid" "bead-bid" "bed-bade"
## [7] "bid-bed" "bod-bood" "bud-bird" "kod-kud"
```

读入的数据 vowel 一共有 8 个变量（列），330 行观测值。变量 VOWCONTR 表示用来测试的元音对比音，从 *unique( )*的结果可以看出，一共测试了 10 组元音对比音，ASCORE 用来表示元音对比音的感知能力。结合第 1 章介绍的相关知识，计算每一组元音 ASCORE 的平均值：

```
vowel %>%
  group_by(VOWCONTR) %>%
  summarize(meanScore=mean(ASCORE),
            SD=sd(ASCORE),
            n=n()) %>%
  arrange(meanScore)
## # A tibble: 10 x 4
##   VOWCONTR meanScore   SD     n
##   <chr>        <dbl>  <dbl> <int>
##  1 bad-bed     0.581  0.222   33
##  2 bud-bird    0.646  0.281   33
##  3 kod-kud     0.647  0.273   33
##  4 bead-bid    0.664  0.243   33
##  5 bid-bed     0.670  0.267   33
##  6 bade-bid    0.682  0.248   33
##  7 bed-bade    0.737  0.266   33
##  8 bade-bead   0.775  0.219   33
##  9 bad-bud     0.806  0.193   33
## 10 bod-bood    0.812  0.181   33
```

从以上结果可以看到，学习者感知最好的元音对比音是 bod–bood，而感知最差的则是 bad-bed。但是学习者对 bad-bed 的感知能力是否显著低于表示“仍停留在运气水平”的临界值 0.5 呢？研究者可以进行单样本 t 检验：

```
vowel_one <- vowel %>%
  filter(VOWCONTR=="bad-bed")
t.test(vowel_one$ASCORE,mu=0.5)
##
##  One Sample t-test
##
## data:  vowel_one$ASCORE
## t=2.1067, df=32, p-value=0.04307
## alternative hypothesis: true mean is not equal to 0.5
## 95 percent confidence interval:
##  0.5026937 0.6598785
## sample estimates:
## mean of x
## 0.5812861
```

单样本 t 检验结果显示，如果零假设为真的话，即学习者对 bad-bed 的感知能力与 0.5 没有区别，上述样本数据是非常不可能的（p=0.04），故拒绝零假设，可对结果报道如下：

学习者对 bad-bed 的感知能力显著高于 0.5，说明他们已经超越了运气层面，达到了一定水平（$t(32)$=2.11，p=0.04）。

7.2.2　独立样本 t 检验

有了前面关于实验设计的相关知识，相信读者已经不难理解何为独立样本 t 检验（independent samples t-test）。简而言之，它就是实验中只有一个自变量，而且这个自变量只有两个水平，研究需要安排两组不同的被试，在这两个不同水平之下或两种不同的实验条件下接受测试，然后比较这两组或两种不同的实验条件的测试结果是否存在显著区别。独立样本 t 检验的使用非常普遍，但初学者也很容易误用。为防止误用，最重要的就是理解实验设计的相关知识，同时要有第 1 章所反复强调的“变量”的意识，从“变量”的角度去思考具体统计方法的应用。

在外语研究当中，比较常见的使用独立样本 *t* 检验的情形就是，考察或控制外语水平的影响。因此，研究需要招募两组语言水平不同或相同的被试。如果从“变量”角度看，这种设计只有一个变量，那就是“组”，这个变量只有两个水平，组 1（如英语专业学生）和组 2（如非英语专业学生）。读入以下数据：

```
myData <- read_excel("group_lp.xlsx")
glimpse(myData)
## Rows:60
## Columns:4


myData %>%
  group_by(group) %>%
  summarize(mScore=mean(scores),sd=sd(scores))
## # A tibble: 2 x 3
##   group   mScore   sd
##   <chr>    <dbl> <dbl>
## 1 Eng       32.3  3.36
## 2 non-Eng   28.1  4.07
```

这是一个笔者课题组收集到的英语专业和非英语专业两组学生的数据，从 *glimpse( )*的结果可以看到一共有四个变量，分别为：subj，age，group，scores。使用 *t.test( )*来检验两组（各自代表的总体）的英语成绩（scores）是否存在显著差异：

```
t.test(scores~group,data=myData)
##
##  Welch Two Sample t-test
##
## data:scores by group
## t=4.3221, df=55.999, p-value=6.4e-05
## alternative hypothesis:true difference in means is not equal to
0
```

```
## 95 percent confidence interval:
##  2.235448 6.097886
## sample estimates:
##    mean in group Eng mean in group non-Eng
##             32.26667              28.10000
```

从以上生成的统计结果可以看出，如果零假设为真的话，即英语专业和非英语专业两组学生为代表的两个总体的英语成绩没有区别，这两个样本数据是不可能出现的，即 $p<0.0001$，故拒绝零假设，可按下面的方式对结果进行报道：

英语专业学生和非英语专业学生英语水平测试结果存在显著差异，英语专业学生要显著高于非英语专业学生（$t(55.999)=4.32, p<0.0001$）。

这里的自由度之所以是非整数 $df=55.999$，是因为 Welch Two Sample *t*-test 方法校正自由度的结果（参见吴诗玉，2019：221）。

7.2.3　配对样本 *t* 检验

有了前面关于实验设计的相关知识，也很容易理解何为配对样本 *t* 检验（paired-samples *t*-test）。简而言之，就是实验中只有一个自变量，而且这个自变量只有两个水平，同一组被试分别在这两个不同水平之下或两种不同的实验条件接受测试，然后比较同一组被试在这两个水平之下或两种不同的实验条件下的测试结果是否存在显著区别。配对样本 *t* 检验也非常普遍，同样初学者也很容易误用。防止误用的关键也是理解前面介绍的实验设计的相关知识，同时要有“变量”的意识，从“变量”的角度去思考具体统计方法的应用。读入一组笔者课题组所获得的数据：

```
data_pair <- read_csv("pair_data.csv")
```

读入的数据一共有三个变量：被试（SUBJ）、关联性（RELATEDNESS）和反应时（RT）。关联性有两个水平，分别是 related 和 unrelated，同一组被试分别在这两个水平或实验条件下接受测试。同样，使用 *t.test( )*函数进行配对样本 *t* 检验，不过，需要在函数里设置 paired=T，以指明所操作的是配对样本 *t* 检验：

```
t.test(RT~RELATEDNESS,data=data_pair,paired=T)
##
##  Paired t-test
##
## data:  RT by RELATEDNESS
```

```
## t=2.1466, df=44, p-value=0.03738
## alternative hypothesis: true difference in means is not equal to
0
## 95 percent confidence interval:
##   3.333393 105.714949
## sample estimates:
## mean of the differences
##              54.52417
```

从生成的统计结果可以看出，两组存在显著差别（$t(44)=2.15$, $p=0.04$）。由于相同的被试在两个不同的条件之下接受测试，因此，这两个条件之下的测试分数存在很强的内在关联，但同时也消除了被试个体差异的影响。实际上，这种条件下的配对样本 t 检验，也可以看作在获得每名被试的两个分数之差的基础上，再进行单样本 t 检验的结果。

```
data_pair_one <- data_pair %>%
  pivot_wider(names_from="RELATEDNESS",
              values_from="RT") %>%
  mutate(difference=related-unrelated)

t.test(data_pair_one$difference,mu=0)
##
##  One Sample t-test
##
## data:data_pair_one$difference
## t=2.1466, df=44, p-value=0.03738
## alternative hypothesis: true mean is not equal to 0
## 95 percent confidence interval:
##   3.333393 105.714949
## sample estimates:
## mean of x
##  54.52417
```

我们仔细查看生成的统计结果，会发现上述结果跟前面直接进行配对样本 *t* 检验所获得的结果完全一样，但这个过程更详细地展现了配对样本 *t* 检验的内在逻辑，本质上它就是单样本 *t* 检验。配对样本 *t* 检验的应用场景有很多，只要是“同一组被试分别在两个不同水平之下或两种不同的实验条件接受测试”，要比较这两个水平之下或两种不同的实验条件下的测试结果是否存在显著区别就可以考虑使用它。

但是，如果在实验过程中，涉及多被试和多测试材料的时候（multiple subjects and multiple items），比如在二语加工实验过程中，研究者经常会招募较多被试在不同的实验条件下，接受很多实验测试材料的测试，从而减少实验过程的“噪音”，获得实验干预的效果（Baayen, 2008），尽管这也符合“同一组被试分别在两个不同水平之下或两种不同的实验条件接受测试”的要求，但是，笔者更建议使用后面章节介绍的混合模型来进行统计分析，这样使统计结果可能更加可靠，避免统计的一类或二类错误。

7.2.4 *t* 检验的效应量

第 5 章已经介绍过效应量的概念，并指出计算效应量的目的是对实验干预的效果，即经过实验干预和未经过实验干预的两个平均数之差进行标准化，从而避免实验干预的效果受到其他因素（如样本量）的影响。在 *t* 检验过程中，最常用的效应量的指标有三个，第一个就是第 5 章介绍的最简单、最直接衡量效应量大小的指标 Cohen's *d*，它的计算公式如下[①]：

$$\text{Cohen's } d = \frac{\text{平均数之差}}{\text{标准差}} = \frac{\mu_{\text{实验干预}} - \mu_{\text{未经实验干预}}}{\sigma(\text{标准差})}$$

我们仔细观察上面这个公式就会发现，使用 *t* 检验时无法按上述公式直接计算出 Cohen's *d* 的值，因为进行 *t* 检验时只有样本参数，无从知道总体的标准差σ。解决的办法就是使用样本标准差替代总体标准差σ，由此获得 estimated Cohen's *d*，计算公式如下：

$$\text{estimated Cohen's } d = \frac{\text{平均数之差}}{\text{估计标准差}}$$

除了手动计算以外，可用于计算 Cohen's *d* 的现成的包和函数也有很多。比如，可以使用 rstatix 包的 *cohens_d( )*函数直接计算出 estimated Cohen's *d* 值，也可以使用 effsize 包的 *cohen.d( )*函数来计算，其他选择也还有很多。笔者比较喜欢使用前者，

① 需要说明的是，此处介绍的效应量计算公式都是针对单样本的检验。多样本或多变量的效应量的计算逻辑完全相同，只不过具体计算公式略有差别，读者可参考其他相关书籍。

因为它可以使用管道（%>%），跟 tidyverse 的风格很接近。比如，前面介绍的对英语专业和非英语专业两组学生进行独立样本 t 检验时，可以执行如下操作，以获得 estimated Cohen's d 值：

```
myData %>%
  cohens_d(scores~group)
## # A tibble: 1 x 7
##   .y.    group1 group2   effsize   n1    n2   magnitude
## * <chr>  <chr>  <chr>      <dbl> <int> <int>  <ord>
## 1 scores Eng    non-Eng     1.12    30    30   large
```

所获得的 estimated Cohen's d=1.12，效应量很大。在报道结果时，需要同时把效应量一块儿汇报：

独立样本 t 检验的结果显示，英语专业学生和非英语专业学生英语水平测试结果存在显著差异，英语专业学生水平要显著高于非英语专业学生水平（$t(55.999)=4.32, p<0.0001, d=1.12$）。

配对样本 t 检验的 estimated Cohen's d 的计算思路也类似，但在具体设置上有微小变化。以 7.2.3 小节所介绍的配对样本 t 检验实例为例：

```
library(rstatix)
data_pair %>%
  cohens_d(RT~RELATEDNESS, paired=TRUE)
## # A tibble: 1 x 7
##   .y.   group1  group2     effsize   n1    n2   magnitude
## * <chr> <chr>   <chr>        <dbl> <int> <int>    <ord>
## 1 RT    related unrelated  0.320    45    45      small
```

我们可以看到，跟独立样本 t 检验不同的是，需要在函数里设置 paired=TRUE 来指明是基于配对样本 t 检验来进行效应量计算的。

除了使用 estimated Cohen's d 来衡量效应量之外，在 t 检验中经常使用的第二个表示效应量大小的指标是 r^2，它表示的意思是“实验干预所能解释的方差的百分比”。它的基本思路是，经过实验干预之后，被试的分数发生了变化，但这些变化有多少是由实验干预所造成的？所获得的结果表示的就是效应量的大小。有一个用来计算 r^2 的公式，如下：

$$r^2 = \frac{t^2}{t^2 + df}$$

比如，上面提到的英语专业和非英语专业两组学生进行独立样本 t 检验时，r^2 的值可按如下自编函数的方法计算：

```
R_square <- function(x,df){
  r=x^2/(x^2+df)
  return(r)
}

R_square(4.3221,55.999)
## [1] 0.2501428
```

r^2=0.25，也就是说，实验干预解释了学生分数 25%的方差。Cohen（1988）也提供了一个判断 r^2 大小的标准，一共有三个值，即 0.01，0.09 和 0.25，分别表示效应量的大小为低、中和高。r^2=0.25，说明效应量很大。可以使用同样的方法获得配对样本 t 检验的 r^2 值，此处不再举例。

除上述两个表示效应量大小的指标之外，第三个用来表示效应量大小的指标就是用来评估总体均值或两个总体均值之差的置信区间。第 5 章已经介绍过置信区间的概念。简单来说，置信区间是由样本统计量所构造的对总体参数的区间估计。第 5 章还介绍过如何计算标准正态分布的 95%的置信区间，其计算思路非常简单，就是经 z 值的计算公式推导而来。同样，基于 t 分布的总体均值或两个总体均值之差 95%的置信区间也可以使用 t 值的计算公式推导出来[①]。

由公式 $t = \frac{M - \mu}{S_M}$，推导出：

$$\mu = M \pm ts_M$$

可以看出，这个公式构建了一个表示总体均值最大和最小范围的区间。由于 M 和 S_M 这两个值都是从样本数据里可以直接获得，是已知的，因此总体均值 μ 的范围取决于 t 值。如何确定 t 值呢？有了第 4 章介绍的关于 t 分布的四个常用函数（dt，pt，qt，rt）的知识可以知道，t 值取决于自由度和置信水平（confidence level），如果置信水平设置为 95%，它表示的是在 t 分布里，中间占 95%的数值（面积）两端

① 此处仍然以单样本为例。如果涉及两个样本，则表示两个样本代表的总体的平均数之差的 95%的置信区间，其计算逻辑完全一样，只是公式有略微调整，读者可参考其他相关书籍。

对应的两个 t 值。可以使用 *qt( )*函数获得：

$$t=qt(0.05/2, df)$$

实际上，在理解了上述原理以后，研究者并不需要按照上面介绍的方法一步一步地计算出总体均值对应的 95%的置信区间。因为每次使用 *t.test( )*进行 t 检验时，在结果里就可以直接获得对应的置信区间。比如，前面介绍的中国英语学习者对 bad–bed 的感知能力是否显著低于 0.5（代表运气水平）时所进行的单样本 t 检验：

```
vowel_one <- vowel %>%
  filter(VOWCONTR=="bad-bed")

t.test(vowel_one$ASCORE,mu=0.5)
##
##  One Sample t-test
##
## data:  vowel_one$ASCORE
## t=2.1067, df=32, p-value=0.04307
## alternative hypothesis: true mean is not equal to 0.5
## 95 percent confidence interval:
##  0.5026937 0.6598785
## sample estimates:
## mean of x
## 0.5812861
```

从上面的统计结果表里可以看到，所获得的表示中国英语学习者对 bad－bed 的感知能力均值 95%的置信区间为[0.50, 0.66]。在汇报统计结果的时候，应该直接附上这个区间范围。

单样本 t 检验结果显示，学习者对 bad–bed 的感知能力显著高于 0.5，说明他们已经超越了运气层面，达到了一定水平（$t(32)=2.11, p=0.04$, CI [0.50, 0.66]）。

需要注意的是，对两组或两个实验条件代表的总体的均值进行差异性检验时，所计算出的置信区间是所估计的两个总体的均值差异的置信区间。前面介绍的对英语专业和非英语专业两组学生进行独立样本 t 检验时，可以看到两组所代表的总体均值之差的 95%的置信区间的范围：

```
t.test(scores~group,data=myData)
##
##  Welch Two Sample t-test
##
## data:  scores by group
## t=4.3221, df=55.999, p-value=6.4e-05
## alternative hypothesis: true difference in means is not equal to
0
## 95 percent confidence interval:
##  2.235448 6.097886
## sample estimates:
##    mean in group Eng mean in group non-Eng
##             32.26667              28.10000
```

在汇报统计结果的时候，可以直接附上这个置信区间：

英语专业学生和非英语专业学生英语水平测试结果存在显著差异，（$t(55.999)=4.32, p<0.0001$, CI [2.235, 6.098]）。

可以看到，两组所代表的总体均值之差的95%的置信区间CI [2.235, 6.098]并不包括零，零代表的是零假设，即两组没有差别，置信区间不包括0，说明可以在95%的置信水平上拒绝零假设，跟*t*检验的结果是一致的。

7.2.5　*t*检验的统计假设的前提

所有的统计假设检验都需要满足统计假设检验的前提（assumptions）。Field等（2012：191-192）曾做过一个类比，来说明满足统计检验的前提的重要性。假如到朋友家里去拜访他，看到他家里亮着灯，明显有人在家。但按门铃，却没人出来开门。由此得出结论：我的朋友肯定很讨厌我，我是一个糟糕的、不受人喜欢的人。但这个结论可靠吗？这个结论成立的前提是我的朋友听到了铃声，但故意不开门。这个前提其实是错的，事实是门铃坏了，我的朋友根本没听到铃声。这个前提不成立，得出的结论也就彻底错误。

进行*t*检验时也需要满足一些假设检验的前提。比如，独立样本*t*检验一般认为有三个前提条件：①每个样本之间各观测值必须彼此独立；②两个样本来自的总体必须满足正态分布。如果两个总体不满足正态分布，就要求样本量尽可能大。这里并没有要求样本必须是正态分布，笔者认为实际上样本也很难满足服从正态分布这一要求；③方差齐性（homogeneity of variance）一般是针对两组样本量不同的情况，如果样本量相同，而且样本量又比较大时（如 n>30），方差齐性假设可以忽略，尤其是在采用 Welch's *t*-test 检验的时候更是如此，因为在方差不是齐性的时候，它会自动对自由度进行校正。这也是为什么有时会看到自由度不是整数的原因。

对配对样本 t 检验来说，一般认为要满足两个前提：①每个样本（实验条件）内，各个观测值要彼此独立。比如，考察身高和体重的关系，挑选的被试很多都是来自同一个家庭，就可能违背这个前提。②重复测量的指标（两个分数）之差的总体要服从正态分布。

如果有理由怀疑这些假设前提不能满足时，就要考虑非参数检验，比如可以使用 Wilcoxon test。

7.3　方 差 分 析

方差分析（analysis of variance，ANOVA）是用来检验两个或者更多实验干预之间或总体之间的均值是否存在显著差异的方法，其目的也是使用样本数据作为基础对总体参数进行估计。从 t 检验到方差分析，被认为是统计方法上的重要突破，因为可以不再局限于对两个实验条件或两个总体之间的均值进行比较，而是可以考察三个或者更多实验条件（总体）之间均值的差异。而且，正如前面在介绍实验设计时所提到的，在实际的研究中，研究者还可能对多个自变量进行操控，即一个实验中可能有两个或者更多自变量，面对这种复杂的情形，使用 t 检验已经无法满足要求。

第 4 章已经介绍过，方差分析是基于 F 值，即 F 分布，也称 F 检验。为了让初学者更容易理解，这个章节先介绍只有一个自变量时的方差分析，又称单向方差分析（one-way ANOVA），在这之后再介绍更复杂的多变量的方差分析。

当自变量只有一个，但是这个自变量有三个或三个以上的水平时，研究者就可以考虑使用单向方差分析，来检验这三个水平之间代表的总体均值是否存在显著差异。根据前面介绍的实验设计的相关知识可以知道，一共有两种不同的单向方差分析，一种是独立测量、被试间设计单向方差分析，一种是重复测量、被试内设计单向方差分析。

7.3.1　独立测量的单向方差分析

在第 5 章介绍基于 F 分布视域下的 *NHST* 时，所介绍的实例就是一个比较典型的独立测量、被试间设计的单向方差分析。现在再看笔者课题组开展的一个实验。在这个实验里，笔者试图比较英语专业学生（Eng_major）、非英语专业学生

（Eng_non）以及英语本族语者（Eng_native）三组被试在一项关于英语的“singular *they*”在线加工实验中，所获得的反应时的异同（参见第 2 章）。也就是说，这个研究要比较这三组被试（代表的总体）之间的均值是否存在显著差异，此时就可以使用独立测量、被试间设计的单向方差分析。先读入数据：

```
singular<- read_excel("singular_they.xlsx")

glimpse(singular)
## Rows: 15
## Columns: 3

singular <- singular %>%
  pivot_longer("Eng_native":"Eng_major",
               names_to="group",
               values_to="RT")
singular
```

读入的数据是宽数据，使用 *pivot_longer( )*函数把它转变成长数据，以符合在第 1 章里所介绍的“干净、整洁”，可用于数据可视化和统计建模的数据框的标准。我们可以按照第 5 章介绍的 *NHST* 的步骤和思路，一步一步完成基于 *F* 分布的假设检验。对初学者来说，认识和了解基于 *F* 分布的假设检验的逻辑和过程很有必要。但在实际的研究中，有很多现成的函数可以直接应用于方差分析。在 RStudio 里面，可用的函数有很多，这里简单介绍 afex 包中的 3 个函数：*aov_car( )*、*aov_4( )*和 *aov_ez( )*。这三个函数的具体用法，读者可以在 RStudio 里的使用帮助查看[①]，此处仅通过实例，展现一些具体用法。这几个函数在默认设置的情况下，生成的结果跟一些别的常规统计软件如 SPSS 有相似之处。分别使用这 3 个函数，生成的结果如下：

```
aov_car(RT~group+Error(subj),data=singular)
## Converting to factor: group
## Contrasts set to contr.sum for the following variables: group
## Anova Table (Type 3 tests)
```

① 也可以访问这个网站，查看相关介绍：https://www.rdocumentation.org/packages/afex/versions/1.0-1。

```
##
## Response: RT
##   Effect    df      MSE         F  ges p.value
## 1  group 2, 42 54189.49 10.24 *** .328   <.001
## ---
## Signif. codes:  0 '***' 0.001 '**' 0.01 '*' 0.05 '+' 0.1 ' ' 1
aov_4(RT~group+(1|subj),data=singular)
## Converting to factor: group
## Contrasts set to contr.sum for the following variables: group
## Anova Table (Type 3 tests)
##
## Response: RT
##   Effect    df      MSE         F  ges p.value
## 1  group 2, 42 54189.49 10.24 *** .328   <.001
## ---
## Signif. codes:  0 '***' 0.001 '**' 0.01 '*' 0.05 '+' 0.1 ' ' 1
aov_ez("subj","RT",singular,between=c("group"))
## Converting to factor: group
## Contrasts set to contr.sum for the following variables: group
## Anova Table (Type 3 tests)
##
## Response: RT
##   Effect    df      MSE         F  ges p.value
## 1  group 2, 42 54189.49 10.24 *** .328   <.001
## ---
## Signif. codes:  0 '***' 0.001 '**' 0.01 '*' 0.05 '+' 0.1 ' ' 1
```

使用 3 个函数获得的结果完全一样。方差分析有一些常用的术语，比如，统一把自变量称作因子（factor）。在进行分析时，3 个函数都把自变量 group 转变成了因子，同时 3 个函数都把自变量 group 的对照编码方式转变成了 contr.sum。关于自变量对照编码的问题，可以参考吴诗玉（2019），此处不再详细介绍。

统计结果表中的 group 这一行，两个数字 2，42 是方差分析的自由度，第 4 章已经介绍过。接下来的数字是 MSE（mean-square error）值，它其实就是计算 F 值时的分母，即组内方差，但又常常被称作均方误差。再接下来是 F 值（F=10.24），基于 F 值和自由度可计算出对应的 p 值，此处 p<0.001。这个结果说明因子 group 有主效应（main effect）。所谓主效应，就是指一个因子的至少两个水平之间的平均数存在显著差异。还有一个值 0.328，是 ges（generalized eta square）值，是方差分析效应量的一种，ges=0.328。

在概念和含义上，方差分析的效应量跟前面介绍的 t 检验的效应量是一回事，在计算方法上跟 t 检验中计算 r^2 值非常相似，即计算“实验干预所能解释的方差的百分比”。具体来看就是，经过实验干预之后，被试的分数发生了变化，但这些变化有多少是由实验干预的不同所造成的？所获得的结果表示的就是效应量的大小。尽管跟 t 检验中的 r^2 的含义非常类似，但是在方差分析中不是称作 r^2，而是有另外一个术语，即 η^2（希腊字母 eta squared）。除了 η^2 之外，方差分析还经常使用 partial η^2 来表示效应量。限于篇幅，这里不做详细介绍，感兴趣的读者可以参考相关指南[①]在计算效应量的时候，除了可以计算 ges 值以外，也可以计算 pes，即 partial eta squared（偏 eta 方），只需要对 anova_table 中的参数进行设置，如下：

```
aov_ez("subj","RT",singular,between=c("group"),
     anova_table=list(es="pes"))
## Converting to factor: group
## Contrasts set to contr.sum for the following variables: group
## Anova Table (Type 3 tests)
##
## Response: RT
##   Effect    df      MSE         F  pes p.value
## 1  group 2,42 54189.49 10.24 *** .328   <.001
## ---
## Signif. codes:  0 '***' 0.001 '**' 0.01 '*' 0.05 '+' 0.1 ' ' 1
```

由于方差分析中只有一个自变量，因此 ges 和 pes 的值完全一样。对上面方差分

① 可参考这个网站：https://cran.r-project.org/web/packages/effectsize/vignettes/anovaES.html

析的结果可做如下报道：

以组（group）为自变量，反应时（RT）为因变量，进行独立测量的单向方差分析。结果显示，group 有主效应，说明不同组之间的平均反应时存在显著差异（$F(2, 42)=10.24$, $p<0.001$, $\eta^2=0.328$）。

需要注意的是，在报道方差分析的结果的时候，一定要交代详细，比如进行方差分析时什么是自变量，什么是因变量，进行了什么类型的方差分析。这是初学者很容易忽视的问题。

7.3.2　重复测量的单向方差分析

以第 2 章介绍过的一项研究为例。笔者课题组采用自定步速阅读实验，调查了中文读者在不同语境下对汉语第三人称代词他/她/他们/她们的阅读加工，如下例（1）所示：

例（1）

a. 一名边防警察有许多职责，即使他/她/他们/她们并不是身居高位，因为警察这个工作非常有趣。

e. 一名服装模特必须要注意保持身材，即使他/她/他们/她们并不想拥有魔鬼一样的身材，因为同行之间的竞争太激烈了。

f. 作为一名记者必须实事求是地报道事实真相，即使他/她/他们/她们担心有人会为此感到不快，因为告知公众事实是记者的责任。

g. 每一个人都应该爱护环境，即使他/她/他们/她们并不相信全球变暖的故事，因为善待环境非常重要。

一共 40 名被试参与了这项调查，每名被试在每个代词条件下都接受了测试。试问：被试在这四个代词（他/她/他们/她们）的阅读加工时间是否存在显著区别？这是一个比较典型的重复测量被试内设计，自变量是代词，因变量是时间。先读入数据：

```
pronoun <- read_excel("pronoun.xlsx")
glimpse(pronoun)
## Rows: 1,827
## Columns: 3
attach(pronoun)
```

```
table(subj,pronouns)
##     pronouns
## subj 他 他们  她 她们
##   1   15 16  14  12
##   5   13 14  14  16
##   6   15 13  15  15
##   7   15 11  16  13
##   8   16 14  15  15
##   9   14 15  13  16
##   10  15 13  12  15
##   11  14 16  14  13
...
```

从 *table( )*函数的结果，我们就可以看到每名被试在每个代词之下都接受了多次测试（格内数字不同，是因为去除了反应错误的数据），即一项重复测量被试内设计。同样，也可以使用 afex 包中的 3 个函数：*aov_car( )*、*aov_4( )*和 *aov_ez( )*中的任意一个函数进行方差分析：

```
aov_car(RT~pronouns+Error(subj|pronouns),data=pronoun)
## Warning: More than one observation per cell, aggregating the
data using mean
## (i.e, fun_aggregate=mean)!
## Anova Table (Type 3 tests)
##
## Response: RT
##    Effect          df    MSE      F      ges   p.value
## 1 pronouns 2.70, 83.82 879.15 2.53 + .005    .069
## ---
## Signif. codes:  0 '***' 0.001 '**' 0.01 '*' 0.05 '+' 0.1 ' ' 1
##
## Sphericity correction method: GG
```

```
aov_4(RT~pronouns+(pronouns|subj),data=pronoun)
## Warning: More than one observation per cell, aggregating the
data using mean
## (i.e, fun_aggregate=mean)!
## Anova Table (Type 3 tests)
##
## Response: RT
##    Effect        df    MSE     F      ges  p.value
## 1 pronouns 2.70, 83.82 879.15 2.53 + .005   .069
## ---
## Signif. codes:  0 '***' 0.001 '**' 0.01 '*' 0.05 '+' 0.1 ' ' 1
##
## Sphericity correction method: GG
aov_ez("subj","RT",pronoun,within=c("pronouns"))
## Warning: More than one observation per cell, aggregating the
data using mean
## (i.e, fun_aggregate=mean)!
## Anova Table (Type 3 tests)
##
## Response: RT
##    Effect        df    MSE     F      ges  p.value
## 1 pronouns 2.70, 83.82 879.15 2.53 + .005   .069
## ---
## Signif. codes:  0 '***' 0.001 '**' 0.01 '*' 0.05 '+' 0.1 ' ' 1
##
## Sphericity correction method: GG
```

统计结果显示 3 个函数所获得的结果基本一致。结果里都出现了一条警示信息（warning）：More than one observation per cell, aggregating the data using mean。这是因为每名被试在每个条件下都有很多观测值，这 3 个函数会自动地对每名被试每个条件下的很多观测值取平均值（aggregating），但是同时也会给出警示信息。可按如下方式报道方差分析的结果。

以代词（pronoun）类别为自变量，反应时（RT）为因变量进行重复测量的单向方差分析。结果显示，代词没有主效应，说明不同代词之间的平时反应时不存在显著差异（$F(2.70, 83.82)=2.53, p=0.069, \eta^2=0.005$），或者说只存在边缘性的主效应。

重复测量面临一个值得注意的问题是，当自变量的水平超过两个，研究者就需要进行球形假设检验（test for sphericity）。吴诗玉（2019：223-228）对球形假设检验进行过比较详细的介绍，此处不再介绍。上面 3 个函数的结果里都可以看到一句话：Sphericity correction method: GG。说明这些函数已经进行了球形假设检验，并使用 GG 方法校正了自由度，这也就是为什么 *F* 检验的两个自由度（2.70, 83.82）都不是整数。

前面已经介绍过，方差分析的优势在于可以检验两个以上实验干预之间或总体之间的均值是否存在显著差异。初学者可能会感到困惑的一个问题是：前面介绍的这些方差分析实例，明明可以通过多次 *t* 检验来解决问题，为何还要进行方差分析？笔者在介绍假设检验（*NHST*）时已经介绍过统计的一类错误问题（Type I error）：每次进行假设检验，都需要设定一个显著水平，如 $\alpha=0.05$，这个 α 值也表示了犯统计的一类错误的概率。当 $\alpha=0.05$ 时，即存在 5%的犯统计一类错误的风险。若进行多次假设检验，犯统计的一类错误的风险就显著增加，次数越多，风险越大。具体来看，对同一批数据进行多次假设检验获得错误的显著结果的概率可表示为如下等式（Winter, 2019: 105）：

$$\text{FWE}=1-(1-0.05)^k$$

FWE 表示 family-wise error rate，即假设检验时获得错误的显著结果的概率，k 表示假设检验的次数。从这个等式可以看出，检验的次数越多，犯错误的概率会快速增加。而进行方差分析时，研究者只需要进行一次假设检验，因此也就可以避免这个问题。

但是，上面方差分析的结果只告诉了我们某个自变量（因子）是否有主效应，但并没有告诉哪些组之间是否存在显著差异。为了回答这个问题，我们就需要在完成方差分析并**发现了主效应之后**，进行**事后检验**（post hoc tests）。所谓事后检验就是，在完成方差分析并发现了主效应之后进行的检验，以确定哪些平均数之间的差异显著，哪些不显著。只有三组或三组以上的情况才需要进行事后检验。由于要进行多次两两比较，因此，事后检验需要极力避免统计的一类错误。统计学家已经获得了多种在进行事后检验时避免统计的一类错误的方法，常见的包括 Tukey's HSD Test 以及 The Scheffè Test 等等。吴诗玉（2019）对事后检验进行过比较细致的介绍，此处不再详细介绍。

可以使用 emmeans 包的 *emmeans( )*函数进行事后检验。上面在进行独立测量的单向方差分析之后发现 group（英语专业学生 vs. 非英语专业学生 vs. 英语本族语者）有主效应，可以按如下方法进行事后检验：

```
x_pair <- aov_car(RT~group+Error(subj),data=singular)

emmeans(x_pair,~group,contr="pairwise")

## $emmeans

##  group      emmean   SE  df  lower.CL upper.CL

##  Eng_major     924  60.1 42    803      1045

##  Eng_native    780  60.1 42    658       901

##  Eng_non      1161  60.1 42   1039      1282

##

## Confidence level used: 0.95

##

## $contrasts

##  contrast                  estimate SE  df  t.ratio  p.value

##  Eng_major - Eng_native   144     85  42    1.696   0.2187

##  Eng_major - Eng_non     -237     85  42   -2.787   0.0213

##  Eng_native - Eng_non    -381     85  42   -4.482   0.0002

##

## P value adjustment: tukey method for comparing a family of 3
estimates
```

三组被试分别是英语专业（Eng_major）、非英语专业（Eng_non）和英语本族语者（Eng_native）。上面的统计结果显示英语专业和英语本族语者之者不存在显著区别，其他各组都存在显著区别。从统计结果的最后一行可知道，事后检验使用了 Tukey's HSD Test 方法校正 p 值。afex 包中的三个用于方差分析的函数都可以把方差分析的结果直接传导给 *emmeans( )*函数进行事后检验。笔者经常使用这 3 个函数进行方差分析的重要原因：方便。尽管实际上，笔者已经很少使用方差分析。

7.3.3 多自变量方差分析

在实际的研究中，研究者可能对多个自变量进行操控，即一个实验中可能有两个或者更多自变量，这个时候方差分析就变得更复杂了。传统上，把涉及两个或更多自变量的方差分析称作多因素方差分析（factorial ANOVA）。从实验设计看，一般有两种情形：①所有的自变量都是独立测量、被试间设计，或者所有的自变量都是重复测量、被试内设计；②有的自变量是独立测量、被试间设计，有的自变量是重复测量、被试内设计，统称为混合设计（mixed design）。根据自变量的多少，也形成了一种对方差分析的常见的统一称呼，比如双向重复测量的方差分析（two-way repeated-measures ANOVA），双向混合设计的方差分析（two-way mixed ANOVA）或者三向独立方差分析（three-way independent ANOVA）。这些称呼指明了两个内容，一是自变量的数量，二是这些变量是如何测量的，即是被试内设计、重复测量还是被试间设计、独立测量（参见吴诗玉，2019：230）。

就像前面所介绍的，单向方差分析只检验一个自变量对因变量的影响，但是，当自变量变成两个或者更多的时候，方差分析需要进行的假设检验就复杂了很多。仅以双因素方差分析为例，它至少要需要进行三组平均数差异的检验：

（1）如果增加或去除因素 A，将如何对因变量造成影响？

（2）如果增加或去除因素 B，将如何对因变量造成影响？

（3）因素 A 或 B 对因变量的影响是否还要取决于 B 或 A 的不同水平？

检验因素 A 和因素 B 的影响，即（1）和（2），其目的就是检验这两个因素的主效应。在上文已经介绍过，**所谓主效应检验，就是指检验一个因素的各水平之间（至少两个水平之间）的平均数是否存在显著差异**。但是，双因素方差分析除了要进行主效应检验以外，还要考察这两个因素的共同作用，即（3），也就是因素 A 和因素 B 的**交互作用（interaction），当一个因素的影响要取决另外一个因素的不同水平时，就认为这两个因素存在交互作用**。

第 5 章用通俗的语言介绍过，方差分析中的分析就是一个切割差异的过程，当进行双因素方差分析时，这个切割过程会更复杂，就意味着不仅要把总差异（总平方和，SS_{total}）切割成实验干预造成的差异（组间平方和，$SS_{between}$）和不经实验干预也会存在的差异（组内平方和，SS_{within}），还要进一步把实验干预造成的差异（组间平方和，$SS_{between}$）切割细分成哪些差异是由因素 A 造成的（A 的主效应），哪些差异是由因素 B 造成的（B 的主效应），以及哪些差异是由 A 和 B 共同造成的（A 和 B 的交互效应）。本书不再对这个切割过程进行详细的分析，感兴趣的读者可阅读笔者写作的另外一本书。本书仅举一个虚构的 3×2 的独立测量、被试间设计的方差分析作为实例，进行介绍，更多更复杂的分析，读者不妨阅读笔者的多变量分析一书。

笔者课题组试图寻找一种有效的外语词汇学习的方法，在对无关变量进行严格控制的基础上尝试比较了三种方法：①词典背诵法（简称 dic），就是让学生直接背词典，上面有英语单词，同时有中文注解，并提供相应的句子作为例子；②词汇—图片关联法（简称 pic），就是上面有英语单词，配有图片来解释单词的意思，并提供相应的句子作为例子；③词族学习法（简称 doc），就是把所有属于同一个语义域的近义词放在一块学习，上面有英语单词，配有释义，并提供相应的句子作为例子。

首先，独立测量、被试间设计的方差分析。假设男女各 36 人随机分配到 dic，pic 和 doc 这三种不同的学习方法当中去进行词汇学习，学习结束后对被试进行词汇测试，以考察不同词汇学习方法的效果。图 7.5 展示了这个实验设计的结构：

		因素B：三种不同方法		
		dic	pic	doc
因素A：性别	男性	6人	6人	6人
	女性	6人	6人	6人

图 7.5　双因素独立测量的方差分析

先读入命名为 Voclearning.csv 的数据：

```
voc <- read_csv("Voclearning.csv")
glimpse(voc)
## Rows: 72
## Columns: 4
## $ subj   <chr> "P1", "P2", "P3", "P4", "P5", "P6", "P7",
"P8", ...
## $ gender <chr> "female", "female", "female", "female",
"female", ...
## $ method <chr> "dic", "dic", "dic", "dic", "dic", "dic", "dic...
## $ scores <dbl> 42.38670, 56.35888, 51.75424, 43.77372,
68.04180, ...
voc
## # A tibble: 72 x 4
##    subj  gender method scores
```

```
##    <chr> <chr>  <chr>  <dbl>
##  1 P1   female  dic    42.4
##  2 P2   female  dic    56.4
##  3 P3   female  dic    51.8
##  4 P4   female  dic    43.8
##  5 P5   female  dic    45.2
##  6 P6   female  dic    68.0
##  7 P7   female  dic    65.8
##  8 P8   female  dic    45.4
##  9 P9   female  dic    30.2
## 10 P10  female  dic    50.9
## # ... with 62 more rows
```

可以看出，读入的数据一共有 4 个变量（列）、72 个观测（行）。这四个变量当中，gender 和 method 是前面介绍过的两个自变量，scores 是表示词汇测试的分数，为因变量。使用 *table( )*查看数据的结构：

```
table(method)
## method
## dic doc pic
##  24  24  24
table(subj,method)
##      method
## subj  dic doc pic
##   P1    1   0   0
##   P10   1   0   0
##   P11   1   0   0
##   P12   1   0   0
##   P13   0   0   1
##   P14   0   0   1
```

```
##   P15  0  0  1
##   P16  0  0  1
##   P17  0  0  1
##   P18  0  0  1
##   P19  0  0  1
##   P2   1  0  0
##   P20  0  0  1
##   P21  0  0  1
##   P22  0  0  1
##   P23  0  0  1
##   P24  0  0  1
##   P25  0  1  0
...
table(gender,method)
##         method
## gender   dic doc pic
##   female  12  12  12
##   male    12  12  12
```

从以上的结果可以看，这确实是一个均衡的实验设计，还可以看出每名被试（subj）只会出现在一种词汇学习方法（method）之下（1 表示出现，0 表示不出现），可见这确实是一个独立测试的被试间设计。可以利用前面介绍过的 afex 包中三个方差分析的函数当中的任何一个函数进行方差分析：*aov_4( )*，*aov_car( )*和 *aov_ez( )*。

```
library(afex)
voc_aov <- aov_4(scores~method*gender+(1|subj),data=voc)
voc_aov
voc_aov_in <- aov_4(scores~method*gender+(1|subj),data=voc,
                    observed=c("gender"))
```

```
voc_car <- aov_car(scores~method*gender+Error(subj),data=voc,
                   observed=c("gender"))


voc_car

voc_ez <- aov_ez("subj","scores",voc,

                 between=c("method","gender"),

                 observed=c("gender"))

## Converting to factor: method, gender

## Contrasts set to contr.sum for the following variables: method,
gender

voc_ez

## Anova Table (Type 3 tests)

##

## Response: scores

##       Effect        df    MSE        F       ges   p.value

## 1    method 2,      66   206.37   14.26***   .273    <.001

## 2    gender 1,      66   206.37     3.54 +   .047    .064

## 3 method:gender 2,66   206.37      3.15 *   .083    .049

## ---

## Signif. codes:  0 '***' 0.001 '**' 0.01 '*' 0.05 '+' 0.1 ' ' 1
```

使用上述 3 个函数所获得的结果完全一样，所有的结果都像上面的代码中最后几行所呈现的方差分析结果表一样。读者可能注意到，上述 3 个函数在进行方差分析时，会自动地把自变量的对照编码方式修改为 contr.sum（参见吴诗玉，2019），同时会使用 Type 3 tests，即采用 type Ⅲ的方法求平方和。限于篇幅，本书不对这些术语以及使用的逻辑进行介绍，感兴趣的读者建议阅读笔者所写的另一外一本讨论多变量分析的书。可以用以下语言进行报道：

以词汇学习的方法（method）和性别（gender）为自变量，以词汇测试的成绩（scores）为因变量，进行 3×2 独立测量被试间方差设计的分析。结果显示，学习方法有主效应（$F(2, 66)=14.26$, $p<0.001$, $\eta^2(g)=0.273$），性别没有主效应（$F(1, 66)=3.54$, $p=0.064$, $\eta^2(g)=0.047$）。但是，学习方法和性别有交互效应（$F(1, 66)=3.15$, $p=0.049$,

$\eta^2(g)=0.083$），这说明词汇学习方法对学习效果的影响还要取决于性别。

从上述语言中可以清楚地看到，在交待方差分析时，一定要清楚，明白。说清楚自变量是什么，因变量是什么，进行了什么样的方差分析。这些细节，体现的是我们学术训练的水平。**当变量之间存在交互效应时，研究者就需要进一步分析**，以检验这两个变量是如何交互的。也就是说要把两个变量的交互拆解开来，以看到底一个变量的影响是如何要依赖于另外一个变量的不同水平的。最简单直接的做法是在一个变量的每个水平之下，来察看另外一个变量的影响。这个过程可以称作简单效应分析，本质上也就是事后检验。在 RStudio 里仍然可以使用 *emmeans( )*来进行分析：

```
library(emmeans)

emmeans(voc_aov_in,specs=pairwise~method:gender)

## $emmeans

##  method gender emmean   SE  df lower.CL upper.CL

##  dic    female   50.0  4.15 66    41.7     58.3

##  doc    female   60.4  4.15 66    52.1     68.7

##  pic    female   62.1  4.15 66    53.8     70.4

##  dic    male    33.4  4.15 66    25.1     41.7

##  doc    male    64.6  4.15 66    56.3     72.9

##  pic    male    55.3  4.15 66    47.0     63.6

##

## Confidence level used: 0.95

##

## $contrasts


##  contrast                    estimate  SE   df  t.ratio  p.value

##  dic,female - doc,female   -10.40   5.86  66  -1.774   0.4895

##  dic,female - pic,female   -12.07   5.86  66  -2.059   0.3215

##  dic,female - dic,male      16.58   5.86  66   2.827   0.0656
```

```
##  dic,female - doc,male    -14.62   5.86  66   -2.493    0.1411
##  dic,female - pic,male     -5.31   5.86  66   -0.906    0.9437
##  doc,female - pic,female   -1.67   5.86  66   -0.285    0.9997
##  doc,female - dic,male     26.98   5.86  66    4.600    0.0003
##  doc,female - doc,male     -4.22   5.86  66   -0.720    0.9789
##  doc,female - pic,male      5.09   5.86  66    0.868    0.9528
##  pic,female - dic,male     28.65   5.86  66    4.886    0.0001
##  pic,female - doc,male     -2.55   5.86  66   -0.434    0.9980
##  pic,female - pic,male      6.76   5.86  66    1.153    0.8571
##  dic,male - doc,male      -31.20   5.86  66   -5.320    <.0001
##  dic,male - pic,male      -21.89   5.86  66   -3.733    0.0051
##  doc,male - pic,male        9.31   5.86  66    1.587    0.6097
##
## P value adjustment: tukey method for comparing a family of 6
estimates
```

*emmeans( )*函数把结果拆分得非常彻底，可谓是干干净净、滴水不漏，不仅以其中一个变量的每个水平为基础去对另外一个变量的不同水平之间进行两两比较（如 method: dic vs. pic vs. doc 以及 gender: male vs. female），而且还进行了其他各种可能组合的两两比较（如 pic，female vs. doc，male），把各个变量的主效应的事后检验也完成了。尽管对初学者来说，这种简单直接可能无助于理解交互效应的含义，但是把所有的两两比较做尽，也确实让结果一目了然。如果要更好地理解交互效应的含义，研究者也可以按下面的代码操作：

```
emmean1 <- emmeans(voc_ez,~method|gender)
contrast(emmean1,interaction="pairwise")
## gender=female:
##  method_pairwise estimate   SE df t.ratio p.value
##  dic - doc         -10.40 5.86 66 -1.774  0.0807
```

```
##  dic - pic        -12.07 5.86 66 -2.059  0.0435
##  doc - pic         -1.67 5.86 66 -0.285  0.7764
##
## gender=male:
##  method_pairwise estimate   SE df t.ratio p.value
##  dic - doc        -31.20 5.86 66 -5.320  <.0001
##  dic - pic        -21.89 5.86 66 -3.733  0.0004
##  doc - pic          9.31 5.86 66  1.587  0.1172
emmean2 <- emmeans(voc_ez,~gender|method)
contrast(emmean2,interaction="pairwise")
## method=dic:
##  gender_pairwise estimate   SE df t.ratio p.value
##  female - male      16.58 5.86 66  2.827  0.0062
##
## method=doc:
##  gender_pairwise estimate   SE df t.ratio p.value
##  female - male      -4.22 5.86 66 -0.720  0.4743
##
## method=pic:
##  gender_pairwise estimate   SE df t.ratio p.value
##  female - male       6.76 5.86 66  1.153  0.2531
```

上述结果从一个变量的每个水平之下，如 gender: male vs. female 以及 method: dic vs. pic vs. doc，来查看另外一个变量的影响，**这就是交互效应的本质含义**。不过，上述结果在进行多重比较的时候，并没有对 p 值进行校正。

最后，读者需要基于以上分析的结果，对结果进一步报道，以解释学习方法和性别之间到底是如何交互的。一般常用的语言是：

“简单效应分析显示，当性别为女性时，pic 的学习效果要显著好于 dic(β=12.07,

SE=5.86, t=2.06, p=0.04)，……”或者“事后分析的结果显示，当性别为女性时，pic的学习效果要显著好于 dic(β=12.07, SE=5.86, t=2.06, p=0.04)，……”。

省略号后面的内容，请读者自己补充。

7.4 统计模型

前面介绍过，把统计方法进行各种分类，比如分作 t 检验，F 检验（或称方差分析）等等，容易误导读者，认为各种方法之间彼此独立，没有关联，各自应用于不同的情景或者场合。但实际上，它们的界线可能并非如此分明，这些方法本质上其实都一样，都可以视作回归分析或确切地说是广义线性模型的特例。从根本上，所有的统计分析过程都可以概括为下面这个简单的等式（参见吴诗玉，2019：112）：

$$outcome_{i=}(model)+error_i$$

它的意思是，所有的测量数据（outcome）都可以通过拟合的模型（model）加上误差（error）进行预测。所谓统计建模就是用简化的、高度概括的方法来表征一个复杂的系统或者变量之间的关系。统计模型一般应用于三个场景：①推断（理），即基于样本统计量对总体的参数进行推断；②推广，即所构建模型不仅适用于本研究的样本，也适用于其他类似样本；③预测，即基于所构建模型能够对因变量进行预测。吴诗玉（2019）对统计建模进行了详细介绍，尤其是对相关概念进行了详细解释，建议初学者参考、阅读。

回顾本章介绍的所有统计分析的过程就会发现，在决定使用何种方法进行推断统计时，研究者同时考虑了两个因素：①自变量有多少个水平或者有多少个自变量，从而决定是使用 t 检验还是方差分析（ANOVA）；②实验设计是独立测量、被试间设计，还是重复测量、被试内设计。如果使用统计建模的思路来进行统计分析，研究者只需要考虑一个问题，即实验设计是独立测量、被试间设计，还是重复测量、被试内设计，无需再考虑自变量有多少个水平或者有多少个自变量。只要是独立测量、被试间设计就都可以使用 *lm( )*函数构建一个线性回归模型来拟合数据，而如果是重复测量、被试内设计就更为复杂一些，可以使用混合效应模型如 *lmer( )* 函数来拟合数据。不过，这些是针对因变量为连续型数值型变量来说的，如果因变量是其他的类型，则要考虑 *glm( )*或者 *glmer( )*两个函数。

比如，前面在比较英语专业和非英语专业两组学生的英语水平是否存在显著差异时，使用的是独立样本 t 检验：t.test(scores~group, data=myData)，而比较英语专业学生（Eng_major）、非英语专业学生（Eng_non）以及英语本族语者（Eng_native）

三组被试对英语的“singular *they*”阅读加工时间是否存在显著差异时，使用的是独立测量的单向方差分析：*aov_car*(RT~group+*Error*(subj),data=singular)。从统计建模的角度看，实际上研究者可不做这种区分，都可统一使用 *lm*( )函数构建一个线性回归模型来进行数据分析：

（1）英语专业和非英语专业两组学生的英语水平是否存在显著差异：

```
summary(m0 <- lm(scores~group,data=myData))
```

这里实际上包括了两个步骤，一个步骤是使用 *lm*( )函数构建了一个名为 m0 的线性模型，然后使用 *summary*( )函数查看模型的结果。可以发现，所获得的结果跟前面使用独立样本 *t* 检验的结果完全一样。

（2）英语专业（Eng_major）、非英语专业（Eng_non）以及本族语者（Eng_native）对英语“singular *they*”阅读加工时间是否存在显著差异：

```
summary(m1 <- lm(RT~group,data=singular))
car::Anova(m1,type="Ⅱ")
```

把所获得的结果与前面介绍的单向方差分析的结果进行比较就会发现，两者也完全一样。对配对样本的 *t* 检验和重复测量的单向方差分析，为了解决数据中各数据点之间存在的强关联，模型拟合的方法更多，也更为复杂。其中一个选择就是使用 nlme 包的 *lme*( )函数来拟合模型。这里以前面介绍的两个重复测量的实例为例，来介绍如何使用 *lme*( )函数来进行重量测量数据的模型拟合：

```
library(nlme)
```

（1）同一组被试在关联和不关联条件下进行翻译判断实验：

```
summary(m_02 <- lme(RT~RELATEDNESS,
                    random=~1|SUBJ,
                    data=data_pair,
                    method="ML"))
## Fixed effects: RT ~ RELATEDNESS
##                          Value Std.Error DF   t-value p-value
## (Intercept)           871.4136  36.73812 44 23.719604  0.0000
## RELATEDNESSunrelated  -54.5242  25.40021  44  -2.146603  0.0374
##  Correlation:
##                      (Intr)
```

```
## RELATEDNESSunrelated -0.346
##
```

所获得的 t 值及 p 值与前面介绍的配对样本 t 检验完全一样。

（2）中文读者在不同语境下对汉语第三人称代词他/她/他们/她们的阅读加工时间的异同：

```
pronoun <- read_excel("pronoun.xlsx")

m_03 <- lme(RT~pronouns,random=~1|subj,
           data=pronoun,
           method="ML")
drop1(m_03,test="Chisq")
## Single term deletions
##
## Model:
## RT ~ pronouns
##          Df   AIC    LRT Pr(>Chi)
## <none>       22413
## pronouns  3 22414 7.1633  0.06687 .
```

*lme( )*函数拟合的是混合效应模型的一种，与前面介绍的重复测量的单向方差分析相比，使用这个方法，具有多种优势（Levshina, 2015: 193）：①不像方差分析，*lme( )*允许有缺失值的存在，不会因为有缺失值，就要把某名被试所有的数据遗弃；②混合模型是一个更大框架下的一个部分，可提供许多不同的拓展；③笔者最喜欢最看重的一点就是，*lme( )*可以不用考虑重复测量的球形假设检验的问题。球形假设检验是统计分析的一个很大的挑战。

因此，对实验设计并不是特别复杂的重复测量的数据分析，尤其是不用面对大量被试和大量测试项的重复测量的时候，笔者偏向于使用 *lme( )*函数来拟合混合效应模型；而对于后者，笔者则更愿意使用 *lmer( )*函数来拟合混合模型。吴诗玉（2019：218-235）对 *lme( )*函数的应用给予了更多介绍并提供了更多实例，读者不妨参考。

7.5 总　　结

本章通过一些具体的语言研究实例，介绍了如何使用 R，基于 t 分布或者 F 分布的属性，进行假设检验，或者简单地说，进行 t 检验和方差分析。同时，还在本章最后部分简单介绍了构建线性模型的思想和方法，介绍了通过构建回归模型的方法来进行推断统计。限于篇幅，本书没有更加深入地介绍多变量的方差分析和统计建模的内容。笔者将在另外一本书里进行专题讨论。

参 考 文 献

高一虹、赵媛、程英等. 2003. 中国大学本科生英语学习动机类型. 现代外语, (1): 28-38.

吴诗玉. 2019. 第二语言加工及 R 语言应用. 北京: 外语教学与研究出版社.

吴诗玉、黄绍强. 2019. 何为“有效”的外语教学? ——根植于本土教学环境和教学对象特点的思考. 当代外语研究, (03): 37-47.

吴诗玉、马拯、胡青青. 2017. 中国英语学习者词汇与概念表征发展研究: 来自混合效应模型的证据. 外语教学与研究, (05): 767-779.

吴诗玉、马拯、叶丹. 2016. 中国高级英语学习者词汇语义通达路径的汉英对比研究: 语义关联判断任务的证据. 外语教学理论与实践, (01): 1-8.

吴诗玉、杨枫. 2016. 中国英语学习者元音感知中的“范畴合并”现象研究. 外语与外语教学, (03): 75-84.

曾祥炎、陈军. 2009. E-Prime 实验设计技术. 广州: 暨南大学出版社.

Arbuthnot, J. 1710. An argument for divine providence, taken from the constant regularity observed in the births of both sexes. *Philosophical Transactions of the Royal Society*, (27), 186–190.

Baayen, R. H. 2008. *Analyzing linguistic data. A practical introduction to statistics using R*. Cambridge: Cambridge University Press.

Baayen, R. H., & Milin, P. 2010. Analyzing reaction times. *International Journal of Psychological Research*, 3(2), 12-28.

Balhorn, M. 2004. The Rise of Epicene *They*. *Journal of English Linguistics*, 32(2), 79-104.

Baron, D. 1982. The epicene pronoun: The word that failed. *American Speech*, 56, 83-97.

Chang, W. 2018. *R graphics cookbook: Practical recipes for visualizing data* (2nd ed.). Sebastopol, CA: O'Reilly Media.

Cohen, J. 1987. *Statistical power analysis for the behavioral sciences* (2nd ed.). Hillsdale, NJ: Erlbaum.

Doherty, A., & Conklin, K. 2017. How gender-expectancy affects the processing of “them”. *Quarterly Journal of Experimental Psychology*, *70*(4), 718-735.

Evans, N. J., Holmes, W. R., & Trueblood, J. S. 2019. Response-time data provide critical constraints on dynamic models of multi-alternative, multi-attribute choice. *Psychonomic Bulletin & Review*, *26*(3), 901-933.

Field, A., Miles, J., & Field, Z. 2012. *Discovering statistics using R*. New York: Sage Publications

Foertsch, J. & Gernsbacher, M. 1997. In search of gender neutrality: Is singular *they* a cognitively efficient substitute for generic *he*?. *Psychological Science*, (8), 106–11.

Gault, R. H. 1907. A history of the questionnaire method of research in psychology. *The Pedagogical Seminary*, 14(3), 366-383.

Gravetter, F. J., & Wallnau L. B. 2009. *Statistics for the behavioural sciences*. Belmont, CA:Wadsworth Publishing Co Inc.:

Gravetter, F. J. & Wallnau. L. B. 2017. *Statistics for the behavioral sciences* (10th ed.). New York: Cengage Learning Press.

Jiang, N. 2012. *Conducting reaction time research in second language studies*. London: Routledge.

Kantowitz, B. H., Roediger, H. L., & Elmes, D. G. 2009. *Experimental Psychology* (9th ed.) Belmont, CA: Wadsworth West Pub. Co.

Kroll, J. F., & Stewart, E. 1994. Category interference in translation and picture naming: Evidence for asymmetric connections between bilingual memory representations. *Journal of memory and language*, 33(2), 149-174.

Lee, C. 2015. The use of singular *they* in APA style. Retrieved October 27, 2020, from https://blog.apastyle.org/apastyle/2015/11/the-use-of-singular-they-in-apa-style.html.

Levshina, N. 2015. How to do linguistics with R: Data exploration and statistical analysis. Amsterdam/Philadelphia: John Benjamins Publishing Company.

Liberman, M. 2006. "Singular *they*": God said it, I believe it, that settles it. Retrieved September 13, 2006, from http://itre.cis.upenn.edu/myl/languagelog/.

McWhorter, H. 2013. The royal they fighting against the tyranny of pronouns. *The New Republic*. (2013.4). Retrieved October 23, 2020, from https://newrepublic.com/article/112896/tyranny pronouns-fighting-singular-they.

Nilsen, A.P. 1984. Winning the great he/she battle. *College English*, (46), 151-157.

Spencer, N. J. 1978. Can "she" and "he" coexist?. *American Psychologist*, (33), 782-783.

Silge, J., & Robinson, D. 2017. *Text mining with R: A tidy approach*. Boston, MA: O'Reilly Media, Inc.

Wickham H. 2016. *ggplot2: Elegant graphics for data analysis*. Houston, TX: Springer-Verlag.

Wickham, H., & Grolemund, G. 2017. *R for data science: import, tidy, transform, visualize, and model data*. Boston, MA:O'Reilly Media, Inc.

Winter, B., & Grawunder, S. 2012. The phonetic profile of Korean formality. *Journal of Phonetics*, (40), 808–815.

Winter, B. 2019. *Statistics for linguists: An introduction using R*. New York: Routledge.